PINGGUO AIHUA ZHENMU JI JIYUE GAOXIAO ZAIPEI

苹果矮化砧木及集约高效栽培

薛晓敏　王金政　主编

山东科学技术出版社
·济南·

图书在版编目（CIP）数据

苹果矮化砧木及集约高效栽培 / 薛晓敏，王金政主编 . -- 济南：山东科学技术出版社，2022.6
ISBN 978-7-5723-0996-0

Ⅰ. ①苹… Ⅱ. ①薛… ②王… Ⅲ. ①苹果－矮化砧木－栽培技术 Ⅳ. ① S661.1

中国版本图书馆 CIP 数据核字(2022)第 066853 号

苹果矮化砧木及集约高效栽培

PINGGUO AIHUA ZHENMU JI JIYUE GAOXIAO ZAIPEI

责任编辑：周建辉
装帧设计：侯 宇

主管单位：山东出版传媒股份有限公司
出 版 者：山东科学技术出版社
地址：济南市市中区舜耕路 517 号
邮编：250003 电话：（0531）82098088
网址：www.lkj.com.cn
电子邮件：sdkj@sdcbcm.com
发 行 者：山东科学技术出版社
地址：济南市市中区舜耕路 517 号
邮编：250003 电话：（0531）82098067
印 刷 者：山东联志智能印刷有限公司
地址：山东省济南市历城区郭店街道相公庄村文化产业园 2 号厂房
邮编：250100 电话：（0531）88812798

规格：16 开（184 mm × 260 mm）
印张：17.25 **字数：**350 千
版次：2022 年 6 月第 1 版 **印次：**2022 年 6 月第 1 次印刷
定价：80.00 元

PINGGUO AIHUA ZHENMU JI JIYUE GAOXIAO ZAIPEI

苹果矮化砧木及集约高效栽培

薛晓敏　王金政　主编

山东科学技术出版社
·济南·

图书在版编目（CIP）数据

苹果矮化砧木及集约高效栽培 / 薛晓敏，王金政主编 . -- 济南：山东科学技术出版社，2022.6
ISBN 978-7-5723-0996-0

Ⅰ. ①苹… Ⅱ. ①薛… ②王… Ⅲ. ①苹果—矮化砧木—栽培技术 Ⅳ. ① S661.1

中国版本图书馆 CIP 数据核字(2022)第 066853 号

苹果矮化砧木及集约高效栽培

PINGGUO AIHUA ZHENMU JI JIYUE GAOXIAO ZAIPEI

责任编辑：周建辉
装帧设计：侯　宇

主管单位：山东出版传媒股份有限公司
出 版 者：山东科学技术出版社
地址：济南市市中区舜耕路 517 号
邮编：250003　电话：（0531）82098088
网址：www.lkj.com.cn
电子邮件：sdkj@sdcbcm.com
发 行 者：山东科学技术出版社
地址：济南市市中区舜耕路 517 号
邮编：250003　电话：（0531）82098067
印 刷 者：山东联志智能印刷有限公司
地址：山东省济南市历城区郭店街道相公庄村文化产业园 2 号厂房
邮编：250100　电话：（0531）88812798

规格： 16 开（184 mm × 260 mm）
印张： 17.25　　**字数：** 350 千
版次： 2022 年 6 月第 1 版　　**印次：** 2022 年 6 月第 1 次印刷
定价： 80.00 元

编 委 会

主　编　薛晓敏　王金政

副主编　姜中武　沙广利　杨廷桢

编　委　薛晓敏　王金政　宋来庆　姜中武　沙广利

杨廷桢　刘　志　杨　锋　王林军

编 委 会

主　编　薛晓敏　王金政

副主编　姜中武　沙广利　杨廷桢

编　委　薛晓敏　王金政　宋来庆　姜中武　沙广利

杨廷桢　刘　志　杨　锋　王林军

序

苹果栽培制度在苹果生产中起着至关重要的作用。栽培制度变革是21世纪推动果树产业经济发展模式变化的内在动力，其本质是经营主体基于外在环境要素变化所做的技术与制度变迁。自20世纪60年代以来，以美国、法国、意大利、波兰、荷兰等为代表的果业发达国家，其苹果栽培制度发生了重大变革，即由乔砧密植栽培模式向矮砧密植集约栽培模式转变。经过60年的发展，矮砧密植集约栽培模式具有结果早、产量高、果实品质好、品种更新快、管理简便、省工省力、节能、节地、投资效益高等优点，能够有效实现苹果树体和生长节奏调控、生物产量合理分配和高品质果实的形成，成为世界苹果种植发达国家普遍采用的栽培制度。

我国在20世纪80年代曾兴起矮砧密植栽培的高潮，推广面积近6 667 hm^2，早实、丰产、高产典型园片屡见报道，但因砧穗组合不适宜、整形方式不配套、肥水管理不当等原因而最终被淘汰。目前，我国90%以上的成龄苹果园是在20世纪80年代后期和90年代初期发展起来的，主要应用乔砧密植栽培模式。此种栽培方式在当时的社会、经济、技术条件下，对推动苹果产业快速发展作出了贡献。但由于树体控冠和促进结果技术难度大，果农难以掌握，管理费时费工，加上该模式自身的缺陷，大多数果园郁闭、产量低、果品质量差，已不能适应现代苹果产业发展的需要。在今后5～10年，我国苹果将处于大规模更新换代的关键时期，初步估计我国每年有13.3万~16.7万 hm^2 果园需要更新，现代矮砧密植集约栽培模式已成为新建规模化果园的首选模式。大力推广这一先进模式，对于推动我国苹果栽培制度与国际接轨，实现苹果生产由数量效益型向质量效益型转变、由苹果生产大国向生产强国转变，具有重要意义。但是，新果园如何建设，选用哪种矮化砧木，新的栽培方式如何从技术、苗木、设施上进行准备和保障等，广大果农、家庭农场及合作社经营者比较迷茫。

针对我国苹果现代矮砧集约栽培制度发展对种质资源、基础理论与关键技术的迫切需求，山东省果树研究所组织编写了《苹果矮化砧木及集约高效栽培》，在概述世界苹果矮化砧木发展现状的基础上，总结凝练国内外矮化砧木育种、资源利用成果，为矮化砧木选择提供资源基础和参考依据；根据专家团队十余年的研究成果，总结了苹果主要矮化砧木特性、砧穗组合筛选和区域化栽培方案以及矮砧苗木繁育技术，为矮化砧木密植栽培奠定了理论基础；研究总结了具有中国特色的新型苹果现代矮砧集约栽培技术体系，与传统栽培模式相比，能够使结果期提早2~4年，产量提高40%~60%，人工减少80%以上，生产效率提高10倍以上，为我国现代苹果栽培提供了强力技术支撑。

该著作总结归纳、凝练集成了国内外苹果矮化砧木利用和密植集约栽培的成功经验，对于全面提高我国苹果矮化砧木育种、矮砧苗木繁育、矮砧集约栽培模式和耕作制度等领域的科学研究和生产技术水平，创建我国苹果现代矮砧集约高效栽培制度与技术支撑体系，具有重大的学术价值和重要的社会意义、经济意义。

中国工程院院士

2022年3月

前言

苹果是世界四大水果之一，也是我国第一大水果。我国大苹果栽培已有150多年的历史，现已成为世界上最大的生产国和消费国。2012年，全国苹果栽培面积为223.14万 hm^2，总产量达到3 849.07万 t，分别占世界苹果总面积和总产量的46.08%、50.39%。进入21世纪以来，我国苹果栽培面积和产量一直稳居世界第一，苹果产业已经成为我国苹果产区农业和农村经济的支柱产业。从"十五"至今，苹果产业一直被农业农村部列入优势农业产业，在推动我国农业增效、农民增收和区域经济发展中发挥了重要作用。

但是，与世界苹果生产先进国家相比，我国的苹果生产还有较大差距，主要表现为单位面积产量低、果品商品质量较差、经济效益不高，在国际苹果市场竞争力不强。造成这种差距的根本原因，是我国苹果栽培制度、种植模式和生产技术落后。

近30年来，世界苹果栽培制度发生了深刻变化，矮砧密植集约高效栽培已成为苹果栽培的主流模式，具有土地利用效率高、管理简便、省工省力、适合机械化作业、早实丰产性强、果品产量高、果实品质优，经济、社会和生态效益显著等突出优势，集中体现了苹果生产专业化、集约化、机械化、现代化的时代特征。目前，美国、意大利、法国、荷兰、波兰、新西兰、土耳其等世界苹果生产先进国家普遍采用此类生产模式，栽培比重均在90%以上。

我国在20世纪70年代至80年代，曾掀起一轮苹果矮化砧木选育利用和矮化栽培技术研究的热潮。1973年，中国农业科学院郑州果树研究所牵头成立了由19个省（市）38个单位组成的矮化苹果协作组，重点对M系、MM系矮化砧木的繁殖方法、栽培适应性和适宜砧穗组合开展协同研究。之后，全国多个科研、教学单位相继开展了苹果矮化砧木引进和选育、矮砧苗木繁育、矮砧密植栽培技术等方面的研究和试验示范，建立了一批矮砧苗木繁育基地和矮化密植、早实丰产生产示范园。但是，由于受苹果产区果园土壤条件和肥力水平较低、矮化砧木资源的抗逆性和栽培适应性较差、果园装备和设施条件不配套、整形修剪方式不适宜、土肥水管理不规范等诸多因素影响，苹果矮砧密植栽培发展受到很大制约，生产比重仅达到5% 左右。与此同时，根据苹果早果、丰产的生产要求，适宜产地土壤、生态条件的乔砧密植栽培技术得到快速发展，逐步形成了“适度密植、低干矮冠、轻剪长放、早果丰产”的乔砧密植栽培技术体系。乔砧密植栽培比传统的乔化稀植栽培树冠成形快、土地空间和光能利用率高、结果早、产量高，对于推动我国苹果生产发展、丰富果品市场以及推动农业和农村经济快速发展起到了积极作用。但随着树龄增大，乔砧密植栽培模式的缺陷逐渐突显，果园群体和个体结构调控难度加大，果园空间结构与光能利用效率之间的矛盾加剧，加之栽培者对乔砧密植栽培技术掌握和执行不到位，大多数果园树冠郁闭、光照不良，生产条件逐步恶化，产量低、品质差、效益低的问题十分突出。因此，乔砧密植栽培已经不适应现代苹果产业发展的需要，研究建立新的栽培制度、种植模式和生产配套技术体系，已经成为我国苹果产业转型升级、提质增效和高质量发展的迫切需求。

根据我国苹果科技与产业发展的战略需求，在我国苹果栽培制度从传统的乔砧密植向现代矮砧密植集约化栽培转型的关键时期，我们围绕苹果矮化砧木资源选育、优良砧穗组合评价筛选、矮砧苗木繁育、矮砧密植集约栽培模式和综合配套关键技术，编著出版了《苹果矮化砧木及集约高效栽培》一书。该书总结分析、归纳凝练、配套集成了国内外苹果矮化砧木利用与矮砧集约栽培的研究成果和成功经验，对于全面提高我国苹果矮化砧木育种、矮砧苗木繁育、矮砧密植栽培模式和耕作制度等领域的科学研究和生产技术水平，建立和完善我国苹果现代矮砧集约高效栽培制度与技术支撑体系，具有重要的学术价值、社会意义和经济意义。

本书的编著、出版，得益于农业农村部、科学技术部、山东省科学技术厅、山东省农业农村厅等部门的支持，特别要感谢农业农村部现代农业产业技术体系项目和山东省重大应用技术创新项目的资助和支持。这些资助和支持，促进了科研创新团队建设，推动了科学研究和生产示范工作，为苹果矮化砧木研究和矮砧密植集约栽培发展培养了高层次专家队伍、奠定了雄厚的资源和技术基础。

本书能够给果树业界的同行探索、研究解决苹果科技与产业重大关键技术问题提供参考，期望起到抛砖引玉的作用。由于作者水平所限，书中难免存在不足甚至错误之处，敬请读者不吝赐教，并多提宝贵意见。

值《苹果矮化砧木及集约高效栽培》出版之际，谨向关心和支持本书编著、出版工作的领导、专家和广大果树科技与产业工作者表示衷心的谢意。

编者

2022年5月

目录

第一章

概　论

第一节　苹果矮化砧木研究历史

一、国外苹果矮化砧木研究历史

从20世纪20年代起，欧洲的工业化有了较大发展，形成居民集中的大城市，要求水果有较多的商品供应量。此外，科学研究对水果的营养价值、保健价值和医药价值的发现，更使水果供不应求。因此，从20世纪30年代起，欧洲各国就不断改进水果生产技术，使栽培管理更加集约化，以期在有限的土地面积上收获更多的优质果品。

果树进行集约化栽培，提出了一系列经营管理和生产技术问题，这些问题的核心概括起来主要是：提高土地利用效率和单位面积的经济效益；早结果，早收益，连年稳定高产；品质优良，美观整齐，耐贮耐运，符合市场要求；减少用工，降低成本，提高机械化水平；易于更新，能及时按市场要求调整品种结构。

这样的时代要求，驱使果树栽培制度和生产技术发生了下述变革：

1. 宽行距窄株距，长方形栽植

这种栽植方式，可在单位土地面积上大幅度增加栽植株数的条件下，保证土壤耕作、施肥、喷药和运输等田间作业机械化。宽行距保证了每株树都有一定的空间，有行间光照和土壤营养可供其利用；窄株距又可以使果树提早结束营养生长阶段，有利于早期发育成熟、提早成花、结果。

2. 充分利用土地，行间生草或种植绿肥作物

在宽行距窄株距的栽植条件下，行间留出的作业道进行行间生草或种植绿肥作物，既保证了果园人工和机械作业方便，又经济有效地给果园增加了有机肥料。

3. 加大单位面积栽植密度

在20世纪初，一般苹果园都是乔砧稀植，定植行株距是8～10 m，个别有达12 m以上者。这样栽培的大冠苹果树占地多，树冠形成慢，在树冠形成之前浪费行、株间的空地和空间，土地利用不经济，结果较晚。在乔砧稀植条件下，树冠高大，光照分布不匀，致使同一株树上的果实大小不均、品质好坏不等，且耗费劳力多，收回投资慢。

基于上述原因，生产者谋求采用小冠树形进行苹果栽培。欧洲一些国家如法国、英国、荷兰等，首先进行了苹果和梨的矮砧密植栽培试验。这种栽培方式结果早，产量高，生产成本低，一般都能收到较好的经济效果。因此，矮砧密植栽培果园在欧洲各国相继得到普及。

现代矮砧集约栽培，使大部分田间作业实现机械化，减少了人的手工劳动，降低了生产成本，提高了生产效率和经济效益。荷兰就靠这种矮砧栽培发展果树生产，在20世纪40年代至60年代的20年中，解决了水果供应问题，而且变水果进口国为出口国。从20世纪60年代中期开始，欧洲各苹果主产国已基本不再实行乔砧稀植，新建果园多采用矮化砧或半矮化砧，并采用较高密度的栽植模式。

美国利用矮化砧发展集约化苹果栽培较晚。20世纪50年代以后，从降低成本、提早结果、管理容易等商品生产目的出发，美国开始利用矮化砧解决生产问题。从20世纪60年代中期至80年代初，美国大部分果树主产州相继成立了"矮化果树联合会"，以促进矮化果树栽培的发展。除利用矮化砧外，美国还用紧凑型品种进行矮化密植。

苹果矮砧密植早结果、早丰产、高效益的经验得到肯定后，先后在澳大利亚、新西兰、日本等许多国家进行了大面积生产试验和推广应用，也推动了梨、桃、柑橘等多种果树矮化密植栽培试验研究。现在，英、法、德、意、荷等许多苹果主产国，矮砧密植已经成为苹果生产的主流栽培模式。

二、我国苹果矮化砧木研究历史

我国从20世纪40年代开始，陆续从国外引进苹果矮化砧木，在试验应用的同时，也进行了一些选育研究，到70年代研究工作有了突飞猛进的发展。1973年5月，郑州果树研究所组织全国19个省市共38家单位成立了矮化苹果协作网，在渤海湾、黄河故道、黄土高原等苹果产区重点开展了对从国外引进的M系、MM系苹果矮化砧木的繁殖和利用研究[1]。当时，全国引进国外矮化砧木共11个系统42个型号，建立了10个种质资源圃。20世纪70～80年代，郑州果树研究所牵头，成立了苹果矮化砧15省科研协作组，各地积极开展新砧木选育和栽培技术研究。进入21世纪后，各地利用现有的种质资源及人工杂交、实生选种、辐射育种等方法，选育出了一批有特色的苹果矮化砧木。

我国苹果矮化砧木研究包括三个方面的工作，即引进国外矮化砧木研究、矮化砧木选育研究及野生矮化砧木种质资源研究。

（一）引进国外矮化砧木研究历史

20世纪40年代，原西北农学院曾引进过矮化砧木，但材料未保存下来。保存下来最早的材料是1951年原华北农业科学研究所从丹麦引进的M系。随后，北京植物园从波兰引进了矮化砧木。之后，国内一些单位又陆续引入了一些矮化砧木，主要有英国的MM系、波兰的P系、原苏联的B系、美国的CG系、加拿大的O系、瑞典的A系、日本的JM系、美国的MAC系等。

（二）国内矮化砧木选育研究历史

1. 株系选优和实生选种

1973年，山西省农业科学院果树研究所在资源调查的基础上，通过株系选优的方法，从武乡海棠自然杂交实生后代中选出了S系矮化中间砧，其中S_{19}、S_{63}嫁接亲和性好，无“大小脚”现象，矮化性、早实性、丰产性好，表现超过了当时生产上应用的M系。1974年，青岛农业科学研究院采用株系选择的方法，在收集到的32份崂山柰子资源中选出了N_{29}、N_{32}两个优良株系，作为中间砧嫁接红星、富士等品种，表现出较好的嫁接亲和性、矮化性与早实性[2]。1975年，中国农业科学院郑州果树研究所从M_9实生后代中初选出50个单株，后又复选出75-9-5、75-9-35两个株系，作为中间砧，表现出较好的矮化性和早实性状，果实品质好；1985年从小金海棠实生后代中选出了半矮化优系76-2，嫁接金冠，早实丰产性好，可耐受-45℃低温，且具有无融合生殖特性。1976年，内蒙古呼伦贝尔市农牧科学研究所从该所原始材料圃3～4年生的山荆子中发现了1株矮生山荆子，编号为扎矮76，多年观察其后代，表现出了良好的矮生性状，是极抗寒的矮生种质。1981年，青岛市农业科学研究院从M_9自然杂交实生后代中选出了78-43、78-48两个矮生优系，表现为砧木性状稳定，嫁接亲和性好，嫁接树干性、产量、品质等均优于M_9和M_{26}[3]。2012年通过审定分别命名为青矮2号、青矮3号。1990年，中国农业大学从小金海棠自然授粉群体中选出了抗缺Fe黄化失绿的半矮化砧中砧1号，嫁接亲和性好，固地性强，树干直立，抗苹果早期落叶病和枝干轮纹病，高抗苹果褪绿叶斑病毒、茎痘及茎沟槽等潜隐病毒，抗寒力同毛山荆子，可抗-45℃低温，且具无融合生殖能力[4]。2008年，山西省农业科学院果树研究所从野生晋西北山荆子实生后代中选出了早实、抗逆性强的Y系矮化砧木，与丹霞、红富士等品种嫁接亲和性好，与八棱海棠等基砧嫁接无“大小脚”现象，适合西北黄土高原干旱缺水区发展[5]。2008年，吉林省农业科学院果树研究所从GM_{256}自然实生后代中选出了极抗寒且矮生性较强的ZM-2000，作中间砧矮化程度30%～40%，与多个品种嫁接亲和性好[6]。

2. 杂交育种

吉林农业大学是我国最早开展矮化砧木杂交育种工作的单位。20世纪60年代初，吉林农业大学开始用当地较抗寒的小红海棠、铃铛果、山荆子等资源，同M系矮化资源杂交，获得抗寒性强、矮化性能好、压条容易生根的63-2-19。吉林省农业科学院果树研究所于1973年开始用红海棠与M_9杂交育成GM_{256}抗寒矮化砧，可耐-42℃的低温；1974年开始以红太平作母本、M_9作父本进行杂交，育成GM_{310}矮化砧木，抗寒性与GM_{256}相当，同时高抗苹果腐烂病[7,8]。辽宁省果树研究所在1970年代末用小黄海棠同M_9杂交，得到1个矮化砧木（77-33）和1个半矮化砧木（77-34）；用助列涅特与M_9杂交育成辽砧2号[9,10]。山西省果树研究所1978年开始用国光与河南海棠杂交，选育出了SH系列苹果矮化砧木[11]。中国农业科学院兴城果树研究所用山荆子、金红同M_9杂交，同时利用辐照的办法，选育出CX系列矮化砧木。青岛市农业科学研究院用M_2与M_9杂交育成青矮1号，用平邑甜茶和柱型苹果株系CO杂交育成青砧1号[12]。西北农林科技大学用富平秋子作父本，M_{26}、M_9、M_7作母本，杂交育成SX系列矮化砧木[13]。沈阳农业大学用扎矮76与平邑甜茶杂交，选育出具有Dw基因的皱叶型矮生后代，从中选出了93-10、93-24两个优系。中国农业科学院郑州果树研究所用M_8与八棱海棠杂交育成U_8矮化砧木，对苹果枝干轮纹病抗性较强[14]。黑龙江省农业科学院牡丹江农业科学研究所用大秋果与M_8杂交育成MD001半矮化砧木。大连市农业科学研究所用西伯利亚曙光与北探杂交，选育出71-340、71-342优系，用71-340同M_9杂交选育出矮化优系0539，但有“大小脚”现象；用71-342同M_9杂交，选育出半矮化优系0435，无“大小脚”现象。山西省农业科学院果树研究所以甜黄魁、历山王、金冠等品种为母本，与M_9进行杂交，育成J系矮化砧木，抗黄化，无“大小脚”现象。新疆生产建设兵团农七师农业科学研究所以花红为母本、M_9为父本，杂交育成KM系抗寒矮化砧[15]。

3. 辐射育种

1978年，青岛市农业科学研究院用^{60}Co、γ射线照射经过层积处理的平邑甜茶种子，从中选出了矮化单系74-14；1996年用^{60}Co、γ射线处理平邑甜茶层积种子，获得了矮生突变体A_1，表现为树势中庸，半矮化，适应性强，与富士、嘎拉等品种嫁接亲和性好。中国农业科学院果树研究所用^{60}Co射线照射63-2-19半矮化砧木枝条选育出CX_{10}，其矮化作用略弱于M_{26}，抗寒性明显强于M_{26}。

目前，国内选育的苹果矮化砧有100多个优系（品系），主要有：山西省果树研究所选育的SH系、S系、J系、Y系；吉林农业大学选育的63-2-19；吉林省农业科学院果树研究所选育的GM_{256}、GM_{310}、ZM-2000；大连市农业科学研究所选育的71-430、71-432、0593、0435；辽宁省果树研究所选育的77-33、77-34、辽砧2号；青岛市农业科学研究院选育的N_{29}、N_{32}和青矮1～3号、青砧1～2号；内蒙古呼伦贝尔市农牧科学研究所选育的扎矮76；西北农林科技大学选育的SX系；中国农业科学院果树研究所选育的CX系、U_8、75-9-5、75-9-35、76-2；中国农业大学选育的中砧1号等。其中，中砧1号、青砧1号、青砧2号等具无融合生殖特性。

（三）野生矮化砧木种质资源研究历史

20世纪50年代末，我国已发现莱芜海棠、莱芜难咽、崂山柰子、平度柰子等作砧木有一定的矮化作用。特别是用崂山柰子作砧木，不但树体表现矮化，而且嫁接亲和性好，嫁接红星、伏花皮、倭锦等苹果品种，定植后第三年即可结果。截至目前，已发现有矮化作用的野生资源有莱芜海棠、莱芜难咽、崂山柰子、平度柰子、武乡海棠、维西小海棠、陇东海棠、小叶湖北海棠、八棱海棠、毛山荆子、花叶海棠、小金海棠、变叶海棠等，其中丽江山荆子、湖北海棠、小金海棠、变叶海棠等具无融合生殖能力。

第二节　苹果矮化砧木应用现状

近十年来，我国矮砧苹果栽培发展迅速。据统计，2016年，我国矮砧苹果栽培面积为30.86万hm^2，占全国苹果栽培总面积的13.3%。各苹果主产区均有矮砧苹果栽培，其中陕西矮砧苹果栽培面积最大，为7.39万hm^2，其次为山东和河南；从矮砧苹果栽培面积占比看，河南占比最高，为24.66%，其次是陕西和山东，分别为13.91%和4.08%。

目前，我国常用的苹果矮化砧木品种有M_{26}、M_9、M_9T_{337}、SH_1、SH_6、GM_{256}等。其中，应用最多的是M_{26}，占矮砧苹果总面积的70%以上；其次是SH系和GM_{256}，两者占矮砧苹果总面积的20%以上；其他砧木占比不足10%。实际生产中，所用的矮化砧木大多为中间砧，较少用自根砧。GM_{256}作为中间砧嫁接寒富，在辽宁、河北、黑龙江和内蒙古等地栽培，其抗寒力强，较抗旱，未发现黄叶现象。GM_{256}是抗寒苹果矮化砧，嫁接树枝干粗壮、节间短，可与多品种嫁接，能大幅度提高单产，尤其能抗寒，耐-40℃低温，主要在北方地区栽植。M_{26}根蘖少，固地性较好，与品种亲和性好，主要应用于土壤肥沃、降水较多的地区，目前在陕西、山东、河北和黄河故道地区应用较多。M_9早期丰产性强，但固地性较差，不抗旱、涝，木质脆，有折干倒伏和“大脚”现象，在我国中原地区有应用。SH系列矮化砧适应性强，抗抽条，抗干旱，表现优异，是我国华北、西北利用最广泛的砧木。SH系列中SH_1、SH_6、SH_{38}、SH_{40}矮化砧效果比较理想，其中SH_6、SH_1、SH_{40}矮化性状稳定，在全国各地发展较多。SH_1苹果矮化砧是从国光与河南海棠杂交的实生苗中选育出来的，矮化性状明显，无大小脚现象，固地性好，抗倒伏能力强，矮化性能弱于M_{26}。

第三节　苹果矮砧利用中存在的问题

我国从20世纪40年代开始引进苹果矮化砧木，70年代出现了研究和推广高潮，随后进入缓慢发展阶段，近十年来又有了较快发展。目前我国苹果仍以乔化栽培为主，矮砧栽培的规模和占比仍较低，矮砧苹果园的生产能力整体处于较低水平，且不同地区、不同园片的管理水平参差不齐，与欧美苹果生产先进国家存在较大差距。造成我国矮砧苹果发展缓慢、生产水平低的原因，主要有以下几方面：

1. 思想认识有偏差

我国果农长期以来都是种植乔化苹果树，对乔化苹果树的栽培管理技术更为熟悉，认为乔化苹果树经济寿命长，对土肥水条件要求不高，而矮砧苹果树经济寿命短，对土肥水条件要求高，栽培管理复杂，加之早期发展矮砧苹果树的园片少有成功的事例，造成果农在思想上抵触矮砧苹果，不愿发展。

2. 缺少适宜的矮化砧木品种

缺乏适合本地区栽培的优良矮化砧木，是影响矮砧苹果发展的重要原因。目前，我国虽然引进、选育了不少苹果矮化砧木，但对每种砧木的特性，包括矮化性、适应性、早果性、丰产性和果实品质等的研究还不够深入。各地在选择矮化砧木时有较大的随意性、盲目性，一些没经过调查和严格区域试验的砧木就进行推广应用，导致栽植后出现“水土不服”，影响矮砧苹果优势的发挥，甚至导致栽植失败。

3. 栽培技术不配套

我国矮砧苹果园缺乏相配套的栽培技术，多根据管理乔砧树的经验来管理矮砧树，主要表现为：不设立支柱、定干低、主枝开张角度小、栽植过深、水肥供应粗放、栽植密度不适宜等，使得矮砧树出现倾斜、倒伏、断裂、冠内郁闭、结果部位外移、早衰等问题，严重影响果品产量和品质。

4. 苗木质量差

我国建园选用的矮砧苗木多为2年生独干苗，繁殖手段及繁殖规程控制不严，苗木规格比较混乱，质量良莠不齐，栽植成活率低。另外，很多苗木带有病毒，结果后树势衰弱很快，寿命缩短。

5. 科研推广力量薄弱

长期以来，我国对于苹果矮化砧木的科研投入不足，专门从事矮砧研究的科研人员较少，矮砧选育工作缺乏连续性和稳定性，配套栽培技术研究不够系统深入，各级技术推广部门对矮砧苹果栽培的技术特点认识不到位，影响了矮砧的推广利用。

第四节　展　望

我国是世界苹果生产第一大国，栽培面积和产量均居世界首位。目前，我国苹果85%以上都是采用乔化栽培模式。与矮砧果园相比，乔砧果园需要更多的栽培空间和肥水供应，而且不适合机械化操作，人工成本较高，是一种投入产出比较高的粗放型栽培方式。随着我国城镇化的不断发展，农村劳动力越来越多地向城市转移，导致农村劳动力特别是青壮年劳动力明显不足，难以满足乔砧栽培模式对劳动力的需求。在劳动力资源日渐短缺、生产要素价格快速上涨的同时，土地非农化趋势更为明显，我国苹果产业发展面临着土地与劳动力资源的双重约束，传统的乔砧栽培模式已经不适应现代果业的发展。矮砧集约栽培模式具有树冠矮小、结果早、果品质量好、产量高、便于机械化作业、节省劳动力与土地资源等突出优点，是我国现代苹果产业发展的方向。

目前，经过多年的发展及技术积累，我国已具备发展矮砧苹果的条件。

1. 生产经营方式逐步改变

近年来，国家明确提出加快农村土地流转，鼓励发展专业大户、家庭农场、农民专业合作社、农业企业等新型经营主体，以适度集约化发展现代农业对接大市场。我国千百年来一家一户分散经营的生产经营方式正在逐步改变，这样的变化为矮砧苹果发展提供了良好条件。

2. 思想观念正在逐步转变

近年来，随着我国对矮砧苹果的日益重视，科研推广的力度逐渐加大，在苹果主产区成功创建了一批高标准示范园，使人们充分认识到矮砧苹果的优势，越来越多的果农认识到矮砧苹果将是我国苹果产业发展的必然趋势，发展矮砧苹果的积极性日渐高涨，矮砧苹果呈现出良好的发展势头。

3. 育苗及栽培技术基本成熟

近年来，国内科研院所、高校历经多年研究，成功研发出矮砧苗木繁育技术及适合不同区域的矮砧苹果栽培技术（主要包括大苗建园、支架栽培、果园覆盖、果园生草、高效肥水管理、高光效树形及整形修剪、病虫害综合防控等），为矮砧苹果栽培提供了技术支撑。

综上所述，我国矮砧苹果已经具备了快速发展的良好条件，必将成为我国苹果产业发展的主流。

第二章

矮砧资源与育种进展

第一节　国外矮化砧木资源

一、茂林（M）砧木系列

英国东茂林（East Malling）试验站从1912年开始收集英国和整个欧洲所有的苹果砧木及亚洲野生苹果砧木，根据形态和解剖学特征，以丰产性及控制树体大小为目标，对71个砧木材料进行筛选和分类。1917年公布了M系1～9号，后又公布了10～16号。1950年以后，开始在M系砧木之间进行杂交，选育出M_{26}和M_{27}。M系苹果矮化砧木在世界各地得到了广泛应用，引发了苹果栽培的一场革命[16]。

1. M_2

源自法国道生苹果，又名英国乐园。叶缘具有钝锯齿，托叶小、细长，枝条黑褐色，皮孔小，根系分布深而广，主要分布在40～100 cm土层内。M_2属半矮化砧木，树冠大小约为实生砧的75%；固地性较强，压条生根能力较差；嫁接亲和性较好，有“小脚”现象，嫁接品种生长势较旺，早果，丰产。M_2适宜轻质沙壤土，较抗干旱，耐湿涝，耐瘠薄，但因其抗寒性差、嫁接树果实不整齐，现已少用。

2. M_4

亲本源于荷兰，原名霍尔斯坦道生，又名黄色道生或荷兰道生。植株强健，叶缘有尖锐锯齿，枝条浅褐色，易形成叶柄基部具有小托叶的短枝，根系较小且较浅，主要分布在60 cm土层内，分根较多，部分根系有小瘤状突起。根系容易偏向一侧发育，固地性差，不抗大风。树冠大小类似M_2，属半矮化砧木，与大多数品种嫁接亲和性较好，结果早，产量高，但结果后树体衰老较快；较易压条生根，繁殖率中等。M_4喜较潮湿土壤，较耐瘠薄，较耐寒，但抗旱力较差，国内现已很少使用。

3. M_7

道生苹果混杂类型，1917年公布。树姿直立，树势强；主干黄褐色，皮孔中大，扁长，黄色，密度中等；新梢细长，枝条灰白褐色，皮孔白色、圆形、中大、中密；叶片阔卵圆形，叶面平展，先端锐尖，叶缘具尖锐的深锯齿，边缘呈波浪状，托叶小；根系发达，须根多，分布较深，主要分布在100 cm土层内。树冠大小为实生砧的55%～65%，属半矮化砧；容易压条生根，繁殖率高；嫁接亲和性较好，有“小脚”现象。M_7对土壤适应性强，较抗旱、抗寒，也耐瘠薄，但不耐涝，抗苹果软枝病、花叶病及小果病毒病，易患根头癌肿病，是美国生产上最常用的砧木之一，在世界各苹果产区均有应用。（图2-1、图2-2）

图2-1　M_7

图2-2　M_7

4. M_8

原名法国乐园、红乐园、马尔加·亨德左尔、矮化克拉克，属道生苹果混杂类型。枝条黑褐色，皮孔稀疏，叶片光滑，平展，深绿色，叶侧基部托叶不明显，根系较浅。树冠大小类似M_9，属矮化砧。与苹果品种嫁接亲和性好，压条或扦插不易生根，树势弱，固地性较差，易倒伏。抗寒力弱，土温下降到 −9℃时发生冻害，−10℃时会导致死亡。抗旱性较差，但耐湿、耐碱。

5. M_9

原名黄色梅兹乐园，梅斯的黄色种，也称为黄色梅斯。大约1879年法国从自然实生苗中选出，1937年英国正式命名发表。树姿直立，树势强。主干黄褐色，皮孔大而密，圆形或椭圆形，黄色；枝条粗壮，基部稍向一侧弯曲，红色至银白色，稍有茸毛，在芽节两侧有小瘤状突起，皮孔较小、黄色、圆形、稀疏；叶片卵圆形至椭圆形，叶色浓绿，平展，革质，厚而黑，上表面有光泽；叶缘锐锯齿，先端锐尖。根系分布较浅，质较脆，易断裂，主要分布在20～60 cm土层内。

M_9属矮化砧，既可用作自根砧（树冠大小为实生砧的25%～35%），也可用作中间砧。自根砧表现“大脚”现象，中间砧表现“粗腰”现象。早果性强，嫁接多数苹果品种，在定植第2年即可开花，果实品质风味亦佳；唯其根系小且分布较浅，固地性较差，木质脆而易断，嫁接树需设立支架。压条生根力中等，在灌溉条件下生根较好。抗寒性差，耐盐碱，较耐湿。M_9为世界上最常用的矮化砧木，在欧洲应用最为广泛。由于M_9抗寒及抗抽条能力较差，在我国适于年均温10℃以上的地区栽培。（图2–3、图2–4）

图2–3　M_9

图2–4　M_9

6. M_{26}

英国东茂林试验站1892年选育，亲本为$M_{16}\times M_9$，1959年开始推广应用。树姿开张，树势强旺。主干灰褐色，皮孔大，圆形或椭圆形，黄色，较密；新梢褐色，上有稀疏、明显的皮孔，侧枝少；叶片大，平展，长卵圆形，革质，叶基宽楔形，叶缘锐锯齿，呈波浪状，先端渐尖；花蕾粉红色，花白色；果实扁圆形，果皮黄色，果点较大，中密。

M_{26}属矮化砧，嫁接树冠大小介于M_9与M_7之间，固地性优于M_9，但在欧美地区仍需设立支柱。作中间砧时，与主要品种嫁接亲和性较好，有“大脚”现象，成龄树有“偏冠”现象。抗旱性较差，耐寒，能耐短期 −17.8℃的低温，是目前M系中最抗寒的砧木。抗软枝病和花叶病病毒，不抗绵蚜，易染疫腐病和火疫病，不耐潮湿黏重的土壤。M_{26}的越冬能力与M_9相似，适宜在年均温10℃以上的地区栽培。1980年代以来，M_{26}逐渐在我国胶东地区、渭水地区及晋南地区推广应用，但生根较多、控冠能力较弱、偏冠和果园不整齐等问题限制了其推广应用。（图2−5、图2−6）

图2−5　M_{26}

图2−6　M_{26}

7. M_{27}

从$M_{13}\times M_9$杂交后代中选出，典型性状是枝条细弱、直立、褐色，叶片卵圆形，叶缘具有小锯齿和缺刻。M_{27}属极矮化砧木，嫁接成龄树树高仅1.5 m左右，只及M_9的1/2，适合高度密植。压条繁殖系数高，早果性极强，需要支架栽培。适宜在土质良好、土层深厚、排水良好的土壤中栽培。

二、茂林－默顿（MM）砧木系列

20世纪20年代，东茂林试验站与约翰英斯园艺研究所合作，用M系和抗绵蚜苹果品种君袖（Spy）杂交，获得15个抗绵蚜无性系。为了防止这些砧木与茂林系列砧木发生混乱，把它们命名为MM（Malling-Merton）系，编号101～115。各系性状表现各异，从半矮化到乔化都有，目前我国应用的主要有MM_{106}和MM_{111}。

1. MM_{106}

从君袖 ×M_1杂交后代中选出，树姿直立，树势强。主干黄褐色，皮孔大，密，扁圆形，黄色；苗木枝条粗壮、直立，具有茸毛，节间显著膨大，皮孔中大、中密、椭圆形、黄色；叶片大，卵圆形，叶色浓绿，叶面平展，叶缘锐锯齿，先端锐尖，上表面光滑，托叶大，易识别。

MM_{106}属半矮化砧，嫁接树冠大小相当于实生砧的60%～75%。压条生根良好，繁殖率高，根系发达，固地性较强。MM_{106}较抗干旱和耐瘠薄，也较抗寒，根系能耐 -9℃的低温，抗苹果绵蚜，但易发生根冠腐烂病和白粉病，在通气不良的土壤中易患疫腐病。以MM_{106}为中间砧的植株果实变小，嫁接品种停长晚，易感病的接穗品种火疫病发病率增加。MM_{106}是各国苹果产区广泛应用的砧木。（图2-7、图2-8）

图2-7　MM_{106}

图2-8　MM_{106}

2. MM_{111}

从君袖 ×M_{1793}杂交后代中选出。叶缘具有粗锯齿，枝条非常纤细，直立。虽然属于半乔化砧（相当于实生砧的90%），但由于具有生根良好、繁殖率高、固地性好等优点，目前仍在生产中应用。该砧木耐旱性强，抗苹果绵蚜，可适应多种土壤和气候类型。

三、康乃尔–日内瓦（CG）砧木系列

该系列是美国纽约州康乃尔大学与日内瓦农业试验站合作，于1953年从M_8自然授粉的实生苗中选出的营养系矮化砧，父本可能是$M_1 \sim M_{16}$、旭和君袖，共158个品系，其中10、26、47、80近似M_9，23、24、57近似M_{26}，5、55、62近似M_7，18、32近似MM_{106}。用CG_{24}、CG_{80}作中间砧进行矮化栽培效果很好[17]。

1. CG_{10}

植株生长直立，高度不整齐，基部无分枝。嫁接品种亲和性好，嫁接口处皮色发红，嫁接树长势中庸，树体较牢固，结果早，产量高。

2. CG_{23}

植株长势中庸，主干黄褐色，皮孔大、密，圆形或椭圆形，黄色；新梢较CG_{10}、CG_{80}

图2-9 CG_{23}

图2-10 CG_{23}

细弱，基部分枝少或无；1年生枝条黄绿色，皮孔小，较稀，椭圆形，黄色，顶端有白色茸毛，木质较松；顶芽停止生长后，顶芽处的叶片呈簇丛状；叶片椭圆形，略下垂，浓绿色，叶面平展，叶缘具不规则锐锯齿，先端尖锐。

CG_{23}作中间砧嫁接红富士，6年生树高为1.92 m，略高于对照M_{26}；嫁接亲和性好，早果，较丰产，抗寒性不及M_7。（图2-9、图2-10）

3. CG_{24}

树姿直立，树势强。主干黄褐色，皮孔大、密，圆形或扁圆形，黄色；1年生枝紫褐色、较直立，节间较长，皮孔小、较密、圆形、黄色；叶片椭圆形，先端渐尖，基部圆形，质地较厚，有褶皱，叶缘锯齿较小、钝，有的叶尖呈扭曲状，叶柄基部带红色；顶芽停止生长后叶片呈簇状，基部枝杈较多。

CG_{24}矮化效果相当于M_{26}。以CG_{24}为中间砧嫁接的红富士苹果结果早、产量高，4年生树结果株率和单株产量均比M_{26}高；根蘖株率明显减少，砧段气瘤发生少；抗寒性与M_7相近。（图2-11、图2-12）

图2-11　CG_{24}

图2-12　CG_{24}

4. CG_{80}

树姿直立，树势强。主干黄褐色，皮孔大、密，圆形或椭圆形，黄色；1年生枝赤褐色、直立，节位膨大，侧芽小，钝三角形，比CG_{24}饱满，皮孔圆形，大、密，土黄色；叶片卵圆形，先端渐尖，基部近楔形，叶缘锯齿粗钝，复锯齿。

用CG_{80}作中间砧与平邑甜茶（基砧）和红富士苹果（品种）嫁接亲和性良好，早果性强，产量高，根蘖萌发较少；嫁接树生长势比CG_{24}弱，抗寒性不及CG_{24}。我国自20世纪90年代引种试栽，结果表明，该砧木嫁接亲和性比M_{26}强，树体大小为M_{26}的100%～130%，CG_{80}中间砧红富士4～6年生树平均株产比M_{26}高26%～99%，果实品质与M_{26}相近，综合性状优于M系及MM系。（图2-13、图2-14）

图2-13　CG_{80}

图2-14　CG_{80}

四、康乃尔－几内瓦（G）砧木系列

自1991年开始，美国几内瓦实验站和康奈尔大学申请专利的G系苹果砧木品种有14个，其中极矮化砧木1个、矮化砧木5个、半矮化砧木8个，均抗火疫病；除了G_{11}中感疫腐病外，其他13个品种均耐或抗疫腐病；大部分品种抗苹果绵蚜、潜伏性病毒病，耐重茬；除了G_{11}外，均易生根。截至2017年底，康奈尔大学官方网站列有12个G系砧木进行商业化出售，其中矮化砧木5个、半矮化砧木7个。

1. G_{65}

极矮化砧木，矮化程度相当于20% 自根树。小灌木，树高约1.5 m，冠幅约1.0 m，无明显主干，萌蘖少；新梢停止生长较 M_9 早2周左右；1年生枝长约20 cm，节间短，长12～15 mm，橙灰色，有刺；腋芽先端钝，扁平；叶片绿色，卵形，长50 mm、宽20 mm，叶端渐尖，叶基对称、圆形，叶缘粗锯齿，每厘米6～8个锯齿，叶背黄绿色，叶背和叶面均有茸毛，与枝条呈35°～40° 斜向上生长，叶柄长15～20 mm；抗火疫病和疫腐病，易感苹果绵蚜；嫁接 Red Spy 和 Northern Spy 品种，早实性、丰产性同 M_9。

2. G_{30}

半矮化砧木，矮化程度同 M_7。抗火疫病，耐疫腐病和重茬，易感苹果绵蚜，抗寒，早实性和丰产性同 M_9。

3. G_{11}

半矮化砧木。小灌木，树高约2.5 m，冠幅约2.0 m，无明显主干，萌蘖少；新梢停止生长较 M_{26} 早1周左右；1年生枝长50～70 cm，棕色，有刺；腋芽先端钝，扁平；叶片绿色，卵形，长70 mm、宽48 mm，叶端渐尖，叶基对称、圆形，叶缘锐锯齿，每厘米4个锯齿，叶背黄绿色、有茸毛，与枝条呈35°～45° 斜向上生长，叶柄长20～25 mm；抗火疫病，耐重茬，中感疫腐病和苹果绵蚜；嫁接 Mustsu 品种时，早实性同 M_9，丰产性同 M_{26}。

4. G_{16}

矮化砧木。小灌木，10年生树高1.0 m，冠幅1.5 m，无明显主干，萌蘖少；1年生枝长50～70 cm，棕色，有刺，节间长23～28 mm；腋芽长5 mm、宽3 mm，先端钝，扁平；2年生枝灰棕色，皮孔橙灰色，大小0.2～0.3 mm；叶片绿色、互生，长卵圆形，长99.5 mm、宽55.0 mm，叶端渐尖，叶基对称、圆形，叶缘锐锯齿，每厘米4个锯齿，叶背黄绿色，与枝条呈15°～25° 斜向上生长，托叶无或长10 mm、宽1 mm，叶柄长21.4 mm；抗火疫病，耐疫腐病，不抗苹果绵蚜和重茬；嫁接 Mustsu 品种，早实性和丰产性同 M_9。

5. G_{202}

半矮化砧木，矮化程度相当于35%～40% 自根树。小灌木，5年生树高约2.0 m，冠幅约2.0 m，无明显主干，萌蘖少；新梢停止生长较 M_{26} 早1周左右；1年生枝长50～80 cm，灰褐色，有刺；腋芽长4 mm、宽3 mm，先端钝，扁平；3年生枝灰褐色，皮孔灰绿色，大小0.3～0.4 mm，每平方厘米1～2个皮孔；叶片绿色、互生，向下弯曲，长卵圆形，长80 mm、宽50 mm，叶端渐尖，叶基对称、圆形，叶缘锐锯齿，每厘米5个锯齿，叶背黄绿色、有茸毛，与枝条呈15°～25°斜向上生长，托叶无或长7 mm、宽1 mm，叶柄长22 mm；抗火疫病和苹果绵蚜，耐疫腐病和重茬；嫁接Empire品种，早实性同M_9，丰产性同M_9、M_{26}和M_7。

6. G_{41}

矮化砧木。小灌木，6年生树高2.0 m，冠幅2.0 m，无明显主干，萌蘖少；1年生枝长30～60 cm，橙灰色，有刺；腋芽长5～8 mm、宽3 mm，先端钝，扁平；3年生枝灰棕色，皮孔橙灰色，大小0.3～0.4 mm，每平方厘米1～2个皮孔；叶片绿色、互生，向下弯曲，长卵圆形，长100 mm、宽50～60 mm，叶端渐尖，叶基对称、圆形，叶缘锐锯齿，每厘米5个锯齿，叶背黄绿色、有茸毛，与枝条呈15°～25°斜向上生长，托叶长8 mm、宽2 mm，叶柄直径2 mm；抗火疫病和苹果绵蚜，耐疫腐病和重茬，抗寒；嫁接Empire品种，早实性同M_9，丰产性同M_9、M_{26}和M_7。

7. G_{935}

半矮化砧木。小灌木，7年生树高1.5～2.0 m，冠幅约2.0 m，无明显主干，萌蘖少，1年生枝长30～60 cm，灰褐色，有短茸毛，有刺；腋芽长2～3 mm、宽3 mm，先端钝，无柄，扁平；3年生枝灰绿色，皮孔橙灰色，大小0.3～0.4 mm，每平方厘米1～2个皮孔；叶片绿色、互生，向下弯曲，长卵圆形，长85 mm、宽50 mm，叶端渐尖，叶基对称、圆形，叶缘锐锯齿，每厘米5个锯齿，叶背有茸毛，与枝条呈15°～25°斜向上生长，托叶长8 mm、宽2 mm，叶柄直径2 mm；抗火疫病，耐疫腐病和重茬，易感苹果绵蚜；嫁接Empire品种，早实性同M_9，丰产性强于M_9、M_{26}和M_7。

8. G_{214}

矮化砧木。小灌木，7年生树高1.5～2.0 m，冠幅约2.0 m，无明显主干，萌蘖少；相比于M_9和M_{26}，G_{214}具有更多的细根；1年生枝长30～60 cm，灰褐色，有刺；腋芽长2～3 mm、宽3 mm，有茸毛，先端钝，无柄，扁平；3年生枝灰绿色，皮孔橙灰色，大小0.3～0.4 mm，每平方厘米1～2个皮孔；叶片绿色、互生，长卵圆形，长85 mm、宽50 mm，叶端渐尖，叶基对称、圆形，叶缘锐锯齿，每厘米5个锯齿，叶背有茸毛，与枝条呈15°～25°斜向上生长，托叶长8 mm、宽2 mm，叶柄直径2 mm；抗火疫病和苹果绵蚜，耐疫腐病和重茬；嫁接Empire品种，早实性同M_9，丰产性强于M_9、M_{26}和M_7。

9. G_{969}

半矮化砧木。小灌木，7年生树高1.5～2.0 m，冠幅约2.0 m，无明显主干，萌蘖少；1年生枝长30～60 cm，灰褐色，有少量茸毛，有刺；腋芽长2～3 mm、宽3 mm，有茸毛，先端钝，无柄，扁平；3年生枝灰绿色，皮孔橙灰色，大小0.3～0.4 mm，每平方厘米

1～2个皮孔；叶片绿色、互生，长卵圆形，长85 mm、宽50 mm，叶端渐尖，叶基对称、圆形，叶缘锐锯齿，每厘米5个锯齿，叶背有茸毛，与枝条呈15°～25°斜向上生长，托叶长8 mm、宽2 mm，叶柄直径2 mm；抗火疫病和苹果绵蚜，耐疫腐病和重茬；嫁接Empire品种，早实性同M_9，丰产性强于M_9、M_{26}和M_7。

10. G_{210}

半矮化砧木，矮化程度相当于50%～60%自根树。小灌木，7年生树高1.5～2.0 m，冠幅约2.0 m，无明显主干，萌蘖少；1年生枝长30～60 cm，灰褐色，有少量茸毛，有刺；腋芽长2～3 mm、宽3 mm，有茸毛，先端钝，无柄，扁平；3年生枝灰绿色，皮孔橙灰色，大小0.3～0.4 mm，每平方厘米1～2个皮孔；叶片绿色、互生，长卵圆形，长85 mm、宽50 mm，叶端渐尖，叶基对称、圆形，叶缘锐锯齿，每厘米5个锯齿，叶背有茸毛，与枝条呈15°～25°斜向上生长，托叶长8 mm、宽2 mm，叶柄直径2 mm；抗火疫病和苹果绵蚜，耐疫腐病和重茬；嫁接Empire品种，早实性同M_{26}，丰产性强于M_9、M_{26}和M_7。

11. G_{890}

半矮化砧木。小灌木，7年生树高1.5～2.0 m，冠幅约2.0 m，无明显主干，萌蘖少；1年生枝长30～60 cm，灰褐色，有少量茸毛，有刺；腋芽长2～3 mm、宽3 mm，有茸毛，先端钝，无柄，扁平；3年生枝灰绿色，皮孔橙灰色，大小0.3～0.4 mm，每平方厘米1～2个皮孔；叶片绿色、互生，长卵圆形，长85 mm、宽50 mm，叶端渐尖，叶基对称、圆形，叶缘锐锯齿，每厘米5个锯齿，叶背有茸毛，与枝条呈15°～25°斜向上生长，托叶长8 mm、宽2 mm，叶柄直径2 mm；抗火疫病和苹果绵蚜，耐疫腐病和重茬；嫁接Empire品种，早实性同M_9，丰产性强于M_9、M_{26}和M_7。

12. G_{222}

半矮化砧木，矮化程度相当于45%～55%自根树。小灌木，7年生树高1.5～2.0 m，冠幅约2.0 m，无明显主干，萌蘖少；1年生枝长30～60 cm，灰褐色，有茸毛，有刺；腋芽长2～3 mm、宽3 mm，有茸毛，先端钝，无柄，扁平；3年生枝灰绿色，皮孔橙灰色，大小0.3～0.4 mm，每平方厘米1～2个皮孔；叶片绿色、互生，长卵圆形，长62 mm、宽50 mm，叶端渐尖，叶基对称、圆形，叶缘锐锯齿，每厘米5个锯齿，叶背有茸毛，与枝条呈15°～25°斜向上生长，托叶长8 mm、宽2 mm，叶柄直径2 mm；抗火疫病和苹果绵蚜，耐疫腐病，不耐重茬；嫁接Empire品种，早实性同M_9，丰产性强于M_9、M_{26}和M_7。

13. G_{814}

矮化砧木，矮化程度相当于30%～35%自根树。小灌木，9年生树高1.2～1.5 m，冠幅约1.5 m，无明显主干，根系发达，有萌蘖；1年生枝长30～60 cm，灰褐色，有少量茸毛，有刺；腋芽长2～3 mm、宽3 mm，有茸毛，先端钝，无柄，扁平；3年生枝灰绿色，皮孔橙灰色，大小0.3～0.4 mm，每平方厘米1～2个皮孔；叶片绿色、互生，长卵圆形，长85 mm、宽45 mm，叶端渐尖，叶基对称、圆形，叶缘锐锯齿，每厘米5个锯齿，叶背有茸毛，与枝条呈35°～45°生长，托叶长8 mm、2 mm，叶柄直径2 mm；抗火疫病，耐疫腐病和重茬，易感苹果绵蚜；嫁接Empire品种，早实性同M_9，丰产性强于M_9和M_{26}。

14. G_{213}

矮化砧木，矮化程度相当于25%～35%自根树。小灌木，7年生树高1.5～2.0 m，冠幅约2.0 m，无明显主干，萌蘖少；1年生枝长30～60 cm，灰色，嫩枝有短茸毛，有刺；腋芽长2～3 mm、宽3 mm，先端钝，无柄，扁平；3年生枝灰褐色，皮孔橙灰色，大小0.3～0.4 mm，每平方厘米1～2个皮孔；叶片绿色、互生，向下弯曲，长卵圆形，长95 mm、宽35 mm，叶端渐尖，叶基对称、圆形，叶缘锐锯齿，每厘米6个锯齿，叶背有茸毛，与枝条呈15°～25°斜向上生长，托叶长8 mm、宽2 mm，叶柄直径2 mm；抗火疫病和苹果绵蚜，耐疫腐病和重茬；嫁接Empire品种，早实性同M_9，丰产性强于M_9、M_{26}和M_7。

五、波兰(P)砧木系列

波兰斯凯尔涅维采果树研究所于1954年以安东诺夫卡 ×M_9杂交，选育出抗寒及抗疫腐病的P系。其中，1、2、16、22号早果、丰产，矮化性介于M_9、M_{26}之间；2、22号抗寒性强；1号矮化性似M_7；5号为极矮化砧。P系的缺点是根蘖多，易感火疫病[18]。

1. P_{22}

树姿开张。主干黄褐色，新梢红褐色；皮孔圆形，黄白色，中大，较密；叶色深绿，嫩叶黄绿色，叶基广楔形，先端急尖或渐尖，叶缘锯齿大，多上卷；花蕾粉红色，花白色；果实圆形，底色黄，果点中大、中密，梗洼中深，萼洼浅窄，萼片聚合。

P_{22}属矮化砧，其嫁接树树冠大小相当于乔砧树的48%左右。用作中间砧，具有较强的早花早果习性，果实大、着色好，果形指数较高。用该砧木枝条压条繁育时，有较强的生根能力，可用来繁育自根砧。用该砧木嫁接的苹果树，具有一定的抗寒、抗抽条能力，但自根砧苗木耐盐能力差，可在我国石家庄及其以南地区试用。（图2-15、图2-16）

图2-15　P_{22}

图2-16　P_{22}

2. P_{60}

树姿开张，树势中庸。主干黄褐色，新梢红褐色；皮孔圆形或椭圆形，黄白色，中大，较密；叶片阔卵圆形，叶面平展，叶色深绿，叶基广楔形，先端锐尖，叶缘波浪状；花蕾粉红色，花白色；果实长圆锥形，果点中大，中密。生物学特性、适应性与P_{22}相似。（图2-17、图2-18）

图2-17　P_{60}

图2-18　P_{60}

六、密执安(MAC)砧木系列

1956年，美国密歇根州立大学的卡尔博士播种了 M_1 ~ M_{16} 及阿尔纳普2号、西伯利亚海棠5号、美国酸苹果自由授粉的种子；此后对实生苗进行了田间抗绵蚜和优良性状的筛选，初选出56个砧木类型，定名为MAC系，其中表现较好的有 MAC_1、MAC_9、MAC_{24}、MAC_{39} 和 MAC_{46}。

1. MAC_1

由 M_1 自然授粉的种子培育而成。嫁接树植株大小类似 M_7，固地性良好，但不发生根蘖；繁殖良好，苗圃中植株不发生短枝。

2. Mark(MAC_9)[19]

Mark是从 M_9 自然授粉的实生后代中选出的，1973年发表。Mark植株生长势弱，枝条粗壮。主干黄色，皮孔较密、扁平；1年生枝黄褐色，皮孔圆形、灰色、大、稀；嫩叶黄白色，被白色茸毛，叶片卵圆形，先端急尖，基部圆形，平展，叶缘锯齿大而钝，托叶极小，披针状。

Mark属矮化砧，矮化性介于 M_9 与 M_{26} 之间。与多数苹果品种嫁接亲和力强，具有较强的早花早果习性，丰产；根系发达，固地性和土壤适应性较强，极少发生根蘖；易压条生根，繁殖率高；抗寒性同 M_{26}，具有较强的抗冻、抗抽条性，同时抗根腐病、根癌病能力较强，较抗绵蚜和细菌。Mark在欧美及日本栽培较多，我国近年已引种试栽。

3. MAC_{24}

由西伯利亚海棠5号自然授粉的种子培育而成。该砧木嫁接树长势旺盛，植株大小与 MM_{111} 相同；根系浅，分布广，可发生根蘖；易繁殖，硬枝扦插及压条生根良好。

4. MAC_{39}

由 M_{11} 自然授粉的种子培育而成。该砧木嫁接树树体小于 M_9，结果非常早，但固地性差。

5. MAC_{46}

由 M_9 自然授粉的种子培育而成。该砧木嫁接树树体比 M_9 稍大，结果早，固地性不良。

七、布达戈夫斯基(B)砧木系列

B砧木系列是前苏联米丘林国立农业大学布达戈夫斯基教授用 M_9 × Red Standard 杂

交育成的抗寒矮化砧木，适应俄国中部严寒气候。

1. B_9

又名红叶乐园，树姿开张，干性弱，压条繁育时有较强的生根能力。主干红褐色，皮孔圆形，较密；1年生枝暗褐色，皮孔较小，圆形或长圆形，灰色、较稀；叶卵圆形或椭圆形，紫红色，质地较薄，平展，个别微上卷，叶基圆形，先端渐尖或急尖，叶缘锯齿钝，裂刻中深，嫩叶紫褐色，叶柄红色，被白色茸毛是其明显特征；花紫红色。

B_9为矮化砧，嫁接苹果后，树冠相当于乔砧树的45%左右，略显“大脚”现象。作中间砧时，与基砧八棱海棠、平邑甜茶及苹果品种红富士嫁接愈合良好，中间砧段光滑，嫁接成活率均在90%以上。该砧木抗寒，适作寒地中间砧。（图2-19、图2-20）

图2-19　B_9

图2-20　B_9

2. B_{118}

该砧木为半矮化砧。作中间砧时，与基砧八棱海棠、平邑甜茶及苹果品种烟富10号嫁接愈合良好，中间砧段光滑，无气生瘤，嫁接成活率在90%以上。嫁接树略显“小脚”现象，抗寒力强。

八、盛岗（JM）砧木系列

1972年，日本农林水产省果树试验场苹果支场（原盛岗支场）用圆叶海棠 × M_9进行杂交，选育出盛岗1～10号共10个优良品系。1985年起进行试栽鉴定，结果表明，1、4、7、8、9、10号属于矮化砧类型，2、3、6号属于矮化和半矮化中间类型；1、3、4、6、7、8、9、10号属于高抗疫腐病类型，2、5号属于抗疫腐病类型。1996年8月，农林水产省将盛岗1、7、8

号命名为JM_1、JM_7、JM_8；1997年8月，将盛岗2、5号命名为JM_2、JM_5[20]。

1. JM_1

矮化砧木，休眠枝扦插生根率达85%以上。与红富士等苹果品种嫁接亲和，嫁接木质部平滑。嫁接苗定植后第4年开始结果，果实大小与以M_9、M_{26}作砧木相同，果实硬度和可溶性固形物含量均有提高；果实着色好，丰产，品质优良。该砧木抗苹果疫腐病、苹果绵蚜、苹果斑点落叶病及苹果黑星病，抗苹果茎痘病毒，但易感苹果褪绿叶斑病毒，耐涝，抗寒性与JM_5相同。

2. JM_2

半矮化砧木，休眠枝扦插生根率高达97%。作砧木使用时，易发生根蘖苗。与红富士等苹果品种嫁接亲和，嫁接木质部比较平滑。嫁接苗定植后第5年开始结果，果实大小、着色、硬度、酸度与以M_{26}作砧木大致相同，但丰产性不如M_{26}，可溶性固形物含量略有降低。该砧木抗根部病害、苹果斑点落叶病、苹果褪绿叶斑病毒、苹果茎痘病毒等，但易感苹果绵蚜，抗寒性与JM_5相同。

3. JM_5

极矮化砧木，具有与M_{26}相同的矮化性状或比M_{26}更矮。可进行扦插繁殖，休眠枝扦插生根率达80%以上。与红富士等苹果品种嫁接亲和，有"小脚"现象。嫁接苗定植后第3年开始结果，果实略小于以M_9、M_{26}作砧木的果实，但果实硬度和可溶性固形物含量均提高10%左右，着色充分，品质优良。JM_5耐涝性较强，抗根部病害，抗苹果疫腐病、苹果绵蚜、苹果斑点落叶病及苹果茎痘病毒等，较抗寒，-16.7℃的低温可正常越冬。

4. JM_7

矮化砧木，具有与M_9相似的矮化性状。与红富士苹果嫁接亲和性良好，有"小脚"现象，丰产性比M_9、M_{26}高。嫁接苗定植后第4年开始结果，嫁接的红富士与以M_9、M_{26}作砧木比较，果实大小差异不明显，但硬度和糖度稍高，着色良好。极易扦插繁殖，休眠枝扦插生根率高达94%。抗逆性同JM_5。

5. JM_8

矮化砧木，矮化性与M_9相似。可扦插繁殖，休眠枝扦插生根率达74%。与红富士等苹果品种嫁接亲和，略有"小脚"现象，丰产性比M_9、M_{26}高。嫁接苗定植后第4年开始结果，果实大小与以M_9作砧木相近，果实可溶性固形物含量和硬度提高，着色晚。该砧木抗苹果疫腐病、苹果绵蚜、苹果斑点落叶病、苹果黑星病，耐涝性较弱，抗寒性与JM_5相同。

九、渥太华(O)砧木系列

1967年，加拿大渥太华农业试验场以抗寒为目标，选育出一系列无性系砧木，即O系(O_1~O_{14})。生产上表现较好且大范围推广的有O_2、O_3和O_8，O_5、O_6、O_9、O_{10}和O_{13}由于至少与一个接穗品种亲和不好或不亲和而被弃掉。

1. O_2

其亲本不详，树体大小与M_9相似，抗寒，丰产性好于MM_{106}，固地性好，萌蘖少，但繁殖较M_9困难。

2. O_3

系酸苹果罗宾(Robin)×M_9杂交后代，对主要栽培品种(长富2号、红星、金冠等)嫁接成活率高，接合部平整光滑，接口愈合良好。树干直立，无倾斜表现，在pH8以上的瘠薄沙地上生长正常。矮化程度介于M_{26}与M_9之间，树体大小、丰产性与M_{26}相似，固地性优于M_9，早果性优于M_{26}。繁殖困难，根蘖少，宜作中间砧。该砧木抗寒，对火疫病和苹果绵蚜敏感，不抗疫腐病。

3. O_8

系山荆子 ×M_7杂交后代，矮化性近似MM_{106}，易繁殖。嫁接树生长势和丰产性类似MM_{106}，抗寒能力强，抗火疫病。

十、瑞典(A)砧木系列

瑞典阿尔纳波国家园艺研究部选育了A系矮化砧木，其中主要推广应用A_2。该砧木属半乔化型，宜作中间砧，嫁接亲和性好，易繁殖。自根树生长直立，生长势中庸，分枝角度小，枝条较细，抗寒力强。

十一、德国(J)砧木系列

德国杰克研究所从M_9自然授粉的实生后代中选育出J系矮化砧木，其中J_9易繁殖，固地性好，抗寒性优于M_9，但有嫁接口处膨大、易感火疫病等缺点。在德国的试验表明，其矮化性和丰产性同M_9相近，适合当地栽培。

十二、荷兰砧木系列

M_9T_{337}是荷兰木本植物苗圃检测服务中心从M_9中选育出来的脱毒M_9矮化砧木优系，

又称为“NAKB 337”，是目前世界各国应用最成功、最广泛的脱毒矮化砧木，具有结果早、适应性广、干性强、易成花、结果整齐、丰产性好等特点，特别适宜发展高密度高纺锤树形。

M_9T_{337}树姿直立，树势强。主干黄褐色，皮孔大而密，圆形或椭圆形，黄色；枝条粗壮，基部稍向一侧弯曲，红色至银白色，稍有茸毛，在芽节两侧有小瘤状突起，皮孔较小、黄色、圆形、稀疏；叶片卵圆形至椭圆形，叶色浓绿，平展，叶缘锐锯齿，先端尖锐。根系分布较浅，质较脆，易断裂，主要分布在20～60 cm土层内。

M_9T_{337}抗寒性一般，适合年均温10℃以上地区栽培，抗抽条性显著优于M_{26}，有较好的耐盐碱能力。另外，由于根系较浅，质地较脆，易折断，栽培时需要配套支撑系统。嫁接亲和性好，适用品种范围广泛。压条和组培方式生产，即无性繁殖容易。

第二节　国内矮化砧木资源

一、SH系列砧木

SH系列砧木由山西省农业科学院果树研究所用国光×河南海棠杂交选育而成，1994年通过省级鉴定。

SH系砧木树姿直立，树势中庸，树干灰褐色、光滑，新梢黄褐色；叶片宽卵圆形或阔椭圆形，叶尖渐尖，叶缘尖锐，复锯齿，成熟叶片浓绿色，叶背茸毛较河南海棠少；花蕾白色，花瓣离生，卵圆形；果实近圆形，平均横径2 cm左右，底色黄白色，果面红色，萼片宿存、聚合、浅广。在山西省晋中地区，3月底4月初萌芽，4月下旬至5月初开花，果实10月上旬成熟，11月初开始落叶。

SH系砧木的抗性超过了英国的M_7、M_9、M_{26}等矮化砧，具有较强的耐寒、耐旱、抗抽条和抗倒伏能力。与M_{26}相比，SH系砧木在生产中无须设立支架，且适应性广，可在我国大部分苹果主产区栽植，尤其适合华北和西北黄土高原地区栽培发展。SH系砧木在生产中以中间砧应用时表现为：①树体矮化、半矮化。一般树高为2.5～4.0 m，生长势中庸，树体结构紧凑，具有较强的矮化、控冠能力，可实施矮密栽培，栽植密度为1 200～2 100株/hm^2。②开花结果早，易成花。一般定植当年即可成花，2年生树开花结果株率高达90%以上，且花量大，具有腋花芽结果习性。③早期丰产性能强。一般定植第3年产量可达7 500 kg/hm^2，5～6年进入初盛果期，产量可达30 000～37 500 kg/hm^2。④果实品质优良。果实着色期提前，成熟早，色泽艳丽，含糖量高，硬度大，风味浓郁，耐贮藏。

⑤砧穗亲和性好。与红富士、红星、丹霞、金冠等苹果品种和山荆子、八棱海棠等基砧嫁接亲和性好，无生育异常现象。

1. SH_1[21]

SH_1属矮化砧，作中间砧嫁接红富士、红星等苹果品种，成龄树树高为乔砧树的50%左右，2009年通过省级品种审定。其最大的特点是砧穗亲和性好，嫁接成活率在95%以上，一级苗出圃率85%以上，均高于M_{26}砧木。

SH_1具有较强的抗寒性、抗抽条性、耐旱性，树体越冬能力强。在山西省大同地区，2007年春季栽植的SH_1矮砧红富士苹果园，连续两年幼龄树不埋土越冬，未见抽条和冻害现象。

SH_1适宜我国大部分苹果主产区栽植，目前已在山西省、河北省、北京市、新疆等地发展，栽培表现良好。（图2-21、图2-22）

图2-21　SH_1

图2-22　SH_1

2. SH_3

树姿直立，干性强，老干青褐色，皮孔扁长。1年生枝黄褐色，上被白色茸毛，皮孔圆形或扁形，黄褐色，中密，中大；侧芽三角形，较饱满，顶芽圆锥形，浅白色；叶片大，掌状，浓绿色，叶面皱褶，叶基圆形，先端渐尖，叶缘锯齿较大，单齿，个别双齿，大小不规则，木质坚韧。砧木生根较难，宜作中间砧。

SH_3作中间砧嫁接苹果品种，有“小脚”现象，干性强，无偏冠现象；具有较强的抗寒性、抗旱性、抗抽条性，较抗粗皮病，抗黄化及小叶病能力比乔砧树略差。1～3年生幼树生长势强，3年后生长势急速转缓；有较强的早花早果习性，栽植成苗第2年开花株率即达20%左右。

3. SH_6

1989年引入北京昌平地区，SH_6作为苹果矮化中间砧与红富士等品种嫁接亲和性好，矮化效应与M_{26}相似，成龄树树高为乔砧树的50%～60%；红富士/SH_6/八棱海棠树体整齐，树冠大小株间差异小；抗逆性明显优于M_{26}，具有较强的抗寒性、抗旱性、抗抽条性。SH_6在北京地区苹果矮砧密植栽培中应用最为广泛。（图2-23）

图2-23　SH_6

4. SH_9

树姿较开张，老干黄褐色，皮孔大而扁。新梢黄褐色，皮孔圆形，中大，较密。叶掌状，阔椭圆形，叶基圆形，先端渐尖；叶缘锯齿较大，尖锐，大小不规则；生长势较SH_3弱。以其作中间砧嫁接苹果，多数性状同SH_3，不同的是树冠较小，为乔砧树的55%左右。用芽接法培育幼树，有偏冠现象，果实着色情况及糖度比SH_3高。

5. SH_{38}和SH_{40}

二者均属于矮化砧，成龄树树高为乔砧树的60%左右。作中间砧嫁接红富士、王林等苹果品种，果实品质优异，树体越冬能力较强，自然越冬无明显冻害。在河北省石家庄、保定等地应用最广泛，是河北省重点扶持项目“苹果三优栽培体系”的优质矮化砧木。

图2-24　SH_{38}

图2-25　SH_{38}

图2-26　SH_{40}

图2-27　SH_{40}

（图2-24、图2-25、图2-26、图2-27）

此外，在生产中应用的SH系砧木还有SH_3、SH_9、SH_{17}、SH_{18}、SH_{29}、SH_{37}等，主要在山西、河北、陕西、山东等地栽植。

二、S系列砧木

S系砧木是山西省农业科学院果树研究所从武乡海棠实生苗中选育的苹果矮化砧木。该系列砧木树姿半开张，树势中庸；主干黄褐色，皮孔大，扁圆形或椭圆形，黄色；1年生枝黄褐色，皮孔中大、黄色、圆形或椭圆形，茸毛少，白色；侧芽卵圆形，极饱满；叶片卵圆形至宽卵形，浓绿，叶缘有裂刻，叶尖锐尖；果实圆形，底色绿，果点圆形、小、较密，宿萼，萼洼深、大。主要优系有S_5、S_{10}、S_{18}、S_{19}、S_{20}、S_{21}、S_{63}等，其中S_{19}（矮化）、S_{20}（极矮化）、S_{63}（半矮化）与金冠、红星等苹果品种嫁接亲和性好，综合性状表现良好[11]。

1. S_{19}

矮化砧木，作中间砧嫁接金冠、红星、国光等苹果品种，树体高度为2.5 m左右，约为M_7作中间砧嫁接树的3/4。S_{19}与基砧及苹果品种嫁接亲和性良好，接口牢固平滑，粗度较接近，中间砧茎段稍细，无倾斜倒伏现象，适应性较强。嫁接苹果品种时，果实充分着色期提前7～10天，着色好，硬度大，糖酸比高，品质好，耐贮性强。抗寒性强，较M_7提早停长一个月以上，压条生根比较困难。1993年获山西省科技进步二等奖。

2. S_{20}

矮化砧木，作中间砧时，与基砧山荆子、八棱海棠和苹果品种嫁接亲和性良好，无根蘖，中间砧茎段稍细；果实着色好，硬度大，品质好，耐贮性强。抗寒性强，但压条生根比较困难，适宜作中间砧。在山西、北京、河北等地引种试栽，反应良好。1987年获山西省科技进步二等奖。

3. S_{63}

半矮化砧木，作中间砧嫁接基砧山荆子、八棱海棠和金冠、红星等苹果品种，嫁接亲和性好，中间砧茎段光滑，无根蘖发生；苗期当年生枝分枝多，早果，极丰产，果实色泽艳丽，硬度大，抗寒性强。在山西省晋中、晋南地区已广泛应用，陕西、甘肃、内蒙古、河北等地引种后表现良好。

三、辽宁系列砧木

辽宁省农业科学院果树研究所于1977年用M_9×小黄海棠杂交育成77-砧木系列。

该砧木系列具有明显的矮化、早果、丰产、抗寒、亲和性好等特点，1995年通过辽宁省农作物品种审定委员会审定。此外，该所用助列涅特 $\times M_9$ 杂交育成辽砧2号矮化砧木，2003年通过辽宁省农作物品种审定委员会审定[9, 10]。

1. 77-33

树姿开张，生长势弱。主干黄褐色，皮孔圆形，易产生翘皮；新梢黄褐色，皮孔长圆形，黄白色，分布稀疏而明显；叶阔椭圆形，较小，叶色深绿，叶面光滑有光泽，叶基广楔形，先端急尖或钝尖，叶缘锯齿钝。

77-33为矮化砧木，嫁接苹果品种后树冠仅相当于乔砧树的1/2左右；树势较弱，基本无徒长枝，强营养枝极少，干性较差；早花早果性好，果实可溶性固形物含量及果形指数偏低；具有较强的抗冻、抗抽条能力，适宜长江以北、北纬35°～45°地区栽培。

2. 77-34

树姿直立，颇似父本小黄海棠。树干灰棕色，皮孔大、密，扁圆形或细长形，黄色；1年生枝浅黄褐色，皮孔小、稀疏、圆形、黄色，着生少量白色茸毛；叶片长椭圆形，较厚，平展，叶缘具锐锯齿，先端渐尖；果实圆形，淡黄色；萌芽力、成枝力较强。在辽宁南部（熊岳地区）4月初萌芽，4月下旬开花，8月末果实成熟，11月初落叶。（图2-28、图2-29）

图2-28　77-34

图2-29　77-34

77-34属半矮化砧，矮化性能介于M_7和M_{26}之间。以77-34作中间砧，早果性、丰产性好，嫁接红富士、国光等苹果，3年生树开花株率均在80%以上；嫁接亲和性好，接口牢固，无劈裂现象，树体强健，不早衰。压条生根率和组培试管苗分化生根率均好于M_9。

77-34抗寒性强，区域试验表明，77-34在吉林公主岭（年平均气温5.6℃）、新疆奎屯（绝对低温-36.4℃）和黑龙江林口县（绝对低温-37.5℃）等地区可露地安全越冬，无冻害发生。77-34已在辽宁、吉林、黑龙江、内蒙古、新疆、宁夏、河北、山东、山西、陕西、四川等10多个省（区）推广应用。

3. 辽砧2号

树姿开张，树势中弱。树干棕黄色，1年生枝黄褐色；叶片卵圆形，稍抱合，色浓绿；果实圆形。在辽宁省南部（熊岳地区）4月初萌芽，4月下旬开花，9月中下旬果实成熟，11月初落叶。

辽砧2号为矮化砧，8年生中间砧树冠与M_{26}、M_9差异不明显，但明显小于山荆子中间砧树。辽砧2号与山荆子、海棠等基砧以及红富士、元帅、乔纳金系等苹果品种嫁接亲和性好，嫁接成活率为84.97%。以辽砧2号作中间砧嫁接红富士苹果，表现为早花、早果，与M_{26}中间砧树相近，比山荆子中间砧树提早3～4年进入盛果期。辽砧2号生根能力强，与M_{26}相近，适宜压条繁殖。

辽砧2号具有较强的抗寒性，在辽宁省北部地区（绝对低温为-43℃）试栽，90%以上能够安全越冬，只有5%左右有不同冻害发生。辽砧2号可在辽宁省各苹果产区及气候条件相似地区栽培。（图2-30、图2-31）

图2-30　辽砧2号

图2-31　辽砧2号

4. 辽砧106

辽宁省果树研究所1999年以平邑甜茶 ×M_{27}杂交育成，2016年通过省级审定，系苹果半矮化砧木[22]。

树体健壮，树姿半开张，成枝力较强。枝干灰褐色、较光滑，一年生枝黄褐色。叶片卵圆形，先端锐尖，叶面平展。伞形花序，每序5～6朵花，蕾期粉红色，盛花期白色。果实圆形稍扁，平均单果重5.6 g。

辽砧106具有较强的无融合生殖习性，适合播种繁殖苗木。种子层积45～55天，播种萌芽率90.3%，成苗率82.4%。砧木苗和嫁接苗整齐度分别达到97.5%、93.2%，一年生砧木苗基部粗度7.5 mm，粗于平邑甜茶、山荆子等，适宜嫁接。嫁接嘎拉、金冠、寒富、望山红等品种培育大苗，3年生树平均株高1.9 m，干粗2.3 cm，分枝11.2个，枝干比0.35，根系21条，长度22 cm，与M_9T337相当，成活率93.4%，略高于M_9T337。

矮化性与M_7相当。根系发达，固地性强，可耐-32℃低温，抗轮纹病能力较强，适宜在沈阳以南和相似区域栽植，株行距2.0 m×4.0 m。

四、吉林系列砧木

1. GM_{256}

1973年，吉林省农业科学院果树研究所利用西伯利亚酸苹果、美国酸苹果与M系进行杂交培育而成[7]。（图2-32、图2-33）

图2-32 GM_{256}

图2-33 GM_{256}

GM_{256}新梢停止生长早、充实，10月上中旬叶片自然变黄脱落。春季无抽条现象，萌芽后生长健壮。GM_{256}作矮化砧，具有亲和力好、早实、丰产等特点。该砧木抗寒力强，可耐 -42℃低温；抗腐烂病、黑星病及早期落叶病。GM_{256}适应性较广，目前在吉林省、辽宁省北部、河北省坝上地区及黑龙江省齐齐哈尔、内蒙古地区推广应用。

2. ZM-2000

吉林省农业科学院果树研究所从GM_{256}自然实生种中选出的苹果抗寒矮化砧木新品种，2015年10月通过吉林省农作物品种审定委员会审定[6]。

树姿开张，1年生枝条红褐色，平均节间长2.40 cm。成熟叶浓绿色，幼叶淡绿色，叶片平均长9.50 cm、宽5.20 cm，平展，叶尖锐尖。两性花，花瓣白色，圆形，重叠，花蕾粉红色。树势中庸，2年生树平均高1.14 m，成龄树平均高1.78 m。以山荆子作基砧、ZM-2000作中间砧嫁接苹果品种金红，6年生树树高仅2.12 m，干径3.10 cm，树高是山荆子作砧木的40%，是GM_{256}的67%。与金红亲和性好，嫁接成活率高于85%，嫁接口牢固，平均砧穗直径比为1.22，有轻微大脚现象。苗木定植后第2年开始结果，第4年进入盛果期，丰产性好。抗寒性与GM_{256}相当，抗腐烂病。

3. GM_{310}

吉林省农业科学院果树研究所以苹果品种红太平作母本、M_9作父本杂交育成的苹果抗寒矮化砧木，2010年1月通过吉林省农作物品种审定委员会审定[8]。

多年生枝条棕褐色，1年生枝条暗红色，枝条粗壮，节间短。叶片阔椭圆形，深绿色，叶背灰绿色。两性花，花冠白色。GM_{310}有矮生性，同时也有矮化性，田间自然坐果率92.50%。作苹果矮化砧木，嫁接的10年生树高约1.92 m，与基砧和嫁接品种亲和性强，嫁接口牢固。嫁接金红苹果，树高是乔砧树的60%～70%。GM_{310}作中间砧嫁接金红苹果，定植后第2年开始结果，第5年进入盛果期，丰产性好。抗寒力强，高抗苹果树腐烂病。

五、CX砧木系列

1. CX_3

中国农业科学院果树研究所用M_9× 山荆子杂交育成，1989年发表。

CX_3树姿开张，树势较弱。主干黄褐色，皮孔大、密，圆形或扁圆形，黄色；1年生枝红褐色，皮孔中大，较稀，圆形，黄色；叶片卵圆形，叶面平展，叶色浓绿，叶缘具波浪状钝锯齿，先端锐尖。（图2-34、图2-35）

图2-34　CX_3

图2-35　CX_3

CX_3属矮化砧，4年生嫁接树平均高1.6 m，是乔化对照树的45.3%，与M_9相近。与苹果品种、基砧（平邑甜茶）嫁接亲和力好。以CX_3为中间砧嫁接金冠、红星苹果，嫁接成活率可达到90%以上。抗寒，越冬性优于M_{26}。

2. CX_4

中国农业科学院果树研究所用金红 × 山荆子杂交选育而成，1989年发表。

砧木苗干性极差，树姿开张，呈匍匐状。主干黄色，粗糙；新梢黄褐色，皮孔圆形，较大，中密，鲜黄色；叶片长卵圆形，叶基阔楔形或圆形，先端渐尖或急尖，叶上卷，叶色深绿，叶缘锯齿浅、较大。

CX_4为矮化砧，嫁接树树冠相当于乔砧树的40%左右。早花早果性强，果形指数较高，但可溶性固形物含量较低。树势中庸偏弱，适栽密度为2 490～3 330株/hm^2。抗寒性强，已在辽宁、新疆、宁夏、河北、山东等地栽培。

3. CX_5

中国农业科学院果树研究所用吉林193 × M_9杂交选育而成。

CX_5为矮化砧木。以CX_5为中间砧嫁接苹果品种红富士、金冠，树高相当于乔砧树的60%左右，具有嫁接亲和力好、早果、丰产等优点。抗寒性强，越冬性优于M_{26}。

六、MD001

黑龙江省农业科学院牡丹江分院用大秋果 ×M_8杂交育成[23]。

MD001母株树冠近圆形，树姿开张。树干棕褐色，较光滑；1年生枝粗壮、红褐色，皮孔近圆形，灰黄色，中大，较稀，凸起；叶片卵圆形，浓绿色，平展，叶尖急尖，叶基圆形，叶缘尖锯齿，叶背无茸毛；花冠中大，白色；果实近圆形，底色黄，萼片宿存，直立或反卷，萼洼浅而广。在牡丹江地区，4月上旬花芽萌动，5月初展叶，5月中旬开花，8月末果实成熟，10月中旬落叶。（图2-36、图2-37）

MD001为半矮化砧，嫁接树树高是乔砧树的69.8%。MD001与基砧山荆子和K_9、金红、龙冠、龙丰等苹果品种嫁接亲和性好，嫁接品种结果早、丰产，萌芽率和成枝力中等，抗寒力极强。

图2-36　MD001

图2-37　MD001

七、KM

新疆生产建设兵团农七师农业科学研究所用花红 ×M_9杂交育成，2000年1月通过新疆维吾尔自治区农作物品种审定委员会审定，并命名为KM[15]。

KM树冠披散形，树姿开张。树干灰褐色；1年生枝灰褐色，皮孔近圆形，灰白色，较小，中密，凸起；叶片阔椭圆形，绿色，平展，叶背茸毛较多；花冠中大，白色，花蕾淡红色；果实短圆锥形或近圆形，果面较粗糙，果点中密，萼片宿存、反卷，萼洼浅而广。在新疆奎屯地区，4月上旬萌芽，4月中旬展叶，4月下旬开花，8月上旬果实开始着色，9月上旬果实成熟，果实发育期124天，11月上旬落叶。

KM属极矮化砧，14年生嫁接树树高仅1.85 m。嫁接苹果品种表现为早花、早果，定植第2年开花株率达30%，定植第3年开始结果，果台连续结果能力较低。KM在pH为7.9～8.2的土壤上能正常生长。抗寒性强，1年生枝条－40℃处理48 h，嫁接后能正常发芽。

八、扎矮山荆子

内蒙古自治区呼伦贝尔市农牧科学研究所从该所原始材料圃200株3～4年生的山荆子中发现了一株矮化山荆子，编号为扎矮76。经多年观察，其矮化遗传性状稳定。1995年2月通过内蒙古自治区农作物品种审定委员会审定，并命名为“扎矮山荆子”[24]。

扎矮山荆子生长势弱，树皮呈块状剥落；多年生枝暗灰褐色，新梢暗黄褐色、无茸毛，皮孔圆形、小、稀、凸起、褐色；叶片阔椭圆形，淡绿色，叶缘大，波浪状，叶尖急尖，叶基楔形；花冠中大，白色；果实扁圆形，果梗细长，梗洼浅平，萼洼凸起。在内蒙古扎兰屯地区，4月上旬花芽萌动，5月下旬开花，9月中旬果实成熟，10月落叶。

扎矮山荆子抗寒力极强，在扎兰屯地区年均气温2.2℃、绝对最低温－37℃的自然条件下，生长发育正常，无冻害，未发生苹果树腐烂病。

九、中砧1号

中国农业大学园艺植物研究所1987年从小金海棠中初选出，经复选、田间试验验证，于2009年通过北京市林木品种审定委员会审定，并命名为中砧1号。

十、无融合生殖苹果砧木

1. 青砧一号[12]

1999年春，青岛市农业科学研究院以平邑甜茶为母本、柱型苹果株系CO为父本进行杂交，获得种子2 391粒，2000年播种在砧木实生苗圃。经田间观察鉴定，2002年初选为优系，编号PCO2000。同年高接于平邑甜茶3年生树上，促进开花。2003年开始开花，2004年开始连续调查其无融合生殖能力，并采收种子。2005年开始批量得到PCO2000的实生后代，表现整齐一致，矮生性强。同年，嫁接嘎拉、烟富3号和烟富6号等，鉴定其嫁接亲和性及矮化效果等。

树干青褐色，皮孔大、圆形、稀疏；1年生枝深绿色，粗壮；叶片长卵圆形，成熟叶片暗绿色，稍抱合，叶缘波浪状；无融合生殖坐果率97.0%～98.1%；果实圆形，平均单果重9.2 g；每果种子数4.1粒，饱满种子百分比100%，种子千粒重41.4 g；树姿抱合，树势中等，树体柱形；6年生树株高2.6 m，干径6.1 cm，一年生枝长度56 cm，节间长度2.8 cm。（图2-38）

种子层积时间45天，发芽率80%。1年生苗株高30.9 cm，干径0.67 cm，节间长度1.23 cm，尖削度1.09。嫁接红富士、嘎拉成花容易，嫁接烟富6号3年生树成花率达到90%以上。丰产性强，4年生烟富6号/青砧一号亩产1 300～4 239.5 kg，平均单果重251 g，果实品质优；5年生嘎拉/青砧一号亩产2 300 kg，平均单果重220 g，果实品质优。抗重茬能力强，适应的土壤范围广，可以在山东、陕西等苹果主产区推广应用。

2. 青砧二号[25]

1996年用 γ 射线（5 000伦琴）处理平邑甜茶层积后的种子，获得辐射诱变矮生突变体，编号 A_1。1997年春天，平茬所有实生苗，A_1 仍表现明显的矮生性状，转接在3年生平邑甜茶树上，鉴定其矮生性状的稳定性，并促进其早开花。1999年高接树开花，2000年实生母树开始开花。2002年花量稳定后，开始调查其无融合生殖率，并采收种子。2003年开始批量得到 A_1 的实生后代，表现整齐一致，矮生性强。同年，嫁接嘎拉、烟富3号和烟富6号等，鉴定其嫁接亲和性及矮化效果等。2004年开始在青岛市农业科学研究院果树试验基地、城阳、莱州和河北辛集等地进行试栽，以平邑甜茶基砧为乔化对照，M_{26} 中间砧为矮化对照，M_7 中间砧为半矮化对照。经过3年的栽培比较试验，青砧二号亲和性好，树势中庸，适应性强，半矮化。

青砧二号树干青褐色，皮孔圆形、稀疏；1年生枝绿色，较短粗；叶片长卵圆形，成熟叶片暗绿色，表面光滑，叶形指数1.70；无融合生殖坐果率88.9%～95.0%；果实圆形，平均单果重0.6 g；种子千粒重8.0 g；树冠圆形，树姿开张，树势中等，树体分枝形；8年

图2-38　青砧一号实生苗生长状况

图2-39　青砧二号（左列）与平邑甜茶的实生幼苗（60天苗龄）

生树株高2.8 m。(图2–39)

种子层积时间49天，发芽率80%。1年生苗株高30.7 cm，干径0.46 cm，节间长度1.16 cm，尖削度0.95。以青砧二号为基砧嫁接嘎拉，2年生树株高2.08 m，主干直径2.84 cm，新梢长度111.8 cm，新梢粗度1.30 cm，节间长度2.35 cm，短枝率20.56，枝条总数18.1。青砧二号的株高与树体小于平邑甜茶，大于以M_{26}作中间砧的嫁接树，与M_7作中间砧的嫁接树相当，表明青砧二号属于半矮化砧。

十一、Y砧木系列[5]

1. Y–1

山西省农业科学院选育。2001年春播种晋西北野生山荆子自然实生种子，当年出圃山荆子实生苗20余万株。2002年春以株行距5 cm × 25 cm进行移栽，并于同年秋嫁接丹霞、摩力士、沙果等苹果品种。2003年秋观察统计，有625株1年生苗木形成花芽。2004年花期将嫁接品种开花植株与山荆子砧木的开花植株列为初选优系，共有575株，暂定名为Y系。2005年春全部移栽定植，进行重点观察、筛选，筛选指标包括树体大小、连

图2–40　Y–1

图2–41　Y–1

续开花和结果能力、耐旱性、抗寒力等。2006年复选出综合性状表现较好的64个优系，2008年决选出8个优系。其中Y-1（原代码Y-B030）表现最为突出，嫁接品种具有早花、早果、矮化、抗寒、抗旱、亲和性好等特点。2008年开始高接，进行稳定性观察和区域试验，在试验园及各区试点Y-1性状均表现优异且稳定，2013年3月通过山西省农作物品种审定委员会审定。

Y-1与普通山荆子无明显差异。树姿直立，树势中庸，主干灰褐色，皮孔圆形或扁圆形，中大，中密，红色；1年生枝条红褐色，皮孔圆形或椭圆形，中大，较稀，黄色，枝梢茸毛少，白色；幼叶橙红色，叶片长椭圆形，叶面平展，叶色淡绿，边缘具锐锯齿，叶尖长尾尖；嫁接苗3年开花，花蕾粉红色，花白色，每个花序5～6朵花；果实近圆形，直径0.8～1.0 cm，红色，脱萼，萼洼有圆形锈斑。在山西省中部地区，3月中下旬花芽萌动，4月初展叶，4月中旬开花，果实9月末成熟，10月下旬落叶，年营养生长期210天左右。（图2-40、图2-41）

2. Y-2

山西省农业科学院果树研究所采用大群体实生选育方法，从15万株晋西北野生山荆子自然实生苗中选育的早果矮化苹果砧木，2016年1月通过品种审定。

图2-42 Y-2

图2-43 Y-2

树姿开张，树势强。主干黄底黑斑，呈花皮状，表皮粗糙；1年生枝条表皮红褐色，靠近基部有褐色斑点，枝梢顶部有少量白色茸毛，皮孔呈圆形，黄色，中大，中密；幼叶橙红色，叶片长卵圆形，边缘具锐锯齿，叶面平展，叶背无茸毛，叶尖长尾尖；每个花序5～6朵花，现蕾期粉红色，花期白色；果实球形，直径1 cm左右，红色，脱萼，萼洼有圆形锈斑。（图2-42、图2-43）

Y-2作中间砧，嫁接品种早花早果特性突出，果树童期明显缩短，比乔砧果树提早3～4 年开花；矮化效果明显，嫁接长富2号、丹霞品种表现极矮化，嫁接嘎拉表现矮化，综合评价为矮化砧木，生产中适宜高密度栽植，也可作为果树盆景的专用砧木；抗寒、抗旱性强，且具有一定的抗腐烂病能力；嫁接栽培品种亲和性好，适宜在黄土高原或类似气候的苹果产区栽植。

十二、青矮3号

青岛市农业科学研究院从M_9自然实生苗中选育的半矮化砧木新品种。1978年从M_9自然授粉树上获得杂交种子，1979年春季播种，1981年初选为优系，代号为78-48，1982年复选，1986年比较试验，1994年开始在全国进行区域试验。试验结果表明，该砧木性状稳定，嫁接亲和性好，嫁接树干性、产量、品质等均优于M_9，亦优于国内常用矮化砧木M_{26}。2010年12月通过山东省林木品种审定委员会审定，命名为青矮3号[26]。

树冠中等，树势中庸；嫁接基砧的成活率为91.2%，嫁接品种的成活率为92.2%，果苗出圃率84.1%。作中间砧嫁接红富士，2年生树结果株率40.0%，3年生树全部结果，早果性强，7～14年生树平均产量优于M_{26}，丰产性强。

嫁接口无肿大，不发生气根，无根蘖，亲和力强。嫁接树果实着色好，品质优。嫁接红富士，盛果期树高3.83 m，冠径3.57 m，为M_{26}嫁接树的130%，属半矮化砧木。干性强，可不设立柱栽培，适宜在山东、河北、山西、陕西等苹果主产区应用。

第三节　矮化砧木育种

一、国外育种概况

有关苹果矮化栽培，1472年法国人Champier在叙述法国诺曼底苹果时提到过乐园苹果。至于道生苹果，1519年始见于文献。当时欧洲各国对乐园苹果和道生苹果的名称应用很混乱，1872年英国园艺学会首先提出对其进行分类研究。1912年英国东茂林试验站的Hatton将其定名为营养系砧木，以后选出了EM系砧木。1972年东茂林试验站站长Perlira提议将EM改为M，同时推动了世界尤其是欧洲苹果矮化砧木的选育和应用。

1. 英国

东茂林试验站砧木育种始于1917年，先后育成了M_1 ~ M_8。1922年约翰英斯园艺所与东茂林试验站合作，利用抗绵蚜的群袖苹果与M系砧木和其他砧木杂交，育成了抗绵蚜砧木，1951年命名了15个类型，称为茂林－密登（MM）系砧木，即MM_{101} ~ MM_{115}，现在仅MM_{106}在生产上广泛应用。1929年，东茂林试验站用M_9与M系其他砧木杂交，选出了一批新的营养系砧木，即M_{17} ~ M_{27}，其中M_{26}和M_{27}已经推广。这些砧木的主要类型中，有些我国应用较多，如M_9树体矮化、早果性强，是营养系砧木中利用较早而且矮化效果好的矮化砧木。

2. 美国

美国纽约州康乃尔大学1953年从M_8的自然杂交实生苗中选出营养系矮砧，共158个品系。青岛市农业科学研究院将CG系砧木中的CG_{10}、CG_{23}、CG_{24}、CG_{55}、CG_{57}、CG_{80}等单系嫁接在基砧怀来海棠上，以M_{26}为对照，通过调查研究苗期当年的生长情况和嫁接树的发育情况，认为CG系砧木中有几个单系优于目前生产上广泛应用的M、MM系砧木，是今后发展矮化中间砧苹果树比较理想的矮砧。除此之外，密执安大学1956年播种了M_1到M_{16}及AZ、西伯利亚海棠、美国酸苹果自由授粉的天然种子，选出56个品系，定名为MAC系。其中，9号为M_9实生，目前已在美国和世界各地广泛应用。

3. 日本

1972年，日本农林水产省果树试验场苹果支场（原盛岗支场）用圆叶海棠 ×M_9进行杂交，选育出盛岗1 ~ 10号共10个优良品系。1985年起进行试栽鉴定，结果表明，1、4、7、8、9和10号属于矮化砧类型，2、3和6号属于矮化和半矮化中间类型，1、3、4、6、7、8、9和10号属于高抗颈腐病类型，2和5号属于抗颈腐病类型。1996年8月，农林水产省将盛岗1、7、8号命名为JM_1、JM_7、JM_8；1997年8月，将盛岗2、5号命名为JM_2、JM_5。

4. 前苏联

B系砧木是前苏联米丘林国立农业大学育成的抗寒砧木，其中极矮化的有B_{146}、B_{195}、B_{491}，矮化程度介于M_9与M_{27}之间；矮化的有B_9、B_{257}，矮化程度与M_{26}相似；半矮化的有B_{118}、B_{233}，矮化程度在M_7和MM_{106}之间。

5. 波兰

波兰果树研究所以 M_9 和普通安托诺夫卡杂交，选育出 P 系抗寒砧木。在波兰，应用的 M 系砧木主要有 M_7、MM_{106}，也有 M_4、M_9、MM_{111} 和 A_2。现在广泛推广的是前苏联选育的 B_9（布达戈夫斯基教授选育的半矮化砧）。

6. 法国

法国对苹果营养系砧木的应用较广泛，全国85% 以上的苹果树为 M 系的矮化砧和半矮化砧。M_9 约占30%，M_2 约占40%，M_5 约占15%，其他还有 M_4、M_{26}、MM_{106} 等。

7. 意大利

意大利苹果栽培面积近70 000 hm^2，在苹果主产区已有20% 以上利用 M_4、M_2、MM_{106} 等半矮化砧木，约5% 用 M_9 矮化砧木，M_{26} 半矮化砧木也在试用中。

8. 荷兰

荷兰是欧洲应用矮化砧较普遍的国家之一，一跃成为苹果主要出口国之一。现在全国70% 以上的苹果树是用 M 系砧木嫁接的，主要推广 M_9、M_1、M_2、M_4、M_7 等砧木。

9. 德国

J_9 半矮化砧是从 M_9 自然授粉的实生苗中选育成的。多年的试验表明，J_9 容易繁殖，早果性、丰产性和固地性均好，抗寒性也好，优于 M_9。Maurer 等人从20万株自然生长的实生苗中选出一些营养系砧木，命名为 Da 营养系砧木，其越冬性和 M 系差不多。Schindler 从道生和乐园苹果的实生苗中选出一系列 Pi 系砧木。M 系砧木在德国的区域化试验表明，M_1、M_2、M_4、M_9、M_{11} 较好，M_4、M_9、M_5、M_7 果实色泽好。

10. 捷克

捷克栽培的果树主要为苹果，栽培面积30 400 hm^2，占果树栽培总面积的42.94%。捷克果树栽培一般采用无性系矮化砧木，主要是 M_2、M_4、M_5、M_9 和 Pajam2，其他砧木品种有 M_{26}、J–Te–G（大小相当于 M_{27}）及 J–T 系列的其他品种和 J–KL 系品种等。

11. 澳大利亚

澳大利亚有大量不同的苹果品种，其生产的苹果约占世界生产量的1%。Ottawa3 是最好的一个砧木品种，它对所有的接穗都表现好，是一个很好的商品用砧木。20世纪70年代 MM_{106} 在澳大利亚广泛利用，并开始试验不同的种植密度、修剪系统。

12. 加拿大

加拿大位于寒冷地带，主要应用抗寒砧木，采用 M 系和一些抗寒的苹果、山荆子等进行杂交，选育出 Ottawa 系抗寒砧木，其中 Ottawa3 和 Ottwaw8 是选育出的较好的砧木。据报道，Ottawa8 和 Ottawa11 适合作短枝型品种的砧木。目前，加拿大苹果生产应用的营养系砧木除自己选育出的抗寒矮化砧木外，还有在加拿大南部较暖和地区应用的 M_{26}、M_7、M_9 等型号。

从以上世界各国选育和利用苹果矮化砧木的情况来看，矮化密植的经济效益是肯定的，矮化密植已成为果树栽培制度的大变革。因此，应用果树矮化砧，一方面是引种国外已育成的砧木，并加以利用，可以较快地取得实际效果。另一方面是根据本国具体的自然条件，培育适合本国要求的营养系砧木。从各国选育矮化砧的经验来看，用 M_9 和 M_8 作亲本，其矮化特性的遗传力是很强的，值得借鉴。再就是发掘利用本国的矮化砧木资源。

二、国内育种进展

自1960年代以来，我国果树育种单位利用引进的 M 系苹果矮砧与当地苹果实生砧木进行杂交育种，结合系统选种和诱变育种，选育出一大批优良矮砧品种，并大面积应用于苹果矮化栽培，取得了显著成效。

1. 矮生种质资源

（1）从国外引入的矮生资源：我国早在新中国成立前就从国外引入苹果矮化砧，但最早保存下来的材料是原华北农业科学研究所1951年从丹麦引进的 M 系。以后国内一些单位又陆续引入了 MM 系（英国）、P 系（波兰）、B 系（苏联）、CG 系（美国）、O 系（加拿大）、A 系（瑞典）、JM 系（日本）、MAC 系（美国）。这些都是较好的矮砧种质资源，其中 M_9 是杂交育种应用较为广泛的一个亲本。在引入的矮砧材料中，M_{26}、P 系、B 系、JM 系等均是 M_9 的后代。在国内，作为矮砧育种亲本应用较多的有 M_2、M_7、M_8、M_9、M_{26}、P_{22} 等。

（2）国内选育的矮生种质资源：目前，国内选育的苹果矮化砧有100多个优系（品系），主要有：SH 系、J 系、S 系、Y 系（山西）；63-2-19、GM_{256}、GM_{310}、ZM-2000（吉林）；71-430、71-432、0593、0435、74-14、77-33、77-34、辽砧2号、93-10、93-24、N_{29}、N_{32} 和青矮1～3号、青砧1～2号；MD001（黑龙江）；扎矮76（内蒙古）；KM（代号77-23，新疆）；西13、SX 系（陕西）；CX 系、U_8、75-9-5、75-9-35、76-2（中国农业科学院）；中砧1号（中国农业大学）等。其中，74-14、76-2、中砧1号、93-10、93-24、青砧1号、青砧2号等均具无融合生殖特性。

（3）野生矮生资源：我国是苹果属植物的重要起源地之一，且存在广泛的变异类型，这为苹果砧木选育提供了重要保证。从20世纪50年代，国内开始苹果矮化砧木选育，到目前为止，有不同程度矮化效应的野生资源有崂山柰子、平邑甜茶、平度柰子、莱芜茶果，河南海棠中的武乡海棠，丽江山荆子中的维西小海棠、九子海山荆子，花红中的毛尖花红、四川矮花红，以及小叶湖北海棠、八棱海棠、陇东海棠、毛山荆子、花叶海棠、小金海棠、山楂海棠、变叶海棠、樱桃叶海棠等。其中，丽江山荆子、湖北海棠、小金海棠、变叶海棠等具无融合生殖能力。

2. 不同育种方法的育种成果

(1)株系选优和实生选种：20世纪70年代初，于敬等在资源调查的基础上，通过株系选优的方法，从武乡海棠自然杂交实生苗中选出了 S_{19}、S_{20}、S_{63} 等 S 系矮化中间砧，嫁接品种矮化性状、早果丰产及果实品质等特性超过了当时生产上应用的 M 系。1974年，青岛市农业科学研究院从崂山区源头、少山、凉泉等地收集到了32份崂山柰子资源，采用株系选优的方法从中选出了 N_{29}、N_{32} 两个优良株系，作中间砧嫁接红星、红富士等均具较好的亲和性、矮化性与早果性。1975年，中国农业科学院郑州果树研究所播种 M_9 实生种子，初选出50个单株，通过对入选单株的枝条电阻、叶片气孔密度等指标进行测定，复选出75-9-5、75-9-35两个株系，用其作中间砧树体矮化、早果性状突出、果实品质优；1985年从小金海棠实生种子中选出了具无融合生殖特性的半矮化优系76-2，嫁接金冠，早果、丰产、品质优，可耐受 -45℃低温，抗寒力同毛山荆子。1976年，内蒙古呼伦贝尔市农牧科学研究所从该所原始材料圃3～4年生的山荆子中发现了一株矮生山荆子，编号为扎矮76，为国内发现的极抗寒矮生种质。多年观察其后代，表现出了良好的矮生性状。1981年，青岛市农业科学研究院从 M_9 自然授粉树的种子实生苗中选出了78-43、78-48两个矮生优系，表现为砧木性状稳定，嫁接亲和性好，嫁接树干性、产量、品质等均优于 M_9 和 M_{26}。2012年通过审定，分别命名为青矮2号、青矮3号。1990年，中国农业大学从小金海棠自然授粉群体中选出了抗缺铁黄化失绿的半矮化砧中砧1号，其嫁接亲和性好，固地性强，树干直立，抗苹果早期落叶病和枝干轮纹病，高抗苹果褪绿叶斑病毒、茎痘及茎沟槽等潜隐病毒，抗寒力同毛山荆子，可抗 -45℃低温，且具无融合生殖能力。2008年，山西省农业科学院果树研究所从野生晋西北山荆子自然实生种子中选出了早花、早果、抗逆性强的 Y 系矮砧，与丹霞、红富士等品种嫁接亲和性好，与八棱海棠等基砧嫁接无“大小脚”现象，适合西北黄土高原干旱缺水苹果产区发展。2013年对 Y-1、Y-2、Y-3进行了审定，目前已在新疆、甘肃、山西、陕西等地推广。2008年，吉林省农业科学院果树研究所从 GM_{256} 自然实生种子中选出了极抗寒且矮生性较强的 ZM-2000，作中间砧矮化程度30%～40%，与多个品种嫁接亲和性好，于2015年通过审定。另外，湖北省农业科学院果树茶叶研究所在进行野外资源考察时从湖北海棠实生树中选出了兴山16号、兴山24号、兴山35号、兴山39号、兴山40号和龙王1号、龙王2号等矮化或半矮化优株。进一步砧木比较试验表明，兴山16号、兴山24号较M_7矮化，龙王1号和龙王2号的矮化性介于M_{26}和M_7之间，且早期丰产性能达到甚至超过了M_7[27]。

(2)杂交育种：国内最早开展杂交育种的单位是吉林农业大学。为了克服M系不耐寒的缺点，吉林农业大学用当地较抗寒的小红果作母本，同矮化效果较好的M_9进行杂交，选育出矮化性能介于M_9与MM_{106}之间，同时可耐−36.5℃低温的抗寒优系63−2−19。此后，为了克服M系固地性差、不抗寒、适应性差等缺点，国内苹果矮砧选育单位先后以当地具有优异性状的资源为亲本，同具有矮化特性的种质杂交，选育出一批抗性强、适应性广的优异种质。

① SH系、J系。山西省农业科学院果树研究所选育。SH系是用国光种河南海棠种间杂交选育而成，其抗性超过了M_7、M_9、M_{26}等，适宜西北和华北黄土高原发展。表现较好的极矮化砧有4、5、14、20号，矮化砧有1、6、9、12、17、38、40号，半矮化砧有3、7、15、28、29、32号。其共同特点为：早花早果，早期丰产；果实着色成熟早，品质好；新梢停长早且无二次生长；耐旱性能强，抗黄化；叶片光合能力强，吸收矿质元素能力较强；压条生根容易，嫁接亲和，固地性好。目前，生产上应用较多的SH_1于2009年通过审定，适宜国内大部分苹果主产区栽植，山西、北京、河北、新疆发展较多；SH_6在北京地区苹果矮化栽培中应用最为广泛；SH_{38}、SH_{40}在河北石家庄、保定等地应用较多。此外，还有SH_3、SH_9、SH_{18}、SH_{17}、SH_{29}、SH_{37}等，主要在河北、陕西、山东等地栽植。J系是用甜黄魁、历山王、金冠等作母本，M_9作父本杂交选育而成，嫁接树体矮化或半矮化，其中J_{131}、J_{134}、J_{143}嫁接红富士表现矮化，J_{117}、J_{119}嫁接羽红表现半矮化。嫁接品种果实品质好，早花早果早丰性能好，嫁接亲和性好，压条易生根。

② GM_{256}、GM_{310}。吉林省农业科学院果树研究所选育。GM_{256}(海棠果 ×M系)为极抗寒矮化砧，嫁接品种早果、丰产、品质好，果实硬度稍低；GM_{310}(红太平 ×M_9)也为极抗寒矮化砧，嫁接亲和性好，枝干韧性强，高抗苹果腐烂病。

③青矮1号、青砧1号。青岛市农业科学研究院选育。青矮1号(代号75−7−1)是由$M_2 \times M_9$杂交选育而成，表现为压条生根容易，嫁接亲和性好，矮化效果好于M_9和M_{26}，早果性好于或接近M_9和M_{26}。青砧1号，1999年用平邑甜茶和柱型苹果株系CO杂交选育而成，2000年播种2 000多粒种子；田间观察其矮化性状，于2002年初选出1个优系，编号为PCO2000；同年高接于3年生平邑甜茶鉴定，2005年获得批量种子，其实生后代生长整齐一致，矮化性强。PCO2000作基砧嫁接嘎拉、烟富等苹果品种，嫁接亲和性好，早花早果能力强，产量高。

④77-33、77-34、辽砧2号。辽宁省农业科学院果树研究所选育。77-33（M_9× 小黄海棠）为矮化砧，77-34（M_9× 小黄海棠）为半矮化砧，辽砧2号（助列涅特 ×M_9）为矮化砧，抗寒性均强于M_{26}，嫁接亲和性好，早果、丰产性能强，但77-33作中间砧有“大脚”现象。

⑤KM（代号77-23）。新疆生产建设兵团第七师农业科学研究所用花红 ×M_9杂交选育而成，表现为嫁接亲和性好，嫁接树体矮化，早果，丰产，抗寒，在pH 7.8～8.2的土壤上能正常生长。

⑥SX系。西北农林科技大学用富平秋子作父本，M_{26}、M_9、M_7作母本杂交选育而成，表现较好的优系有SX_{13}、SX_{117}、SX_{126}、SX_{138}、SX_{140}、SX_{157}、SX_{172}、SX_{184}等。用其作中间砧，致矮作用同M_{26}相当或高，嫁接品种的经济性状超过M_{26}，抗旱性和抗偏斜能力好于M_{26}，抗寒性与M_{26}相当。另外，还有西13，由陕西省果树研究所1976年用海棠花和M_9进行杂交，1980年育成，生长势强于M_8。

⑦CX系列。中国农业科学院果树研究所选育，表现较好的有CX_3（M_9× 山荆子）、CX_5（193 ×M_9）、CX_4（金红 ×M_9），均为矮化砧，与嫁接品种亲和性好，早果能力好，越冬性能强于M_{26}。

⑧93-10、93-24。沈阳农业大学用扎矮76与平邑甜茶杂交，选育出了具有Dw基因的皱叶型矮生后代，从中选出了93-10、93-24两个优系。

⑨U_8。中国农业科学院郑州果树研究所育成，亲本组合为M_8× 八棱海棠，矮化砧。作中间砧和基砧，与八棱海棠和富士等苹果品种嫁接亲和性好，丰产性能好，且对苹果枝干轮纹病抗性较强。

⑩MD001。牡丹江市农业科学研究所选育，亲本组合为大秋果 ×M_8，半矮化砧，抗寒力极强。作中间砧和基砧，与山荆子和金红等苹果品种嫁接亲和性好，且早果丰产。

⑪71-340、71-342、0539、0435。大连市农业科学研究院用西伯利亚曙与北探杂交，选育出71-340、71-342优系；用71-340同M_9杂交，选育出矮化优系0539，但有“大小脚”现象；用71-342同M_9杂交，选育出半矮化优系0435，无“大小脚”现象。

（3）辐射育种：辐射诱变培育苹果矮化砧，常用的辐射源有^{60}Co、γ 射线、快中子和热中子等，辐射对象有种子、休眠枝条等。目前已选育出一些较有前途的优系，如用^{60}Co射线照射63-2-19半矮化砧木枝条变异选育的CX_{10}，树体略高于M_{26}，越冬性能明显好于M_{26}，且早果丰产性能强，嫁接国光品种4年开花，株产明显高于M_{26}；用^{60}Co、γ 射线照射经过层积处理的平邑甜茶种子，从中选出了较有希望的矮化单系74-14；用低强度的^{60}Co、γ 射线处理平邑甜茶层积种子，获得了矮生突变体A_1，表现为树势中庸，半矮化，适应性强，与富士、嘎拉等品种嫁接亲和性好，有望替代现行的营养系砧木和有性实生砧木应用于生产。

(4)生物技术辅助育种：生物技术是指在离体条件下，人为地使植物细胞或组织繁殖生长，产生一些次生代谢物质，以及对生物体进行遗传修饰的各项技术总称。早期生物技术在果树育种实践上的应用主要是茎尖培养、胚乳培养、胚培养、花药培养以及原生质体培养与融合等方面。而有目的地将一些理想基因导入果树品种的研究始于20世纪80年代后期，并在90年代获得了一些带有目标基因的新品种，如国内先后在金矮生、富士、早生富士等品种上成功导入Bt基因并表达。而在苹果砧木方面的研究相对滞后一些，仍处于探索阶段。

①基因工程。苹果矮砧基因工程方面的研究多集中在植株矮化、生根及抗性基因转化等方面。2003年，杨梦悦[28]首次将Rirol基因转入了八棱海棠，获得了具有卡那霉素抗性的苹果砧木新种质，其中14个株系可以在去除卡那霉素的无菌条件下稳定遗传。王三红等[29]于2007年将DREB、IRT1和rol C融合三价基因（Rirol）通过农杆菌介导法转入八棱海棠，获得了一批npt Ⅱ抗性植株。对其相关性状分析表明，转基因八棱海棠表现为节间缩短，分枝性强，侧根发达，并且比对照具有较强的耐盐性。丛郁[30]通过超声波直接转导法和超声波辅助农杆菌介导法将rol C基因转化导入八棱海棠基因组，其中3个转基因八棱海棠株系的株高、节间长度、节间数均极显著低于对照植株。同时证明，在无性繁殖过程中，外源的rol C基因能够稳定遗传，而且能在转录水平上稳定表达。李海云用携带rol B基因的根癌农杆菌C58C1感染GM_{256}试管苗植株，经PCR检测，有2株根中导入了rol B基因。姜志昂等[31]从苹果砧木SH40茎尖组织中克隆了1条NCED基因，命名为Md NCED1。进一步分析研究表明，该基因同矮生程度呈正相关。李永红[32]将Md NHX1耐盐基因通过农杆菌介导法转入M_{26}，获得15个卡那霉素抗性株系，其中N_7株系表现出最高和最稳定的Md NHX1基因表达水平。一系列检测表明，转基因可提高植株的耐盐性。

②分子标记辅助育种技术。分子标记辅助育种的概念最早由Lande和Thompson提出，是通过分析与目标基因紧密连锁的分子标记的基因型而对目标基因进行间接选择的一种方法。在果树育种上主要应用于亲本的选配、杂交实生苗的早期筛选、一些重要农艺性状如抗病性等的直接筛选方面，可大大提高选择的准确性，缩短育种年限，提高育种效率。中国在砧木育种方面做了许多探索，并取得了一些进展。周爱琴[33]等采用RPDA技术，以OPQ15为引物构建了国内生产上常用的19个苹果砧木的DNA指纹图谱，依据该图谱区分了供试砧木基因型的17个，区分率达95%。祝军[34]对国内苹果生产上常用的矮化砧木M_7、M_9、M_{26}、M_{27}、MM_{106}进行了AFLP指纹图谱构建研究，并从中筛选出了5对多态性高、分辨能力强的引物，依据P_{44}/M_{64}引物构建了5个苹果矮化砧木的基因指纹，各

基因均有特征带。王涛[35]等构建了20个苹果砧木的AFLP指纹图谱，并分析了其遗传差异和亲缘关系，用UPGMA聚类分析法将苹果属中2个亚属的砧木聚成2个大组，其研究结果同已知苹果砧木间的关系一致。这说明研究结果可靠，同时可为杂交亲本及组合的选配提供参考。蒲娜娜[36]对7种SH系砧木进行了DNA多态性和遗传多样性分析，多态率为47%，对AFLP扩增结果进行UPGMA聚类分析，在0.58水平上分为两个大类群。张开春[37]等利用群体分析法从平邑甜茶和扎矮76的杂交后代中获得了2个与矮化基因连锁的RAPD标记。唐建明[38]应用RAPD分子标记对小金海棠和山荆子杂交的79株实生苗进行早期鉴定，在3种RAPD特异带型中，"新带型"鉴定杂种正确率可达100%，并获得了13株杂种实生苗。孙叶红[39]建立了苹果砧木SRAP和SSR反应体系，筛选出了适宜苹果耐盐筛选、稳定性高、多态性高的引物对，获得了14条差异带，其中4条为SRAP标记耐盐相关带，10条为SSR标记耐盐相关带。马荣群[40]等利用SSR标记对青砧2号同M_9杂交的79株F1代杂种实生苗进行鉴定，获得18株杂种实生苗，并建立了SSR体系，可快速、准确、高效地鉴定早期无融合生殖苹果砧木F_1代有性杂种，检出率100%。

3. 早期预选指标

(1)形态指标：形态指标预选为传统的矮化砧选育方法，是将实生苗或植株的外观形态，如节间短、株型紧凑、树体矮小等作为初选指标；然后通过选种圃嫁接鉴定，依据对矮化性、早果性、生根难易等性状的观察决定取舍，一般需要4~5年甚至更长的时间。李嘉瑞等的研究表明，嫁接苗幼树高度与盛果树的树冠大小呈正相关，干周也可在一定程度上反映砧木矮化效应的强弱，但需3年左右的时间。

(2)解剖结构：研究表明，根皮率同矮化程度呈负相关。但因为根系采集要求较严格，且根系及其皮部受土壤等因素影响较大，加之有些种类如无融合生殖特性的实生砧木苗就不适合用根皮率进行预选，所以后来研究更多转向枝条的解剖结构等方面。王中英等[41]研究表明，1年生枝的材皮比在2~3时趋于矮化，3以上则为乔化；导管密度与砧木植株的体积呈正相关，导管占木质部的百分率，乔砧大于矮砧和半矮化砧，导管与木质部的面积之比在60%以下时，树体矮化；栅栏组织与海绵组织的厚度之比和砧木植株的体积呈负相关，矮化砧栅栏组织的厚度大于乔化砧，栅栏组织与海绵组织之比大于1；气孔密度可稳定遗传，比气孔大小更具规律性，短枝型的气孔密度小于普通型。另外，张新忠等在对矮化砧及乔化砧苹果树嫁接口解剖结构进行观察时发现，矮化砧的嫁接口内愈伤组织细胞层数最多，导管不同轴程度最高。而乔化砧正好与之相反，半矮化砧则介于两者之间。也有研究表明，由于枝条解剖结构不同，枝条的电阻值也不同，枝条电阻与生长势呈正相关，预选苹果砧木矮化性的准确性达94.3%。但枝条电阻值受枝条粗度、温度等多种因素的影响，取材时应注意材料选择要均匀一致。

(3)酶含量及活性：与矮化性状相关的酶是过氧化物酶(POD)和过氧化物同工酶。POD的活性与枝长、节间长呈显著负相关，极矮化砧、矮化砧、半矮化砧的POD活性依次减小。春季叶片的POD活性显著高于春梢茎尖、春梢韧皮部、秋季叶片和秋梢韧皮部，所以春季叶片的POD活性可作为砧木矮化性的衡量指标。过氧化物同工酶同矮化性状也有一定的相关性。研究表明，苹果矮化砧过氧化物同工酶谱比乔化砧多一个酶带A_9，酶带A_9是苹果矮化砧的显著标记，可作为矮化砧木早期鉴定的参考指标。

(4)内源激素：果树树体大小受激素控制，且与IAA、GA、CTK、ABA四类激素有直接明显的关系。邵开基等[42]认为，ABA含量与树体矮化程度呈显著正相关，ABA在叶片中的含量可以作为M、MM、P和S系砧木的矮化预选指标。牛自勉[43]等认为，ABA可准确预选短枝型品种，短枝品种与同系非短枝品种或母树叶片的ABA比值在2.3～3.5之间为标准短枝，>3.5为极度短枝。曹敏格等[44]认为，秋梢韧皮部IAA/ABA的值是否大于1，可以区分乔化砧木和矮化砧木，IAA/ABA和(IAA + GA + ZR)/ABA的比值随着砧木矮化性的增加而减少，可以作为矮化预选指标。

第三章

主要矮化砧木的生产应用

第一节　主要类型及利用方式

一、主要类型

按繁殖方式，基砧可分为有性实生砧、无融合实生砧和营养系砧木三大类。

1.有性实生砧

采用苹果属内，甚至苹果属以外植物的有性实生苗用作生产砧木，可进一步分成野生砧、半野生砧、实生共砧和异属砧木等四种类型。

(1)野生砧是目前我国应用最广、面积最大的苹果砧木，包括苹果属的十几个野生种。全国各地都有较适宜的野生砧，它们都是野生资源中同苹果嫁接亲和性较好、对当地自然条件适应性较强的类型。例如，我国北方的山荆子和毛山荆子，抗寒性好，亲和性好，耐瘠薄，但不耐盐碱，宜感立枯病和黄叶病。青岛山荆子极耐涝。西府海棠抗旱，耐盐碱、耐瘠薄，嫁接苹果亲和性好，但不耐涝，易感白粉病。莱芜难咽嫁接苹果具有矮化、早果作用。青州的晚林檎具有抗旱、耐盐碱、耐瘠薄的特性。

(2)半野生砧主要是指利用苹果栽培的实生苗作生产砧木，包括花红、楸子、小海棠等。楸子中的烟台沙果嫁接苹果亲和性好，抗旱，耐涝，极耐盐碱。莱芜茶果嫁接亲和性强，具矮化作用，丰产，耐盐碱。崂山柰子嫁接苹果明显矮化，早果。小海棠是从国外引入的小苹果栽培种，主要分布在山东半岛一带，根系发达，抗旱、耐盐碱，嫁接苹果亲和性好，具矮化、早果倾向。

(3)实生共砧是指利用栽培苹果的实生苗作为生产砧木。表现为嫁接亲和性好，但实生苗性状分离严重，嫁接树生长整齐度较差，易发生根腐病和腐烂病，适应性较差，寿命较短。

(4)异属砧木是指利用苹果属以外的植物资源作为苹果砧木，多数表现为嫁接亲和性较弱，嫁接树生长缓慢，有些在生长中死亡。

有性实生砧通常具有繁殖容易、根系发达、适应性和抗逆性较强的优点，但有性实生砧多是异交群体，个体间一致性较差，嫁接树整齐度也较低。实生砧木多属乔化或半乔化类型，嫁接树树体高大，结果较晚。野生砧和半野生砧的每个种都存在多种变异类型，类型之间在抗逆性、适应性和嫁接亲和性等方面都存在较大差异。实生共砧大多数性状分离较重，适应性差，最好不用作生产砧木。

2. 无融合实生砧

利用具有无融合生殖习性的苹果属资源的实生苗作为生产砧木。无融合生殖资源作为苹果砧木的突出优点是：实生苗一致性强，嫁接树个体间差异小，且易繁殖，根系发达，适应性较强。但大多数无融合生殖资源对苹果潜伏病毒敏感，导致嫁接亲和性弱，限制了在生产中的应用。

3. 营养系砧木

选择适宜的苹果属资源，通过扦插、压条、组培等方法培育的无性系砧木。我国从国外引入的M系、MM系、P系、B系、CG系、Mark系等砧木品种以及国内育成的S系、SH系、GM系、CX系、63-2-19、辽砧2号、77-34、MD001等，都属于营养系砧木。

营养系砧木都是经人工选育而成的，其突出优点是砧木苗一致性强，嫁接树生长较一致。经过选育，多数营养系砧木具有矮化或半矮化，抵抗各种根系和土壤病虫害，适应不同恶劣自然条件等优点；嫁接苹果结果早，产量高。特别是营养系矮砧，嫁接苹果树冠矮小紧凑，易管理，是目前苹果矮化栽培的主要方式。营养系砧木的缺点主要表现为易携带病毒，繁殖费用高、难度大，有些营养系砧木根系浅、固定性差、易倒伏，需设立支架。国外引进的营养系砧木多数适应性较差，抗寒、抗旱、耐涝和耐盐碱能力也较低。国内育成的营养系砧木，多数扦插、压条不易生根，繁殖较困难。生产中为解决营养系砧木适应性差和不易生根等问题，常采用根系发达、适应性强的实生砧为基砧，用营养砧作中间砧嫁接苹果品种。我国育成的营养系砧木，均作为中间砧利用。

二、利用方式

按利用方式，矮化砧可分为中间砧、自根砧两大类。

1. 作中间砧利用

当地砧木作基砧，其上嫁接一段15～30 cm长的矮化砧，再在矮化砧上嫁接品种。优点是固定性强，适应性广；不足之处是降低了矮化效果，树冠增大，不同树体和果实的生长一致性变差。目前推广的砧木基本上都是中间砧。

2. 作自根砧利用

通过压条或扦插，使矮化砧木生根，再在其上直接嫁接品种。20世纪80年代，美国、日本、波兰有许多中间砧矮化苹果园，现在基本上都推广自根砧，多设立支柱。

三、山东省矮化砧木主要类型与利用方式

山东省苹果生产应用的矮化砧木主要有M_{26}、M_9、MM_{106}、SH系。其中，M_{26}应用最为普遍，总面积约为27 350 hm^2，占矮砧苹果面积的95.73%；其次是M_9、MM_{106}和SH系，分别占矮砧苹果面积的1.69%、1.37%和1.23%（表3-1）。

表3-1　山东省矮砧类型调查（单位：hm^2，2009年）

地区	M_{26}		M_9		MM_{106}		SH系		合计
	中间砧	自根砧	中间砧	自根砧	中间砧	自根砧	中间砧	自根砧	
烟台市	4 720	110	180	70		30		20	5 130
青岛市	8 530			0					8 530
威海市	6 160		20				270		6 450
临沂市	2 410						0		2 410
枣庄市	610	10	150	60	340	20	30	20	1 250
淄博市	670								670
菏泽市	4 010								4 010
日照市	120								120
合计	27 230	120	350	130	0.34	50	310	40	28 570
%	95.31	0.42	1.23	0.46	1.19	0.18	1.09	0.14	100

矮化中间砧苹果园，普遍采用八棱海棠作基砧，部分地区（主要是临沂）用平邑甜茶作基砧。矮砧苹果园品种以富士为主，占70%左右，其他品种有嘎拉、红将军、红星、国光、藤牧1号等。

第二节　山东省矮砧苹果栽培面积及区域分布

一、栽培面积

截止到2009年，山东省矮砧苹果园面积28 570 hm^2，占苹果总面积的8.93%。其中，中间砧面积28 220 hm^2，占矮砧苹果总面积的98.77%；自根砧面积350 hm^2，占矮砧苹果总面积的1.23%。（表3-2）

表3-2　山东省矮砧苹果栽培面积、比重（单位：hm^2，2009年）

苹果总面积	矮砧		中间砧		自根砧	
	面积	比例	面积	比例	面积	比例
319 920	28 570	8.93%	28 220	98.77%	350	1.23%

二、生产分布

山东省矮砧苹果栽培面积，青岛市最大，约8 530 hm^2；其次为威海和烟台，分别为6 450 hm^2和5 130 hm^2（表3-3）。矮砧苹果栽培面积较大的10个县市依次是胶南8 330 hm^2、荣成5 930 hm^2、巨野2 450 hm^2、栖霞2 100 hm^2、莒南1 750 hm^2、海阳1 610 hm^2、滕州1 250 hm^2、莱阳800 hm^2、定陶770 hm^2、沂源670 hm^2。（表3-3）

表3-3　山东省苹果主产区矮砧栽培面积及比重（单位：hm^2，2009年）

地区	苹果总面积	矮砧面积	矮砧比例	中间砧		自根砧	
				面积	比例	面积	比例
烟台市	171 190	5 130	3%	4 890	95.32%	240	4.68%
青岛市	31 530	8 530	27.05%	8 530	100%	0	0
威海市	34 070	6 450	18.93%	6 450	100%	0	0

（续表）

地区	苹果总面积	矮砧面积	矮砧比例	中间砧		自根砧	
				面积	比例	面积	比例
临沂市	27 070	2 410	8.90%	2 410	100%	0	0
日照市	2 190	120	5.48%	120	100%	0	0
济南市	3 470						
枣庄市	4 200	1 250	29.76%	1 140	91.20%	110	8.8%
淄博市	36 000	670	1.86%	670	100%	0	0
菏泽市	10 200	4 010	39.31%	4 010	100%	0	0
合计	319 920	28 570	8.93%	28 220	98.77%	350	1.23%

第三节　主要矮化砧木生产性能

一、矮化砧木对苹果树体生长发育的影响

1. M_{26}中间砧对不同生育期苹果树体生长发育的影响

除临沂地区部分果园基砧用平邑甜茶外，其余地区均用八棱海棠作基砧。烟台地区用M_{26}嫁接红富士，树高2.3～3.1 m，幼树期、初果期及盛果期的树高分别相当于同龄乔砧树的93.12%、86.88%和81.48%，干周分别相当于乔砧树的79.25%、69.21%和89.45%，冠径分别相当于乔砧树的88.76%、67.43%和85.14%。威海地区用M_{26}嫁接红富士，树高2.05～3.15 m，初果期、盛果期的树高分别相当于同龄乔砧树的83.75%和71.49%，干周分别相当于乔砧树的70.31%和74.65%，冠径分别相当于乔砧树的86.62%和79.62%；菏泽地区用M_{26}嫁接宫崎短枝富士，树高2.08～2.94 m，幼树期、初果期及衰老期的树高分别相当于同龄乔砧树的72.22%、94.16%和80.11%，干周分别相当于乔砧树的79.53%、78.26%和97.20%，冠径分别相当于乔砧树的61.89%、76.59%和57.09%。临沂地区用M_{26}嫁接红富士，盛果期树高相当于乔砧树的82.61%，干周相当于乔砧树的81.82%，冠径相当于乔砧树的81.25%。青岛地区用M_{26}嫁接红富士，盛果期树高相当于同龄乔砧树的88.83%，干周相当于乔砧树的79.30%，冠径相当于乔砧树的77.21%[45]。（表3-4、表3-5）

表3-4　矮化中间砧幼树期及初果期树体结构调查（单位：cm）

地区	砧穗组合	幼树期			初果期		
		树高	干周	冠径	树高	干周	冠径
烟台	富士/M_{26}/海棠	230.0	9.65	150.0	265.0	29.90	251.5
	富士/海棠	247.0	12.10	169.0	305.0	43.20	373.0
威海	富士/M_{26}/海棠	215.0	16.00	260.0	268.0	25.67	346.5
	富士/海棠	—	—	—	320.0	36.50	400.0
菏泽	宫崎短枝/M_{26}/海棠	208.0	11.85	101.5	274.0	27.00	247.0
	宫崎短枝/海棠	288.0	14.90	164.0	291.0	34.50	322.5
临沂	富士/M_{26}/甜茶	180.0	38.00	365.0	—	—	—
	富士/M_{26}/海棠	—	—	—	190.0	45.00	325.0
	富士/海棠	—	—	—	230.0	55.00	400.0
青岛	富士/M_{26}/海棠	262.0	23.67	270.0	334.0	37.67	310.0
	富士/海棠	—	—	—	376.0	47.50	410.5
枣庄	富士/海棠	—	—	—	310.0	35.70	395.0

注：1～3年为幼树期，4～6年为初果期，7～20年为盛果期，>20年为衰老期。以下均同。

表3-5　矮化中间砧盛果期及衰老期树体结构调查（单位：cm）

地区	砧穗组合	盛果期			衰老期		
		树高	干周	冠径	树高	干周	冠径
烟台	富士/M_{26}/海棠	308.0	53.22	372.5	—	—	—
	富士/海棠	378.0	59.5	437.0	—	—	—
威海	富士/M_{26}/海棠	300.0	44.42	418.0	315.0	65.30	422.0
	富士/海棠	435.0	59.50	525.0	—	—	—
菏泽	宫崎短枝/M_{26}/海棠	287.0	36.60	232.5	294.0	53.85	253.5
	宫崎短枝/海棠	—	—	—	367.0	55.40	444.0
临沂	富士/M_{26}/甜茶	—	—	—	—	—	—
	富士/M_{26}/海棠	—	—	—	—	—	—
	富士/海棠	—	—	—	—	—	—
青岛	富士/M_{26}/海棠	—	—	—	—	—	—
	富士/海棠	—	—	—	—	—	—
枣庄	富士/海棠	—	—	—	—	—	—

2. 不同矮化砧木对树体生长发育的影响

幼树期 M_{26} 嫁接的红富士比 SH 嫁接的红富士矮 25 cm 左右，由于所用树形不同，M_{26} 的冠径反而比 SH 的大；衰老期不同矮化砧木的红富士树高分别为 3.15 m、3.07 m、3.21 m 和 3.31 m。M_{26} 嫁接的红富士树高分别相当于 M_9、MM_{106}、M_7 的 97.46%、101.90% 和 105.08%，冠径分别相当于 97.63%、106.63% 和 126.77%。（表 3-6、表 3-7）

表 3-6　不同矮化砧木苹果树树体结构调查（单位：cm，威海）

砧穗组合	幼树期			初果期		
	树高	干周	冠径	树高	干周	冠径
富士 /M_{26}/ 海棠	215.0	16.00	260.0	268.0	25.67	346.5
富士 /M_9/ 海棠	—	—	—	—	—	—
富士 /MM_{106}/ 海棠	—	—	—	—	—	—
富士 /M_7/ 海棠	—	—	—	—	—	—
富士 /SH/ 海棠	230.0	18.00	191.5	—	—	—
富士 / 海棠	—	—	—	320.0	36.50	400.0

表 3-7　不同矮化砧木苹果树树体结构调查（单位：cm，威海）

砧穗组合	盛果期			衰老期		
	树高	干周	冠径	树高	干周	冠径
富士 /M_{26}/ 海棠	300.0	44.42	418.0	315.0	65.30	422.0
富士 /M_9/ 海棠	—	—	—	307.0	56.00	412.0
富士 /MM_{106}/ 海棠	—	—	—	321.0	58.00	450.0
富士 /M_7/ 海棠	—	—	—	331.0	65.00	535.0
富士 /SH/ 海棠	—	—	—	—	—	—
富士 / 海棠	435.0	59.50	525.0	—	—	—

二、矮化中间砧对产量的影响

1. 对早实性的影响

（1）M_{26} 中间砧对不同地区红富士早实性的影响：矮化中间砧红富士可以显著促进成花、结果，比乔砧红富士提早 2 ~ 3 年进入结果期。山东省各产区栽培的以海棠作基砧，以 M_{26}、MM_{106}、M_9、M_7 和 SH 作矮化中间砧的红富士，3年开始结果，4～5年进入初果期，7～10年进入初盛果期，10～12年进入盛果期。不同中间砧红富士，早果性和产量以 M_{26} 最高，其次为 SH、M_9、MM_{106}，M_7 表现较差；4年生坐果株率，除 M_7 和 MM_{106} 外均为100%。M_{26} 在不同地区间的表现也有差异，菏泽地区早实性最好，3年生坐果株率81.20%，第4年折合亩产1 024.38 kg；其次为威海和烟台，3年生坐果株率80.00% 和73.30%，第4年折合亩产787.85 kg 和792.32 kg；青岛、临沂、枣庄表现稍差。（表3-8）

表3-8　不同地区 M_{26} 中间砧红富士早实性调查

地区	基砧 / 中间砧	3年生树		4年生树	
		坐果株率（%）	单株果数（个）	坐果株率（%）	折合亩产（kg）
烟台	海棠 /M_{26}	73.3	3.4	100	792.32
威海	海棠 /M_{26}	80.0	3.6	100	787.85
菏泽	海棠 /M_{26}	81.2	3.7	100	1 024.38
临沂	海棠 /M_{26}	75.4	2.9	100	712.49
青岛	海棠 /M_{26}	74.4	3.6	100	769.92
枣庄	海棠 /M_{26}	73.3	3.2	100	764.58

（2）不同中间砧对红富士早实性的影响：从表3-9可以看出，用 M_{26} 嫁接的红富士早实性最好，3年生树坐果株率80.00%，4年生树坐果株率100.00%，折合亩产787.85 kg；其次为 SH 系嫁接的红富士，3年生树坐果株率78.60%，4年生树坐果株率100.00%，折合亩产870.64 kg；再次为 M_9 和 MM_{106}；M_7 表现较差，3年生树坐果株率16.70%，4年生树坐果株率67.00%。（表3-9）

表3-9　不同矮化中间砧红富士早实性调查（威海）

基砧 / 中间砧	3年生树		4年生树	
	坐果株率（%）	单株果数（个）	坐果株率（%）	折合亩产（kg）
海棠 /M_{26}	80.00	3.6	100	787.85
海棠 /MM_{106}	36.80	3.5	93.00	572.40
海棠 /M_7	16.70	1.2	67.00	764.59
海棠 /M_9	68.30	2.9	100	762.86
海棠 /SH	78.60	3.2	100	870.64

2. 矮化中间砧对丰产性的影响

(1)M_{26}中间砧对不同地区红富士丰产性的影响：调查表明（表3-10），初果期平均单果重最高，随着树龄增大，单果重呈现变小的趋势；亩产量以盛果期最高，衰老期次之，初果期最低。烟台地区用M_{26}嫁接红富士，初果期年均折合亩产1 423.19 kg，比乔砧树高一倍，盛果期年均折合亩产4 408.16 kg，为乔砧树的112.37%；平均单果重则低于同期乔砧树，分别相当于乔砧树的92.46%和94.56%。威海地区用M_{26}嫁接红富士，初果期年均折合亩产1 787.85 kg，为乔砧树的2.47倍，盛果期年均折合亩产4 175.21 kg，为乔砧树的92.41%；初果期平均单果重高于乔砧树，盛果期平均单果重则低于乔砧树，分别相当于乔砧树的102.48%和98.41%。菏泽地区用M_{26}嫁接红富士，初果期年均折合亩产1 740.63 kg，盛果期年均折合亩产5 156.65 kg，衰老期年均折合亩产4 313.96 kg；衰老期年均折合亩产高于乔砧树，为乔砧树的131.07%，平均单果重则小于乔砧树，为乔砧树的90.08%。临沂地区用M_{26}嫁接红富士，盛果期年均折合亩产4 679.21 kg，为同龄乔砧树的104.17%；平均单果重则小于乔砧树，仅相当于乔砧树的76.21%。青岛地区用M_{26}嫁接红富士，盛果期年均折合亩产5 119.64 kg，为同龄乔砧树的112.91%；单果重则小于乔砧树，仅相当于乔砧树的77.40%。（表3-10）

表3-10 不同地区M_{26}中间砧红富士丰产性调查（单果重单位：g，折合亩产单位：kg）

地区	组合	初果期		盛果期		衰老期	
		单果重	折合亩产	单果重	折合亩产	单果重	折合亩产
烟台	富士/M_{26}/海棠	227.39	1 423.19	195.82	4 408.16	—	—
	富士/海棠	245.94	725.32	207.08	3 922.67	—	—
威海	富士/M_{26}/海棠	248.50	1 787.85	220.00	4 175.21	225.00	3 962.39
	富士/海棠	252.50	722.61	214.67	4 518.15	—	—
菏泽	宫崎短枝/M_{26}/海棠	245.00	1 740.63	230.65	5 156.65	212.50	4 313.96
	宫崎短枝/海棠	—	—	—	—	235.89	3 291.44
临沂	富士/M_{26}/海棠	—	—	182.30	4 679.21	—	—
	富士/海棠	—	—	239.20	4 491.87	—	—
青岛	富士/M_{26}/海棠	—	—	205.50	5 119.64	—	—
	富士/海棠	—	—	265.50	4 534.08	—	—
枣庄	富士/M_{26}/海棠	—	—	206.70	2 411.62	—	—

（2）不同中间砧对红富士丰产性的影响：M_{26}嫁接的红富士，初果期年均折合亩产1 787.85 kg，盛果期年均折合亩产4 175.21 kg，衰老期年均折合亩产3 962.39 kg。衰老期其他中间砧的红富士年均折合亩产分别为2 053.44 kg（MM_{106}）、3 551.38 kg（M_7）和1 070.64 kg（SH系）。可见M_{26}嫁接的红富士丰产性最好，其次为M_7，而MM_{106}的丰产性较差。（表3–11）

表3–11 不同中间砧红富士丰产性调查（单果重单位：g，折合亩产单位：kg）

组合	初果期		盛果期		衰老期	
	单果重	折合亩产	单果重	折合亩产	单果重	折合亩产
富士/M_{26}/海棠	248.50	1 787.85	220.00	4 175.21	225.00	3 962.39
富士/MM_{106}/海棠	—	—	—	—	231.00	2 053.44
富士/M_7/海棠	—	—	—	—	215.00	3 551.38
富士/SH/海棠	210.00	1 070.64	—	—	—	—
富士/海棠	252.50	722.61	214.67	4 518.15	—	—

三、矮化中间砧对果实品质的影响

1. M_{26}中间砧对不同地区红富士果实品质的影响（表3–12、表3–13）

（1）对果形指数的影响：由表3–12可知，矮砧嫁接的红富士，果X形指数在0.82～0.88，乔砧红富士，果形指数在0.81～0.87。无论是乔砧还是矮砧，初果期果形指数均大于盛果期。烟台地区红富士果形指数范围0.81～0.87，初果期矮砧树的果形指数小于乔砧树的，盛果期矮砧树的果形指数则大于乔砧树的。威海地区红富士果形指数范围0.82～0.86，初果期矮砧树的果形指数大于乔砧树的，盛果期矮砧树的果形指数与乔砧树一致。菏泽地区红富士果形指数范围0.82～0.84。临沂地区盛果期矮砧树的果形指数与乔砧树无差异。青岛地区盛果期矮砧树的果形指数小于乔砧树的。因此，矮砧树与乔砧树对果形指数的影响不大。

（2）对着色指数的影响：矮砧树的着色指数高于乔砧树的，初果期的着色指数高于盛果期的。烟台地区红富士果实着色指数最高，初果期和盛果期矮砧树着色指数分别为96.65%和94.80%，为同期乔砧树的1.04倍。威海地区M_{26}嫁接的红富士，初果期着色指数为81.17%，为乔砧树的1.02倍；盛果期着色指数为76.55%，为乔砧树的1.41倍。菏泽地区果实套塑膜袋，着色差，初果期、盛果期矮砧树着色指数分别为57.00%和48.35%。临沂地区盛果期矮砧红富士着色指数为84.37%，为乔砧树的1.01倍。青岛地区盛果期矮砧红富士着色指数为60.85%，为乔砧树的1.19倍。

(3) 对果面光洁度的影响：砧木对果面光洁度的影响如表3-12、3-13所示，总体趋势为矮砧树果面的光洁度优于乔砧树，初果期果面的光洁度优于盛果期。烟台地区红富士果实的光洁度最好，初果期和盛果期矮砧树果实的光洁度指数均在90%以上，为同期乔砧树的1.13倍和1.06倍。威海地区 M_{26} 嫁接的红富士，初果期果面光洁度指数为82.50%，为乔砧树的1.02倍；盛果期果面光洁度指数为83.69%，为乔砧树的1.09倍。菏泽地区果实光洁度最差，初果期、盛果期矮砧树光洁度指数分别为66.50%和64.10%。临沂地区盛果期矮砧红富士光洁度指数为94.06%，为乔砧树的1.05倍。青岛地区盛果期矮砧红富士光洁度指数为75.40%，为乔砧树的1.09倍。

(4) 对果实可溶性固形物含量的影响：矮砧树果实的可溶性固形物含量高于乔砧树，初果期果实的可溶性固形物含量高于盛果期。烟台地区红富士果实可溶性固形物含量较高，初果期矮砧树果实可溶性固形物含量为15.07%，与同期乔砧树相差无几；盛果期矮砧树果实可溶性固形物含量为14.48%，为同期乔砧树的1.03倍。威海地区 M_{26} 嫁接红富士，初果期果实可溶性固形物含量为14.24%，为乔砧树的1.05倍；盛果期果实可溶性固形物含量为13.39%，与乔砧树相当。菏泽地区果实可溶性固形物含量较低，初果期、盛果期矮砧树果实可溶性固形物含量分别为14.17%、12.71%。临沂地区盛果期矮砧红富士可溶性固形物含量为13.55%，为乔砧树的1.01倍。青岛地区盛果期矮砧红富士可溶性固形物含量为14.55%，为乔砧树的1.08倍。

(5) 对果实去皮硬度的影响：由表3-12可以看出，矮砧栽培红富士，果实硬度在6.70 ~ 11.65 kg/cm^{2}之间；乔砧栽培红富士，果实硬度在6.79 ~ 11.48 kg/cm^{2}之间。无论是乔砧还是矮砧，初果期的果实硬度均小于盛果期的。烟台地区红富士果实硬度8.80 ~ 9.30 kg/cm^2，初果期矮砧树的果实硬度小于乔砧树的，盛果期矮砧树的果实硬度则大于乔砧树的。威海地区红富士果实硬度7.14 ~ 9.45 kg/cm^2，初果期和盛果期矮砧树的果实硬度均小于乔砧树的。菏泽地区红富士果实硬度7.54 ~ 8.12 kg/cm^2。临沂及青岛地区盛果期矮砧树的果实硬度均大于乔砧树的。

表3-12　不同地区初果期 M_{26} 中间砧红富士果实品质调查

地区	砧穗组合	初果期				
		果形指数	着色指数	光洁度指数	可溶性固形物含量	果实硬度 (kg/cm^2)
烟台	富士 /M_{26}/ 海棠	0.84	96.65	95.00	15.07	8.79
	富士 / 海棠	0.87	92.50	84.15	15.04	9.30
威海	富士 /M_{26}/ 海棠	0.86	81.17	82.50	14.24	7.14
	富士 / 海棠	0.84	79.50	80.70	13.50	8.16

（续表）

地区	砧穗组合	初果期				
		果形指数	着色指数	光洁度指数	可溶性固形物含量	果实硬度（kg/cm^2）
菏泽	宫崎短枝 / M_{26}/ 海棠	0.84	57.00	66.50	14.17	7.54
临沂	富士 /M_{26}/ 海棠	—	—	—	—	—
	富士 / 海棠	—	—	—	—	—
青岛	富士 /M_{26}/ 海棠	—	—	—	—	—
	富士 / 海棠	—	—	—	—	—
枣庄	富士 /M_{26}/ 海棠	—	—	—	—	—

表3-13　不同地区盛果期 M_{26} 中间砧红富士果实品质调查

地区	砧穗组合	盛果期				
		果形指数	着色指数	光洁度指数	可溶性固形物含量	果实硬度（kg/cm^2）
烟台	富士 /M_{26}/ 海棠	0.82	94.80	92.07	14.48	9.07
	富士 / 海棠	0.81	91.45	87.07	14.06	8.80
威海	富士 /M_{26}/ 海棠	0.82	76.55	83.69	13.39	8.46
	富士 / 海棠	0.82	54.20	77.08	13.30	9.45
菏泽	宫崎短枝 /M_{26}/ 海棠	0.82	48.35	64.10	12.71	8.12
临沂	富士 /M_{26}/ 海棠	0.84	84.37	94.06	13.55	7.47
	富士 / 海棠	0.85	83.25	89.50	13.40	6.79
青岛	富士 /M_{26}/ 海棠	0.84	60.85	75.40	14.55	11.65
	富士 / 海棠	0.87	51.30	69.80	13.47	11.48
枣庄	富士 /M_{26}/ 海棠	0.88	15.00	75.00	12.60	6.70

2. 不同中间砧对红富士果实品质的影响

SH 嫁接的红富士，初果期果形指数较低，仅为0.83；衰老期不同中间砧的红富士，果形指数 M_7 的最高，为0.87，M_{26} 与 MM_{106} 无差异。SH 嫁接的红富士，初果期果实着色指数为84.00%，为乔砧栽培的1.06倍；衰老期不同中间砧的红富士果实着色指数相差无几，M_7 的稍高，M_{26} 的偏低。SH 嫁接的红富士，初果期果面光洁度指数为81.50%，为乔砧栽培的1.016倍；衰老期不同中间砧的红富士，果面光洁度指数 M_{26} 的最高，其次为

MM_{106}，M_7的最低。SH 嫁接的红富士，初果期果实可溶性固形物含量为15.94%，为乔砧栽培的1.18倍，为 M_{26}的1.06倍；衰老期不同中间砧的红富士，果实可溶性固形物含量 MM_{106}的最高，其次为 M_7，M_{26}的最低。SH 嫁接的红富士，初果期果实硬度与乔砧栽培无差异；衰老期不同中间砧的红富士，果实硬度以 MM_{106}最高，其次为 M_7，M_{26}的果实硬度最小。（表3-14、表3-15、表3-16）

表3-14　不同中间砧初果期红富士果实品质（威海）

砧穗组合	初果期				
	果形指数	着色指数	光洁度指数	可溶性固形物	果实硬度（kg/cm^2）
富士 /M_{26}/ 海棠	0.86	81.17	82.50	14.24	7.14
富士 /MM_{106}/ 海棠	—	—	—	—	—
富士 /M_7/ 海棠	—	—	—	—	—
富士 /SH/ 海棠	0.83	84.00	81.50	15.94	8.14
富士 / 海棠	0.84	79.50	80.70	13.50	8.16

表3-15　不同中间砧盛果期红富士果实品质（威海）

砧穗组合	盛果期				
	果形指数	着色指数	光洁度指数	可溶性固形物	果实硬度（kg/cm^2）
富士 /M_{26}/ 海棠	0.82	76.55	83.69	13.39	8.46
富士 /MM_{106}/ 海棠	—	—	—	—	—
富士 /M_7/ 海棠	—	—	—	—	—
富士 /SH/ 海棠	—	—	—	—	—
富士 / 海棠	0.82	54.20	77.08	13.30	9.45

表3-16　不同中间砧衰老期红富士果实品质（威海）

砧穗组合	衰老期				
	果形指数	着色指数	光洁度指数	可溶性固形物	果实硬度（kg/cm^2）
富士 /M_{26}/ 海棠	0.84	73.2	75.8	12.52	7.69
富士 /MM_{106}/ 海棠	0.84	74.3	73.0	13.04	9.04
富士 /M_7/ 海棠	0.87	77.2	67.5	13.02	8.01
富士 /SH/ 海棠	—	—	—	—	—
富士 / 海棠	—	—	—	—	—

四、对经济寿命的影响

由表3–17可以看出，矮砧苹果不仅进入盛果期早，而且盛果期较长。嫁接在M_{26}上的红富士苹果，盛果期相当于整个生命周期的60%以上；而嫁接在海棠上的红富士苹果，盛果期只占整个生命周期的1/3左右。

表3–17　山东省主要矮化砧木与对照经济寿命调查

基砧 / 中间砧	生命周期（年）	盛果期（年）
海棠 /M_{26}	25 ~ 35	10 ~ 20
海棠	45 ~ 64	16 ~ 25

五、结论

生产实践表明，使用M_{26}矮化砧，除在聊城市容易发生低温冻害，德州、东营、滨州发生越冬抽条外，其他产区均表现良好。树体矮化效果稳定，成龄大树平均树高和干周为2.90 m和38.98 cm，分别相当于乔砧树的81.19%和70.38%；早实性好，3年生平均坐果株率76.27%，第4年折合亩产808.59 kg；丰产性强，盛果期年均折合亩产4 707.77 kg，为乔砧栽培的1.13倍；果实品质好，可使红富士苹果着色指数、光洁度指数、可溶性固形物含量提高到原来的110%、110%和102%；经济寿命长，盛果期年限为整个生命周期的60%，乔砧栽培仅为30%左右。MM_{106}、M_7、M_9由于试验点数太少，SH系由于试验年限太短，不足以支撑初步结论，仍需进一步调研评价。

综合考虑气候、土壤、肥水等因素，M_{26}矮化砧可在山东省大部分苹果主产区发展。生产中采用M_{26}进行矮密栽培，一定要注意肥水管理。建园时每亩栽植80 ~ 110株，株行距（1.5 ~ 2.0）m ×（3.0 ~ 4.0）m，树形以纺锤形或高纺锤形为主，早期严格控制产量，树形基本稳定后再让其进入始果期。

第四节　主要矮化砧木生态适应性分析

一、土壤适应性评价

烟台、威海、菏泽、临沂、青岛、枣庄等地的土壤有机质、有效氮、有效钾、有效钾的含量，均符合矮化砧木对土壤条件的要求。（表3–18）

表3-18　土壤适应性评价表

地区	有机质（%）		有效氮（mg/kg）		有效磷（mg/kg）		有效钾（mg/kg）		备注
	范围	平均	范围	平均	范围	平均	范围	平均	
烟台	0.72～1.67	1.11	68～155	110	18～265	86	77～446	196	适应
威海	0.78～1.64	1.01	66～280	138	9～184	81	56～360	164	适应
青岛	0.57～0.70	0.63	35～142	93	19～148	70	53～262	133	适应
临沂	0.95～1.10	1.03	83～159	121	61～98	80	90～237	164	适应
枣庄	0.95～1.15	1.05	99～108	103	26～39	33	82～136	109	适应
菏泽	0.91～1.06	0.99	51～121	86	9～27	18	59～157	108	适应

二、气候适应性评价

烟台、威海、菏泽、临沂、青岛、枣庄等地的年辐射总量、年日照时数、年均温、降水量、相对湿度、无霜期等气候条件指标，均符合矮化砧木对气候条件的要求。（表3-19）

表3-19　气候适应性评价表

地区	年辐射总量（千卡/cm²）	年日照时数（h）	年均温（℃）	极端低温（℃）	极端高温（℃）	降水量（mm）	相对湿度（%）	无霜期（d）	备注
烟台	122.4	2 698.4	11.8	-13.1	38.0	651.9	63.0	210	适应
威海	122.0	2 573.2	11.4	-13.8	38.4	769.2	66.0	217	适应
菏泽	120.1	2 453.7	13.7	-20.6	43.7	655.0	70.0	214	适应
临沂	118.9	2 212.5	13.3	-11.1	36.5	793.9	68.0	200	适应
青岛	121.4	2 607.0	12.5	-16.9	38.9	696.6	71.0	200	适应
枣庄	125.0	1 966.9	13.9	-11.2	40.9	815.8	66.0	209	适应

三、主要矮化砧木嫁接亲和性评价

矮化砧木 M_{26}、M_9、MM_{106}、M_7和 SH 系的品种嫁接亲和性均表现良好；各树龄段不同砧穗组合的接口裂皮或折断株率为0，说明不同树龄各矮化砧木的嫁接亲和性无明显差异。M_{26}普遍有“大脚现象”，极个别有“小脚现象”，M_9有“大脚现象”，MM_{106}和M_7有“小脚现象”，而 SH 系无“大小脚现象”。（表3-20）

表3-20　主要矮化砧木嫁接亲和性调查（威海）

树龄	砧穗组合	亲和性	接口裂皮或折断株率（%）	"大脚"株率（%）	"小脚"株率（%）
3～5	富士 /M_{26}	良好	0.00	100.0	—
	富士 /SH	良好	0.00	0.0	—
6～10	富士 /M_{26}	良好	0.00	0.0	0.0
15～20	富士 /M_{26}	良好	0.00	100.0	—
>20	富士 /M_{26}	良好	0.00	100	—
>20	富士 /M_9	良好	0.00	100	—
>20	富士 /MM_{106}	良好	0.00	—	100.0
>20	富士 /M_7	良好	0.00	—	100.0

四、主要矮化砧木固地性评价

M_{26}和SH系幼树倾斜株率为0，盛果期M_{26}倾斜株率在93.3%以上，MM_{106}倾斜株率为40.0%，M_7倾斜株率为20.0%。实地调查发现，M_{26}生根较好，但根蘖较少，根系较脆，大龄树存在树体倾斜现象；M_9生根较难，根较脆、易折断，须根较多，但分布较浅，固地性差；MM_{106}根系较发达，固地性好；M_7易生根，根系好，根成熟早，固地性好；SH系在山东省栽培面积少，固地性好，调查没有发现树体倾斜现象。（表3-21）

表3-21　矮化砧木的固地性（威海）

树龄	砧穗组合	调查株数（株）	倾斜株率（%）
3～5	富士 /M_{26}	50	0.0
	富士 /SH	50	0.0
6～10	富士 /M_{26}	50	0.0
15～20	富士 /M_{26}	150	93.3
>20	富士 /M_9	50	60.0
>20	富士 /MM_{106}	50	40.0
>20	富士 /M_7	50	20.0

五、主要矮化砧木抗病性评价

粗皮病调查结果如表3-22所示，M_{26}中间砧苹果树在幼树期就开始有粗皮病，随树龄增加病情加重。幼树期SH系的粗皮病指数低于M_{26}；盛果期M_{26}、M_9、MM_{106}和M_7的粗皮病指数近同，说明M系砧木的抗病性无太大差异。（表3-22）

表3-22 矮化砧木粗皮病指数（威海）

树龄（年）	土壤类型	砧穗组合	调查株数（株）	粗皮病指数（%）
3～5	沙壤土	富士/M_{26}	50	22.0
	壤土	富士/SH	50	4.5
6～10	沙壤土	富士/M_{26}	50	25.7
15～20	沙土	富士/M_{26}	150	61.2
>20	壤土	富士/M_{26}	50	79.0
>20	壤土	富士/M_9	50	78.0
>20	壤土	富士/MM_{106}	50	78.0
>20	壤土	富士/M_7	50	79

七、主要矮化砧木综合评价意见

1. M_{26}

（1）矮化作用明显，以M_{26}作中间砧的苹果树生长稳定健壮，成龄大树平均树高和干周仅相当于乔砧树的81.19%和70.38%。

（2）早实丰产性强，一般比乔砧树早结果2～4年，3年生树平均坐果株率76.27%，第4年折合亩产808.59 kg。

（3）高产稳产性强，盛果期大树亩产4 707.77 kg，比乔砧树产量高13%以上。

（4）果实品质优，着色指数和果面光洁度指数分别比乔砧红富士提高10%以上，可溶性固形物含量提高1%～2%。

（5）经济寿命长，盛果期年限可达整个生命周期的70%以上。

（6）与红富士、嘎拉、金帅、元帅等主栽品种嫁接亲和力好，适应性和抗逆性较强。

（7）对枝干粗皮病比较敏感，能短时间耐-17.8℃的低温。在聊城市曾发生过低温冻害，在东营、滨州容易发生越冬抽条，个别年份发生枝干冻害。

(8)固地性较差，无支柱支撑容易歪斜。

2. M_9

(1)矮化作用极显著，是乔砧树的70%左右，树势稳定。

(2)与红富士、嘎拉、金帅、元帅等主栽品种嫁接亲和力较好。

(3)早实丰产性强，前期产量高。

(4)果实品质优，但树势容易衰弱。

(5)固地性较差，树冠易歪斜。

(6)盛果期年限较短。

(7)抗寒性较差，仅能耐-6℃的低温。

(8)对土壤适应性较差，适合在高肥水的条件下栽培。

由于栽培区域跨度不够，对M_9还不能得出明确的结论。

MM_{106}、M_7由于试验点数太少，缺乏严格的对照，不足以支撑完整的评价结论，仍需进一步开展实验、研究和生产评价。SH_{38}、SH_{40}栽培年限太短，尚不能给出明确的综合评价意见。

第五节　矮砧栽培区划建议方案

一、主要矮砧类型及利用方式

矮砧类型主要有M_9T_{337}、M_9、M_{26}、MM_{106}、SH系、M_7等。其中，M_9、M_9T_{337}、M_7、MM_{106}用作自根砧，M_{26}、SH系用作中间砧。

二、主要砧穗组合

主要砧穗组合如表3-23所示。

表3-23　山东矮砧苹果主要砧穗组合

品种	矮化中间砧		矮化自根砧
	中间砧	基砧	
富士系、嘎拉系、元帅系、红将军、金冠、王林等	M_{26}、SH系	八棱海棠、平邑甜茶	M_9T337、M_9、M_7、MM_{106}

三、适宜栽培区域

1. 胶东半岛栽培区

胶东半岛栽培区包括烟台、青岛、威海三市全部，日照市区、五莲县以及诸城市的东南部山区。本区大部分为山地、丘陵，土壤多为肥沃的棕壤和土层浅薄的酸性粗骨土。年平均气温11.2～12.3℃；7月份平均气温在26℃以下，极端最高气温低于38℃；1月份平均气温在 −2℃以上，极端最低气温高于 −15℃；≥5℃积温4 056～4 551.6℃，≥10℃积温3 685.2～4 600℃；无霜期180～244天，年日照时数2 186.3～2 818.4 h，年辐射总量507～523 kJ/cm^2；年平均降水量730～950 mm。

2. 鲁中南山区

鲁中南栽培区包括泰安、淄博、枣庄全部，济南、潍坊、临沂大部，济宁、日照少部分。本区平原、丘陵、低山均有，平原土壤主要为潮土、潮褐土、褐土，丘陵及低山地区主要是粗骨土、石质土、棕壤土和褐土。年平均气温12.5～14℃；7月份平均气温25.5～27.0℃，极端最高气温达42.7℃；1月份平均气温 −2.6～−1.4℃，极端最低气温 −22℃左右；≥10℃积温3 990.0～4 760.2℃，是省内积温最高区域之一；无霜期180～242天，年日照时数2 130.3～2 763.4 h，年辐射总量502～523 kJ/cm^2；年平均降水量700～900 mm。

3. 鲁西南冲积平原区

鲁西南栽培区包括菏泽全部，济宁市的嘉祥、梁山以及金乡的一部分。本区除梁山、嘉祥一带有一小部分丘陵外，其他均为黄河冲积平原，土壤以潮土为主。年平均气温13.5～14℃；6～8月份平均气温27℃，极端最高气温达43.7℃；≥30℃的高温天气在80天以上，≥35℃的高温天气也在15天以上；1月份平均气温 −0.9～−2.5℃，极端最低气温 −22.3℃；生长期有效积温4 500～4 600℃；无霜期200～230天；年平均降水量600～750 mm。

4. 鲁西北冲积平原区

本区包括聊城、德州两市全部，滨州市的惠民、滨城、博兴等县（区）的一部分，济南市的商河、济阳以及淄博市的高青县北部。本区为黄河冲积平原，土壤以轻壤、棕壤、沙壤为主。年平均气温12.3～13.4℃；7月份平均气温26～27℃，极端最高气温44.2℃；1月份平均气温 −4.4～−2.2℃，极端最低气温 −27℃；≥10℃积温4 229.9～4 757℃；无霜期190～200天，年辐射总量523 kJ/cm^{2}以上；年平均降水量567.7～637.3 mm，为省内少雨区，尤其是春季降雨少。

5. 鲁北滨海栽培区

本区包括东营区、垦利、沾化、无棣全部，阳信、滨州大部，广饶、博兴东部，寿光、寒亭、昌邑北部。本区主要为滨海缓坡地和浅平洼地，土壤以滨海盐土和盐化潮土为主。年平均气温12.7℃左右；7月份平均气温26.6℃，极端最高气温41.5℃；1月份平均气温 -3.0℃，极端最低气温为 -23.3℃；≥10℃积温4 200℃；无霜期180～205天，年日照时数2 700～28 000 h；年平均降水量550～600 mm。

四、区域化方案

区域化方案如表3-24所示[46]。

表3-24　山东矮砧苹果区域化方案

栽培区域	品种	土壤条件	矮砧利用方式
胶东半岛	富士系、嘎拉系、元帅系、金冠、王林等	好	M_9T337、M_9、M_7、MM_{106}自根砧
		中等	M_{26}、SH系中间砧
鲁中南	富士系、嘎拉系、元帅系、金冠、王林等	好	M_9T337、M_9、M_7、MM_{106}自根砧
		中等	M_{26}、SH系中间砧
鲁西南	富士系、嘎拉系、元帅系、金冠系等	好	M_9T337、M_9、M_7自根砧
		中等	M_{26}中间砧（建议选用短枝型品种）
鲁西北	富士系、嘎拉系、元帅系、金冠系等	好	M_9T337、M_9、M_7、MM_{106}自根砧
		中等	M_{26}中间砧（建议选用短枝型品种）
鲁北	模糊区域，有待进一步研究		

第四章

苹果矮砧苗木培育

第一节　苹果矮化砧根系发育特性

一、矮化砧木的生根特性

苹果植株分地上部和地下部两部分，地下部为苹果的根系，通常由主根、侧根和须根组成。苹果根系按功能可分为两类，一类为具有次生结构的褐色或黄褐色根系，主要行使固定、贮藏和输导功能，在发育过程中有的更新死亡，有的转化为多年生次生根。另一类为具有初生结构的白色根，主要行使吸收、合成功能，在发育过程中部分吸收根死亡，另一部分转化为次生根。

根系在生长介质中的空间造型及分布称为根系构型。由于遗传特性的影响，植物根系在长期的演化进程中，不同的植物生长发育机制不同，根系构型不同。通常根系构型包括根系形态、根系拓扑结构和根系分布。根系形态一般指根的表面几何形态特征以及根系的分级，形态特征包括根长、根直径、根体积、根表面积、根尖数量、根重量、根分支夹角等。根系分级可以按根的直径等级来划分，最常用的有细根（$0<d<2$ mm）、粗根（$d>2$ mm）；也可以按根系的分支顺序划分，有主根、侧根，生长在侧根上的分支根系为一级侧根，生长在一级侧根上的根系为二级侧根，依次类推，还有三级侧根等。

根据主根上侧根数量的分布情况，范伟国等[47]（2007）将苹果实生幼苗根系构型分为八类：A 表示无侧根；B 表示侧根集中分布在主根上部；C 表示侧根集中分布在主根中部和上部；D 表示侧根集中分布在主根中部；E 表示侧根集中分布在主根下部；F 表示侧根集中分布在主根中部和下部；G 表示侧根集中分布在主根两端；H 表示侧根在主根上均匀分布。其中，“集中分布”是指85% 以上的侧根数量分布处；将苹果实生幼苗主根分为三部分，从根颈向下，前1/3为上部、中间1/3为中部、最下1/3为下部。通过不同土壤条件和平邑甜茶、山荆子、八棱海棠、怀来海棠、小金海棠等多种苹果砧木的调查和分析，根据主根和侧根的关系，将根系构型分为5种类型，即“均匀分枝根型”“深远探索根型”“浅层多分枝根型”“分层营养根型”“线性团状根型”。不同类型的根系构型，其根系分布特征也不同。幼苗的根系构型是形成幼树根系构型的基础，而成年树根系构型是在幼树根系构型的基础上发育形成的。

1年生自根砧根型无主根，侧根集中分布于砧木中下部，水平方向分布广而多，根系主要集中在0～30 cm的土层中，水平方向主要分布于距树体0～30 cm处，吸收根、输导根主要集中于0～20 cm。垂直方向主要分布于0～50 cm的土层深度中，吸收根、输导根集中于0～30 cm处，30 cm以下几乎没有输导根。因此，距树体0～30 cm、垂直深度0～40 cm为矮化自根砧苗木土水肥的重点管理区域。

二、矮化砧木根系的发育特点

苹果的根系没有自然休眠期，在一年内只要满足根系生长的条件，可全年不停地生长。春季随土温升高根系开始活动，一年中出现2～3次发根高峰。第一次高峰在萌芽前一周左右至春梢旺长前10天左右出现，这次发根的时间较短，但发根数量较多，主要发生吸收根；第二次高峰是在春梢生长缓慢期至停长期，此时地上部新梢停止生长，当年的养分积累较多，土温适宜，是全年发根最多的时期，延续4个周左右；第三次高峰是在秋梢缓慢生长后至落叶前，是全年发根持续时间最长的时期。生产上在此期前施基肥，有利于增加树体贮藏的养分。盛果期的大树则只有春、秋两次生长高峰[48]。

苹果根系分布受砧木或基砧种类、品种、土壤、地下水位及树体养分状况的影响。如用八棱海棠作基砧，须根发达，山荆子作基砧则细长根多，根较稀疏。苹果的根系生长在7～20℃最适宜，1～7℃和20～30℃时生长减弱；当土温低于0℃或高于30℃时，根就不能生长；长期处于高温（35℃以上）或低温（-12℃）条件下，根系会死亡。土壤相对湿度为田间最大持水量的60%～80%有利于根系生长，低于50%根系生长受阻。土壤空气中的含氧量在10%以上时，根系才能正常活动，15%以上时发生新根，低于5%则根系停长。当土壤中的CO_2含量达到10%时，抑制根系生长。土壤孔隙率达10%以上时，根才能正常生长。土壤肥沃，水、气、热量平衡时，苹果的根系发达。

苹果根系加粗生长只表现在永久性根上，一般在9月上旬有一段显著加粗的时期，约10天。另外，根系与地上部的枝类组成密切相关。当树体中长枝多时，1～5 mm的根多；短枝多时，小于0.5 mm的细根多。同时按功能将新根分成延长根（生长根）和吸收根，前者长而粗壮，生长迅速，主要功能是延长和扩大根系分布范围，也具有一定的吸收能力；

后者细短，密生成网状，发生量大，主要是吸收功能，但不能加粗，寿命15 ~ 25天。

矮化砧木的发育受地上枝条的影响较大，分枝数量直接影响根系的类型和分布。由于表层效应，表层吸收根的发生量远远比深土层多。土壤表层的细根以吸收养分和水分为主，下层细根主要功能是吸收水分。垂直方向上，在10 cm土层以下，2年生矮化自根砧苹果苗木根系整体上呈倒立的金字塔形。在水平方向上，距树体0 ~ 70 cm处，分枝较多的苗木根系，每块土体内的根长、根表面积、根尖数量较多，且垂直方向上的吸收根明显较多；在30 ~ 50 cm处，分枝较少的苗木吸收根已经很少，而分枝多的苗木吸收根根长、吸收根表面积仍然很大。在垂直方向60 ~ 70 cm土层中，虽然分枝较少的苗木根系总量减少，但其根系根长、根尖数量等却大于分枝较多的，说明分枝数量少能促使少部分根系向垂直深处扩展，增加了根系的吸收能力，以保证植株正常生长。因此，在矮化自根砧果园土壤管理过程中，创造最适宜的土壤表层环境，保证一定量的根系稳定存在，对于促进根系功能稳定高效发挥至为重要。同时，如何采取栽培措施促进根系深扎、增加深层根系的量，是栽培者应当考虑的问题。根系的分布深度、广度影响根系占据土壤空间的大小，根系从土壤中吸收水分、养分的能力也受到影响，进而影响树体的生长发育进程以及果树产量的高低。因此，在生产中应该根据根系构型的演化进程，采取相应的栽培措施。如在根骨架建造的关键期，通过深翻改土等措施，改善土壤环境，以促进根系分级、增加细根的量，扩大根系分布空间。同时要采取适当措施，以提高根系活力，提高根系抗性，这是保障矮化自根砧苗木良好生长发育的重要因素。

第二节 苹果矮化自根砧苗木繁育

苹果矮化自根砧苗木是用矮化砧作为根系嫁接的苗木，品种直接嫁接在矮化砧上，直接利用矮化砧木的根系，只嫁接一次，有其自身特有的特点。苹果矮化自根砧苗木保持了母株所具有的优良遗传特性，矮化自根砧苗木的矮化砧大多数是从母株上分离下来的一部分营养器官，在这个过程中没有发生性细胞结合和减数分裂，染色体也未进行重新组合，只是进行简单的有丝分裂，新形成的个体的特性与其来源的植物特性完全一样，仍然保持着母株固有的遗传特性，可以长期保持品种的优良性状，具有矮化砧木所具有的特性。

同时，苹果矮化自根砧苗矮化效果显著，适合密植栽培。苹果矮化自根砧苗木是品种直接嫁接在矮化砧的根系上，其矮化效果不受砧段长度的限制。矮化砧木的特性表现突出，苗木的矮化效应好，矮化效果显著，且苗木的整齐度高。苹果矮化自根砧苗木的砧木利用无性繁殖，因而株间的遗传差异小，苗木的一致性高，建园整齐度高，果个均匀一致。

苹果矮化自根砧苗木主干生长势强，特别适合纺锤形整形，果园容易管理，可获得较高的经济效益。

一、矮化自根砧苗木繁育方法

营养系自根砧砧木繁殖一般采用矮砧母株水平压条法，其好处是砧木苗根壮，繁殖速度快，技术简单，便于推广。压条繁殖方法多用于 M_7、M_9、M_{26}、MM_{106} 等。

1. 矮化砧本压条圃的选择

母本圃应选择背风、向阳、地势平坦、交通方便的地块。脱毒压条圃还应具有良好的隔离条件，距离原有苹果园50 m以上，周围100 m内不能栽植梨树；土地3～4年内没有栽植过苹果苗木，土层深厚，土质肥沃，轻壤或沙壤土，pH在5.5～7.0之间；地下水位不能过高，要求有良好的排水和灌水条件，不宜采用沟灌或漫灌，最好使用喷灌的方式。

在压条圃内将肥料均匀地撒在地表，每亩施入农家肥2 500 kg。为预防砧木苗根部病害，可用五氯硝基苯喷洒，对土壤进行杀菌处理，用量为75～100 g/m^2。全园翻耕30 cm深，耙细、耙平后按1.5 m的行距挖深20 cm的栽植沟。

2. 栽植压条母株

母株要选择根系良好、枝条充实、粗细比较均匀、芽眼饱满的苗木。苗木栽植前要充分浸水，经泥浆浸根后在栽植沟内按照30 cm的株距栽植。苗木与地面呈30°～45°夹角，梢头向北倾斜，垂直深度15 cm，然后填土踏实，连续浇灌两次透水后封土。

要特别注意栽植角度和深度，封土后的栽植沟平面应低于原地平面3～5 cm，目的是使母株苗木压倒培土后仍在原地面以下，以保证在每年秋季分株和春季扒开防寒土时母株苗不暴露在外面，从而减少母株苗和砧木苗的生长量；保证母株上方有3 cm左右的营养土，可以使当年长出的新梢基部黄化，利于生根。母株苗定植后及时覆盖地膜，可提高土温，保持湿度，增加出苗率。

3. 压倒母株苗木

母株苗木成活后，芽开始萌发。第1株苗压倒后，梢头用第2株苗的根部压住，依次类推。为防止母株苗木压倒后中部凸起，用一端带钩的树枝做成卡子，插入土中，将母株苗木压平固定；还可以在母株苗木压倒后，在两棵苗木搭接处（梢头和根部）用0.4 mm的细铁丝把两棵苗捆绑在一起，这样可节省卡子，同时随着母株生长加粗，绑线能起到绞缢作用，阻挡营养物质回输，有利于新梢培土后生根。

母株压倒时，抹去向下生长的芽和最基部的芽，保留向上和向两侧生长的芽，过密的要梳除，使母株上萌发的芽距保持在3～5 cm，新梢长势均匀。

4. 培土繁殖

母株上当年长出的新梢在15 cm左右时，开始第1次培土，时间在5月中下旬，培土厚度10 cm左右，新梢埋入土中的部分要把叶片摘掉。培土宜早进行，以利于早生根。以后随着新梢增长，再进行第2次和第3次培土，每次培土间隔15天左右，最后1次大约在7月中下旬。总培土厚度最低20 cm，少于20 cm时，生根不良。培土要细致周到，混合土要填满新梢的空间，培土后要将压倒的新梢扶直。首次培土后高度不必一致，可根据新梢高度略有起伏。最后一次培土后，垄顶宽度不能小于30 cm，以免由于垄面水分蒸发而造成垄内过干，影响根系生长。

培土使用的混合土配制比例是果园土、腐熟锯末、细沙各占1/3，其中果园土中混入适量腐熟的细土粪。细沙粒度在0.5 mm以下，有较强的持水能力，不能使用含盐量高的海沙。如果全部使用腐熟的锯末，砧木苗生长更好，但要求良好的喷灌条件。

5. 培土后的管理

砧木苗生长期要特别注意保持苗床内的湿度，含水量应为田间最大持水量的0%～80%。除每次培土前都要灌水外，还要根据土壤含水量情况随时灌水。在烟台地区，母株苗培土后30天左右开始生根，这一时期应保持苗床内良好的湿度。培土时根据新梢的长势适度追肥，可根施或叶片追肥。但追肥不宜过多，低氮、高碳水化合物有利于新根的形成，所以控制施氮数量、控制新梢徒长，有利于碳水化合物的积累。7月份追施磷、钾肥，促进苗木木质化；9月中旬以后，注意控制母本圃的供水量，防止新梢徒长，造成砧木苗不充实。苗木病虫害主要是食叶类害虫如金龟子、蚜虫、卷叶虫，以及白粉病等，防治方法与大树相同。

6. 分株

在当年土壤结冻前把苗床上的土扒开，露出母株和其上着生的砧木（已生根的新梢）。将砧木苗从基部剪下，剪口不超过1 cm，并略有倾斜，次年剪口下还会发出3～5个新梢，供培土生根。剪苗时根据母株上发枝的疏密适当留下少量砧木苗，作为下一年的母株，其余的一律剪除。留下的砧木苗在剪苗后覆土防寒，同时压倒在地面，与母株的间距约为10 cm，灌好封冻水，培土越冬。剪下的砧木苗分级后，按照50 cm的长度剪截，每20株一捆，标明砧木名称，埋土贮藏。

7. 压条圃第2年的管理

第2年春季土壤化冻后，扒开母株上的防寒土，但不要让母株露出地面，母株上盖有约3 cm厚的混合土，温度上升后剪口下基部芽痕处萌发出数量不等的新枝。结合第2年的第1次培土，在母株两侧撒施基肥，以保证母株和新砧木苗木良好生长。

从压埋的第2年起，母株苗木上萌发的新梢数量明显增加，应适当疏除细小过密的新梢，保证砧木苗的质量。每年秋季分株，要尽量压低剪取砧木苗的剪口高度，避免因剪口高苗床增高过快，从而增加埋土的用量。

二、矮化自根砧苗扦插繁育技术

扦插繁殖适用于圆叶海棠、烟砧二号等易扦插繁殖的自根砧苗木，该方法育苗生根率高、生产成本低。

1. 插条收集与选择

一般来说，从落叶到次年春季均可采集插条。但为防止枝条发生冻害，一般需落叶后封冻前从采穗圃采下进行贮存。落叶后，选择生长健壮、芽眼饱满、充分成熟、色泽正常的当年生枝条，进行剪截、打捆，每捆20根，不要打乱极性，且每根枝条的芽体朝向相同，下端可剪成楔形。

对于砧木来说，贮藏的过程就是自然催根的过程。贮藏是生根的必要条件之一，进行沙藏或保鲜库贮藏就是进行自然催根。将砧木进行沙藏时，选择一个便于看护、背阴不存水的地方挖贮藏沟，并使该贮藏沟的温度与湿度保持稳定，温度为0～7℃，沙的湿度以手握成团而不滴水为宜。在贮藏沟底部铺10～20 cm厚的细河沙，砧木放好后再铺一层5～10 cm厚的细河沙，其上再盖上湿土。砧木单层或双层、极性相同且生根面朝上放置，这是因为3月份以后的温度上面要高于下面，贮藏的过程就是自然催根的过程。采用保鲜库贮藏时，保鲜库温度为0.5～1℃，湿度为0.96 RH。

2. 整地与施肥

扦插地应平坦，能随时灌溉且排水良好；扦插前施足腐熟的基肥，实行垄面覆膜作业。垄宽50 cm、高25 cm，畦面宽160 cm，将畦面压平后灌足底墒水。在畦面上距垄10 cm处，以20–40–20–40–20 cm的窄宽行铺3行地膜，优先选用黑色地膜，压膜后保证膜面宽30 cm。覆黑地膜的主要作用是提温与保湿，使生根先于发芽。覆膜可以增加地温，确保根部温度高于接穗的温度；同时，具有良好的保湿作用，这样一来，地上、地下创造其良好生长发育的环境条件。

3. 扦插

扦插前剪截接穗，下切面直径在0.8 cm以上的，每段10 cm；直径为0.5～0.8 cm的，每段12 cm；直径为0.2～0.5 cm，在材料充足的情况下，要适当增加长度，每段15 cm。在距上芽1 cm左右处平剪，下切口剪成单面马蹄形。插穗上剪口封蜡或涂抹愈合剂，以降低扦插后水分的蒸发，利于生根。

在扦插枝条较多的情况下，采集好的种条在整条吸足水分后，依据粗度剪成插段，基部速蘸高浓度吲哚丁酸或萘乙酸；在枝条数量较少的情况下，用低浓度吲哚丁酸或萘乙酸浸插段基部，吸水和激素处理同时进行，待水分上升至上截面后，即可进行扦插。

露地扦插于3月下旬至4月初进行，用比插穗稍粗一点的硬竹竿在地膜上扎深8～10 cm的孔，放入插穗。要求插穗露出地面2 cm，保证有1～2个芽露出地面；每膜插孔2行，行距20 cm，孔间距15 cm，每亩插穗数量为1.2万～1.5万个。地膜上要撒些细土，扦插完后进行小水浇灌，使细土封盖插孔缝隙。扦插后1个月内忌大水漫灌，使含水量保持在田间最大持水量的60%～80%。注意防治立枯病和蚜虫。

4. 苗木出圃

秋季苗木生长停止并开始落叶时，即可进行苗木起苗出圃。起苗前若土壤过于干燥，应充分灌水，以免起苗时损伤须根，待土壤稍疏松后即可起苗。挖出的苗木要尽量减少风吹时间，及时根据苗木的大小、质量好坏进行分级。良种苗木应具有一定高度和粗度，枝条健壮，芽体饱满、充实；根系发达，须根多，断根少，无严重的病虫害及机械损伤。

三、矮化自根砧成品苗木嫁接繁育技术

该法适用于压条生根、组培快繁和扦插生根的营养系自根砧苗木繁育。

1. 成品苗木繁育圃建设

对苗圃用地进行翻耕、消毒、整地和施肥，秋后翻耕深度为30～40 cm，施优质腐熟的土粪45 m^3/hm^2和磷肥1 500 kg/hm^2。病虫害多发区进行土壤消毒，预防立枯病、根腐病和金针虫、蛴螬等病虫害。早春干旱少雨地区，整好地后灌水一次，保证成活率。春季可单畦双行栽植，株距25～30 cm，行距50～60 cm。

2. 采集接穗

嫁接前主要做好接穗与砧木的准备工作，选用生长健壮、饱满充实的品种枝条作接穗。从品种母本园的母树上采集生长健壮、芽体饱满、无病虫害的1年生枝作为接穗，可在休眠期或生长季采集。在休眠期采集的接穗，采后放入冷库中贮藏或蜡封保存。在冷库内贮藏时，将接穗下半部埋在湿沙中，上半部露在外面，捆与捆之间用湿沙隔离，保持库内温度 <4℃，湿度 >90%。贮藏期间经常检查沙子的湿度和库内的温度，防止接穗发热霉

烂或失水风干。无冷库时，于土壤封冻前在冷凉干燥的背阴处挖贮藏沟，沟深80 cm、宽100 cm，长度依接穗多少而定。先在沟内铺2～3 cm厚的干净河沙，将接穗倾斜摆放在沟内，然后填充河沙至接穗全部埋没，沟面覆盖防雨材料。

3. 成品苗木嫁接技术

在矮化砧木上嫁接苹果品种，常采用春季枝接法和芽接法[49]。

(1)枝接方法：

①单芽切腹接。单芽切腹接具有嫁接速度快、所需设备简单以及存活率高等优点，是我国目前春季嫁接的一种主要方式。在进行单芽切腹接时，应当先在矮化砧木离地面15 cm处平茬，用果枝剪在平茬处斜剪一个长2～3 cm的切口。接穗留1个芽，将两面削成长2～3 cm的斜面，保证有芽的一侧稍厚，无芽一侧稍薄。在切口中插入削好的接穗，保证接穗较薄的一面朝内，较厚的一面朝外，同时保证接穗的形成层和砧木对齐，并包扎严密，防止透水和透气。芽眼处只需包扎一层厚度为0.004 mm的薄膜。

②切接。切接具有苗木嫁接后生长速度快和愈合良好的优点，同时也有嫁接速度慢的缺点。切接技术对嫁接砧木的要求相对较高，只能在嫁接砧木较粗的情况下使用。在进行切接时，应当将接穗削成2～3 cm和1 cm左右的两个长短削面，同时接穗有2～3个芽。切接的平茬同样是在砧木离地面15 cm处，在木质部向下切一道长3～4 cm的直切口，按照长削面朝内、短削面朝外的方式在切口中插入接穗，并和形成层对齐，同时用塑料薄膜包扎好。

(2)芽接方法：通常8月上旬至9月上旬进行，此时接穗、砧木的皮层最易剥离，易成活，接得也快。接得过早，芽生长不充实，当年萌发，冬季易冻死；接得过晚，生长迟缓，剥不开皮，接穗和砧木不易愈合，成活率低。用双刃芽接刀先在芽上方2 cm左右处向芽下方斜削一刀，再在芽下方1 cm左右处斜切（呈30°角）到第一刀口的底部。芽片长2.5～3.0 cm，厚度不超过接穗粗度的1/2。砧木接口削法和枝接法相同，但削面应比芽稍长，深度不能超过砧木粗度的1/3，然后快速镶入绑缚或用接蜡处理。

嫁接组合苗按在苗圃内生长时间长短分为三种：1年生苗，8～9月在新梢下部光滑处芽接苹果品种，接芽当年不萌发（称为芽接半成品苗）；第2年春天从接芽上部剪砧，接芽萌发，经圃内整形，年末出圃。9个月苗（春季枝接半成品苗），4月将室内枝接好的苹果苗定植在苗圃内，经圃内整形，当年出圃。2年生苗，4月将嫁接好的苹果苗（春季枝接半成品苗或芽接半成品苗）按株行距30 cm×90 cm定植在苗圃内，保留接穗一个芽萌发生长，可长至1.5 m左右，年内不出圃；第2年早春在距地面60 cm处短截，保留剪口第1个芽生长，经圃内整形，年末出圃。苗木在苗圃定植后每株苗旁插一根立杆，将嫁接苗抽生的新梢分次绑缚于立杆上，进行常规肥水管理和病虫害防治，保证苗木正常生长，达到矮砧苹果苗的规格和质量，这是决定结果早晚和建园效果的关键。

4. 嫁接苗管理

(1) 检查成活情况，解绑和补接：秋季嫁接伤口愈合较快，接后10天左右即可检查成活情况。接芽新鲜，芽片上的叶柄用手一触即落，说明接芽已经成活；而芽片干缩、叶柄干枯，则未成活，需要立即进行补接。接芽成活后即可解绑，解绑过早会影响接芽成活，解绑过晚会影响接芽生长和苗体加粗。

(2) 剪砧和除萌：第2年春季在接芽开始萌发前剪砧。剪砧时用锐利的果枝剪刃面在接芽上方0.5 cm左右处剪截，并向接芽对面稍微倾斜。剪口不能离接芽太近，更不能伤及接芽，注意防止劈裂，以免影响接芽成活。剪砧后，随时去除砧木基部的萌蘖，以防影响苗木生长。

(3) 土肥水管理：矮化苹果苗木繁育的一个重要环节是加大肥水使用量。在整地施基肥的基础上，生长期应及时进行追肥和叶面喷肥。前期追肥以氮肥为主，后期需增加磷肥。全年灌水4次以上，在嫁接苗速长期，结合灌水追施氮肥，施肥量根据苗木生长状况而定，一般施尿素或磷酸二铵120～150 kg/hm^2。“立秋”后停用氮肥并控水，以防徒长。结合病虫害防治进行2～3次叶面喷肥（0.3%～0.5%磷酸二氢钾溶液），及时中耕除草和防治病虫害。

5. 培养分枝大苗

选用生长一致的壮苗，按行距0.3 m、株距0.9 m栽植，栽植后0.6 m定干。发芽后保持第1个芽直立生长，在整个生长季随时除掉其他萌芽，使0.6 m短截处以下保持光滑。矮化自根砧苗所有侧枝都出自当年直立的新梢，第1个侧枝距地面0.8～0.9 m，即剪口芽新梢生长至20 cm时，抽生第1个二次梢。一级苗要保证至少有7个长度超过30 cm的侧枝，通常10个左右。这样的苗木在果园定植后的2～3年基本不用修剪，几乎所有的侧枝都可用于结果。培养带分枝大苗的关键是如何在当年生新梢上促发二次梢，以形成足够的侧枝。目前促发二次梢主要靠喷布6-BA，在剪口芽抽生的新梢长至15～20 cm时开始喷，浓度为500 mg/kg，加少许展着剂。展着剂要适量，不加或太少，药液不能附着到带毛的幼叶上，太多则有可能灼伤幼叶。每周1次，连喷4～6次。在生长季对促发的二次新梢要随时注意开张角度，以控制侧枝的生长粗度，促进部分侧枝当年成花。最终形成3年生根系、2年生主干、1年生中心干上着生6～12个二次侧枝的矮化自根砧苹果苗木，即可出圃。

第三节　苹果矮化中间砧苗木繁育

矮化中间砧苗木是在基砧上嫁接矮化砧木接穗，再在矮化砧木上嫁接栽培品种。目前，苹果中间砧苗木的基砧有两种，一种是种子实生根系，如八棱海棠、平邑甜茶、山丁子等；另一种是营养系砧木，如圆叶海棠等。从生产发展趋势来看，后者更有前途，因为营养繁殖个体之间的差异相对一致，早果性好。常规的生产程序为：当基砧种子播种（实生根系）、枝条扦插或压条，长到一定高度和粗度后，在其上嫁接矮化砧木；等矮化砧木长到一定高度与粗度后，再在其上嫁接栽培品种。两次嫁接均要田间完成，繁育出成苗需3年左右。

一、实生基砧苗木繁育技术

1. 实生苗圃地选择

苗圃地要无检疫病虫害和环境污染，交通便利，背风向阳，排水良好，地下水位在1.5 m以下，有灌溉条件，土层深厚，土壤肥沃，土质以沙壤土、壤土或轻黏土为宜，土壤pH 5.0～7.8，3年内未繁育果树苗木。

2. 实生砧木的选择

宜选择生长健壮、根系发达，嫁接亲和力、适应性和抗逆性强，有利于丰产、优质的基砧砧木。在山东省烟台地区应用的实生砧木主要有八棱海棠、平邑甜茶、烟台沙果（福山小海棠）等。

（1）八棱海棠：生产上使用的八棱海棠产于河北省怀来、涿鹿、蔚县和怀安一带，因怀来县栽培面积大，又称为怀来海棠。八棱海棠为小乔木，树性强，各地广泛应用；果实近似圆形，有明显的五条棱或不规则的纵横，横径2.5 cm，纵径2.6 cm，单果重12.5 g，脱萼或少数宿存；果实底色黄，完全成熟时鲜红色；果实采收时间在9月下旬至10月上旬，出种率0.8%。

八棱海棠发芽率高，幼苗根系发达，须根较多。苗体强健，抗寒、抗旱、抗涝、耐盐碱、抗病虫、抗老化、耐瘠薄、耐水湿，适宜各种土质；与苹果或矮化砧嫁接亲和力强，对苹果绵蚜和根癌肿病有相当的抵抗能力；适应性广，平地、山坡、丘陵、沙荒地都能栽植以八棱海棠种为根系的苹果苗木。

（2）平邑甜茶：平邑甜茶是湖北海棠中的一个优良的大叶类型，为天然三倍体，51条染色体，具有很强的无融合生殖能力。种子的形成不需要雄配子参与，而由珠心壁细胞形成的胚发育而成，实生后代遗传组成一致，能够保持母本性状。湖北海棠有许多类型，有些杂合体在育苗时，可能造成嫁接口愈合不良，后期树体嫁接部位断裂，生产中一定要注意。

平邑甜茶耐阴，抗涝性特强，抗旱性一般，对白粉病、白绢病、褐斑病及苹果绵蚜具有天然抗性；实生苗根系发达，颈部粗壮、平滑；嫁接苹果亲和力强，结合部位愈合良好，没有“大小脚现象”；嫁接树生长健壮，结果早，耐瘠薄，抗逆性强，单株产量高，品质好。

(3)烟台沙果：烟台沙果主产于牟平、龙口和青岛等地，是胶东地区主要的苹果砧木。果实淡黄色，阳面微红，卵圆形，单果重4.8 g，果柄长为果实的1.5倍；存萼，有5个瘤状突起。果实8月上中旬成熟，出种率0.94%；种子褐色，千粒重17.0 g。砧苗嫩叶黄褐色，生长粗壮，须根较多，播种当年即可达到嫁接标准；抗旱，抗涝，耐盐能力强，嫁接苹果品种有一定矮化作用。

3. 实生砧木种子采集、贮存与层积

(1)种子采集：种子质量对出苗率、苗木整齐度和长势有很大影响，采集的种子要求无病虫害、纯正、充分成熟、籽粒饱满。采集时要选择品种纯正、生长健壮、无病虫害的单株作为采种母树，在种子充分成熟时采收，选择较大的果实。

果实采收后堆在阴凉处，经常翻动，防止发热，以免影响种子发芽率。待果肉松软后，把果实搓破，用清水充分淘洗，冲净果肉、黏液、果皮，清除杂质。种子洗净后，放在阴凉、通风处晾干，然后进行精选，装进布袋内放在冷凉、干燥处保存。一般1 kg八棱海棠种子需鲜果50 ~ 80 kg，5万~ 6万粒 /kg。

(2)种子贮存：砧木种子宜在0 ~ 5℃、相对湿度50% ~ 70% 的条件下贮存。海棠种子含水量13% ~ 16%，贮存时注意通气，防虫、防鼠害。

贮种注意事项：①不用塑料袋装种子。种子在冬季贮存期间虽然处于休眠状态，但呼吸尚未停止，用塑料袋装种子会妨碍种子堆内的空气与外界空气交换，影响种子呼吸，甚至使种子发霉变质。②不能被烟气熏蒸。种子长期被烟气熏蒸，不仅会影响出苗率，而且易发病。种子不能贮存在烟火较大的房间。③不要忽冷忽热。贮存在外面的种子，天气大冻后就不能再转入暖屋中；在暖室中存放的种子，天气大冻后就不要再拿到室外，否则会降低种子发芽率。④不要让种子接触地面。无论是用麻袋、布袋还是其他容器存放种子，都不能直接放在地面上，要用石头或木板高高垫起（离地面50 cm），少量种子可以用布袋装好吊在房梁上。露天存放的种子要盖好，不能让雨雪淋湿，以防受潮。⑤不能与农

药、化肥共同贮存。有些农药、化肥有挥发性，如果和种子贮存在一室，会使种子受伤害而降低发芽率。

（3）基砧种子层积处理：不同的基砧类型，种子需要不同的层积时间，常用砧木种子适宜的层积时间如表4-1所示。12月中旬，先把砧木种子用清水冲洗浸泡，将绒毛、杂质与秕种漂除，选留饱满成熟的种子；将浸泡选纯的种子与湿沙混合，混合前先把沙子用清水洗净，并用0.5%多菌灵消毒，湿度以手攥成团、松手即散为宜，种、沙比例为1∶1，并充分搅拌均匀。将混沙的种子放入透气的容器或木箱中，并置于室外阴凉处越冬，使种子和沙子完全冻实，或是装箱后浅埋在阴凉处地下，使种子和沙子完全冻实。种子量大时，选择背阴、干燥、不易积水的地块，挖深30 cm、宽25 cm的地沟，先在沟底铺一层净沙，然后将混合好的种子均匀平铺在净沙上，最上层再盖一层湿沙即可。翌年3月，解冻后的种子会自然发芽，发芽后将经过沙藏处理的种子取出，可连同沙子一起按种子含量计算播种亩数。层积期要注意检查，防止霉烂变质和鼠害。（表4-1）

表4-1　常用砧木种子适宜层积时间及播种量

砧木种类	适宜层积时间（天）	直播育苗法播种量（kg/hm^2）
八棱海棠	40～60	22.5～30
平邑甜茶	30～50	15～22.5
烟台沙果	60～80	15～22.5
山荆子	30～50	15～22.5

4. 砧木种子播种

春播在春天土壤解冻后即可进行催芽播种，一般在每年的3月中下旬进行，可采用直播法或育苗移栽法。

（1）直播法：播种方式可选用宽行行距50～60 cm、窄行行距20～25 cm的宽窄行双行条播或行距40～50 cm的单行条播。播种前，苗圃地深翻40～50 cm，施足底肥，整平做畦，畦内开沟并适量灌水。待水下渗后播种，耙平，覆盖地膜增温保湿。当气温达到20℃时，要注意揭膜透风；当气温达到25℃时，将薄膜全部撤除。当幼苗长出2～3片真叶时，需进行间苗和移植。间苗一般坚持留壮、留齐的原则，株距大约15 cm为宜，保持每亩1.5万株苗左右。苗稀的地方从苗密的地方结合间苗进行移栽，尽量使根系多带土，随栽随浇水，以利于成活。当年秋季根系旺盛生长前或第 2 年春天断根。

（2）育苗移栽法：播种方法同直播法。幼苗长到2～3片真叶时，按株距3 cm左右间苗。幼苗长到5～7片真叶时移栽。移栽前2～3天，苗床灌足水，带土移栽，按株距12～15 cm、行距50～60 cm移栽于苗圃中。

5. 砧木苗管理

(1) 土肥水管理：苗高15 ~ 20 cm时即可浇水施肥，采用漫灌方法浇水，每亩施尿素10 kg左右，6、7月份再各施一次尿素，用量各为每亩15 kg。每次施肥后必须立即灌水，其间需要及时抹除侧芽，以减少养分消耗。苗木生长旺盛期，根据土壤水分状况，及时灌水和中耕除草。

(2) 病虫害防治：苗期注意防治病虫害，主要病害是立枯病，可用0.1%甲基托布津溶液喷雾或根部浇灌多菌灵、0.2% ~ 0.3%硫酸亚铁溶液。海棠苗易发生叶螨和蚜虫危害，可喷施15%螨死净2 000倍液防治叶螨，喷施10%吡虫啉5 000倍液防治蚜虫。如果发生白粉病，可用20%粉锈宁2 000倍液进行防治。砧木苗生长后期，结合根外追肥，每隔15天喷施一次多菌灵溶液，防治早期落叶病。

二、矮化中间砧苗木繁育技术

该法适用于M_{26}、SH系、辽砧系列等矮化中间砧苗木繁育。

1. 矮化中间砧嫁接

矮化中间砧砧木嫁接在实生海棠基砧上，春季播种海棠砧木种子。8月底至9月中上旬，选取与砧木粗度相近的矮化中间砧接穗，采用丁字形芽接或带木质部芽接的方法嫁接苗木。嫁接高度离地面10 cm左右，嫁接时注意不要损伤嫁接口下部的叶片。或当年不嫁接，翌年春进行单芽腹接。第2年春季萌芽前在接芽上方1 cm处剪砧，及时解绑、除萌、中耕除草，加强肥水管理和病虫害防治，促进矮化中间砧苗木生长。可单畦双行栽植，株距25 ~ 30 cm，行距50 ~ 60 cm，每亩栽植苗量控制在5 000 ~ 6 000株。

2. 嫁接品种接穗

8月底至9月上旬，在矮化中间砧长度20 ~ 25 cm处嫁接品种接穗。选取与嫁接部位粗度相近的品种接穗，采用芽接法嫁接。翌年春季萌芽前在品种接芽上方1 cm处剪砧，解绑。生长季节及时除掉矮化中间砧部分的萌蘖，并注意中耕除草，加强肥水管理和病虫害防治，促进苗木生长。

嫁接后7 ~ 10天检查成活情况，未成活的及时补接。春季芽接苗于嫁接成活后及时剪砧，新梢长至20 ~ 30 cm长时逐渐松绑，多风地区应绑缚支棍，以防风劈，及时抹除砧木上的萌芽和萌梢。秋接苗翌年春萌芽前在接芽上方0.5 cm处剪砧，剪口斜向芽对面，并涂伤口保护剂，以利于愈合。剪砧后随时除萌，注意松土、除草、追肥和灌水。

当新梢长至10 cm以上时，开始进行叶面追肥，一般每10天左右喷一次0.3%的尿素溶液。在生长旺季每10～15天喷一次40×10^{-6}的赤霉素溶液，以促进苗木生长。当苗木长至30 cm左右时，可施第一遍地下肥，每亩施尿素10 kg；6月份再施一次地下肥，一般每亩施尿素15 kg，每次施肥后必须立即灌水。在7～8月喷3次0.3%的磷酸二氢钾叶面肥，促进苗木生长和组织充实，增加后期苗木的木质化程度。结合圃地墒情进行排水与灌水，并注意及时中耕除草。在生长季节，苗木易发生叶螨和蚜虫危害，可喷施15%螨死净2 000倍液防治叶螨，喷施10%吡虫啉5 000倍液防治蚜虫。如果发生白粉病，可用20%粉锈宁2 000倍液进行防治。

3. 苗木圃内整形技术

在苗木繁育圃内，矮化中间砧苗木在嫁接品种的第2年，新梢可长到1.5～2.0 m，但还不能出圃。第2年春，将该苗于80～90 cm处剪截，具体高度可根据用户的要求而定，短截处直径应达到1 cm。

发芽后保持第1个芽直立生长，在整个生长季随时除掉其他萌芽，使80 cm短截处以下保持光滑。所有侧枝都是二次枝，出自当年直立的新梢，第1个侧枝距地面0.9～1.0 m，即剪口芽新梢生长至20 cm时，抽生第1个二次梢。一级苗要保证至少有7个长度超过30 cm的侧枝，通常10个左右。这样的苗木在果园定植后的2～3年基本不用修剪，几乎所有的侧枝都可用于结果。圃内整形的关键是如何在当年生新梢上促发二次梢，以形成足够的侧枝。目前，促发二次梢的方式主要有剪除幼叶和喷施普洛马林等。

（1）剪除幼叶法：当剪口第1个芽生长至15～20 cm时，掐掉或剪除新梢顶端尚未完全展开的幼叶上半部分。具体做法是左手拇指和食指捏住新梢顶端，使母指甲盖略高于新梢生长点，露出顶端幼叶的上半部分，同时用右手拇指甲掐掉或用小剪刀剪除部分幼叶，保证不伤及新梢生长点。这样可以部分解除新梢顶端对侧芽的抑制，使侧芽很快萌发成二次梢。照此方法一周一次，如果新梢生长很快，也可3～5天一次，连做4～6次。

（2）喷施普洛马林：普洛马林含50%的GA_{4+7}和50%的6–BA，可以促进新梢侧芽萌发。一般新梢生长至15～20 cm时喷布一次，结合剪除幼叶使用。普洛马林使用浓度为2.5%～5%，用手持喷雾器着重喷新梢顶部，直到顶部湿匀有液滴滴下为止。

在生长季对促发的二次新梢要随时注意开张角度，以控制侧枝的生长粗度，促进部分侧枝当年成花。矮化中间砧苗木最终形成4年生基砧、3年生中间砧主干、2年生品种主干、1年生品种中心干，并着生6～12个二次侧枝的苹果苗木。

三、矮化中间砧苗木标准

选用品种纯正、砧木类型正确、根系大而完整、枝干粗壮充实、芽眼饱满，无明显冻害、病虫伤、机械损伤和检疫对象的2年生或3年生优质壮苗。

1. 品种纯正

根据植物学特征检验品种，苗木的品种纯度应 >95%。

2. 砧木类型

砧木（基砧、中间砧）类型除根据植物学特征检验，即砧木纯度 >95% 外，还应注意基砧、中间砧的长度。基砧长度5～10 cm，同批苗木个体间差异在 ±1 cm之间。矮化中间砧长度20～25 cm，同一批苗木变幅不超过 ±1 cm。对于中间砧苗木来说，更应当尽量限制基砧的高度，因为这涉及栽植方式的问题。如果过高，栽植过深，影响生长。对于中间砧的长度，也要强调群体苗木的砧段长度必须一致，个体间差异在 ±1 cm之间。

3. 根系完整

不同的砧木类型，其根系发育程度是不同的。实生基砧必须通过移栽措施才能获得相对多的侧根，否则只有发达的主根。同龄中间砧苗木的基砧根系比相应其他苗木的根系要小，这可能是因为地上两次嫁接对根系的抑制作用明显加大。

4. 枝芽饱满

苗木根颈至嫁接品种茎先端芽的距离150 cm以上，品种嫁接口以上5 cm处的直径1.5 cm以上。苗木60 cm以上部分芽眼饱满，无损伤枝段的长度长于60 cm。

5. 无病虫害

无苹果绵蚜、苹果蠹蛾和美国白蛾检疫对象。

第四节　苹果无病毒矮砧苗木繁育体系

无病毒母本园包括无病毒苹果品种采穗圃、无病毒砧木采种园、无病毒无性系砧木压条圃和矮化砧木采穗圃。繁殖圃所用的种子、无性系砧木繁殖材料和接穗，都必须来自无病毒母本园，不允许从苗木上或生产园中采接穗繁育苗木。利用脱毒、矮化砧、大苗建园，已是世界上普遍采用而取得巨大成功的生产模式。20世纪70年代以来，世界果树生产发生了一个显著的变革，就是大力推行和普及无病毒栽培，并取得了巨大的经济和社会效益。据报道，用普通苗木建园，苹果病毒病带毒株率在85%以上，导致树势衰弱，果品产量和质量下降，难以用药剂进行有效防治，终生受害。防治苹果病毒病的根本途径是采用脱毒苗木建园。

1. 苹果品种砧木脱毒培育

(1)热处理脱毒技术：热处理是果树病毒脱除处理中应用最早的方法之一[50]。热处理的原理是根据感染病毒和寄主植物对高温忍耐程度的差异，在一定的温度下（37～40℃），病毒被钝化，失去增殖和再感染能力，而寄主植物正常生长。利用这个差异，选择适当的温度和处理时间，可抑制病毒繁殖，延缓其扩散速度，从而使寄主细胞的生长速度超过病毒扩散速度，在生长点附近得到一小部分不含有病毒的分生组织。切除这部分进行人工培养或嫁接到无病毒的砧木上，即可得到无病毒的苗木。

①脱毒材料准备。4月中旬，从待脱毒品种植株上剪取接穗，采用切接法嫁接在盆栽实生砧苗上，每个品种10～15盆。嫁接成活后，按常规苗在室外进行管理。

②热处理。翌年2月中旬将待脱毒盆栽苗移入温室，从地面以上20 cm处剪截，留3～5个饱满芽。待植株萌动长出幼叶后，移入恒温热处理箱内，将温度控制在28～30℃。盆栽苗长出3～5片新叶时，将温度调至38℃±1℃，进行热处理并开始计算时间。

③嫩梢嫁接。热处理28天后，从抽发的新梢顶端切取1.0～1.5 cm的嫩梢，采用劈接或皮下嫁接法，嫁接在预先准备好的无病毒盆栽实生砧木上，用塑料薄膜包扎，并套上白色透明塑料袋保湿，放在阴凉处。12～15天后取下塑料袋，培养10天后再移入温室内有阳光处，待长出3～5片新叶后移到室外锻炼10～15天，即可移入脱毒网室，按正常苗进行管理。

(2)茎尖培养脱毒技术：[51]茎尖培养不仅对脱除病毒，培育无病毒苗木起到重要作用，而且对优良苗木快速繁殖及工厂化育苗具有重要意义。病毒在植物体内的不同组织和部位分布不均匀，在生长点附近，即茎尖和根尖的分生组织中病毒浓度最低，大部分细胞不带病毒。通过对生长点附近这些微小无病毒分生组织的培养，可获得完整的无病毒植株。但在生长点部位，不含病毒的部分是极小的，一般不超过0.5 mm。自茎尖组织培养技术发展以来，可以切取这种微小的无病毒组织进行离体培养而发育出完整的植株。

①分离培养。从田间大树上切取2～3 cm长的新梢顶尖，用70%酒精浸渍30 s，用0.1%升汞灭菌5 min，无菌水冲洗3～5遍，在解剖镜下剥离幼叶和叶原基。切取0.1～0.2 mm的茎尖，接种到分化培养基上，在25℃±2℃、光照度1 500～2 000 lx、光照10 h/天的条件下培养。每个月换一次培养基，3～4个月后可分化出新芽。

②增殖培养。培养基、培养条件与初代培养相同，每隔30～40天转接一次。增殖试管苗可采用酶联免疫吸附法进行病毒初检，带毒样品去除或进行热处理脱毒。

③诱导生根。从初检不带毒样品上切取长1.5 cm的嫩梢，插入生根培养基中，在25℃下经15～20天即可长出新根。生根率较低的品种，可适当调整生长调节剂的浓度或增加培养代数。

④移栽。栽前将组培生根苗置于强光下，闭瓶锻炼2天（加少量水）。以腐殖土、沙或蛭石为基质，洗净根部黏附的培养基后栽到基质中，浇透水，盖上塑料薄膜保湿遮阴。10天后逐渐通风透光，每周浇一次1/4～1/8 MS营养液促进生长。初春为移栽适期，温度保持在15～25℃。将移栽成活的组培苗移到室外炼苗1～2周。圃地开沟做垄，施入基肥，将苗带土移栽，灌足水。

（3）热处理结合茎尖培养脱毒技术[52]：用热处理钝化病毒和茎尖培养相结合的方法培育无病毒母本苗效果较好，特别是对于一些用单纯的茎尖培养或热处理难以脱除的病毒，采取茎尖培养与热处理相结合的方法可明显提高脱毒效果。热处理与茎尖培养结合脱除病毒的途径主要有两种，一种是用盆栽苗，按如前所述的方法进行热处理，处理结束后立即从经处理的植株上取嫩梢的茎尖进行培养，获得脱病毒植株；另一种方法是用离体培养植株进行热处理，即先取较大的茎尖进行培养，然后对培养成活的离体培养植株进行热处理，在一定温度下处理一定时间后，取茎尖进行再培养，可提高脱毒率30%～40%。

切取热处理过程中长出的新梢顶端0.3～0.5 mm的茎尖进行组织培养，先进行微茎尖组织培养，分化成丛状苗；经过继代扩繁后，在25℃ ± 3℃的培养室内培养4～5天；再在38℃ ± 1℃的光照培养箱中培养4～6周；切取3 mm左右的茎尖进行培养，对分化的每个芽丛分别编号，经培养成苗，准备病毒检测。

2. 苹果良种良砧病毒检测技术

（1）血清学病毒检测技术[53]：

①双抗体夹心ELISA（DAS-ELISA）技术。

a. 包被酶联板：将病毒多克隆抗体（PAB）按一定稀释度（1∶1 000）用包被缓冲液稀释，混合均匀，加入酶联板微孔，每个样加2孔，每孔100 μL。同时设空白对照、阳性对照和阴性对照，用保鲜膜密封酶标板，于37℃孵育2 h（30℃孵育4 h）。

b. 样品与提取缓冲液按1∶10混合，充分研磨后以5 000 r/min离心10 min，取上清液备用。

c. 洗板：取出孵育的酶联板，摔倒去（或回收）包被抗体，每微孔加150 μL洗涤缓冲液（PBST）洗板，洗3次，每次3 min。

d. 结合抗原：洗涤后在酶联板微孔中加入样品粗提液，每微孔100 μL，每个样品加2孔。用保鲜膜将酶联板密封，4℃过夜（或37℃孵育2～3 h）。

e. 洗板：同上步洗板。

f. 加酶标抗体：用PBST按1∶1 000倍稀释酶标抗体（Ap～IgG），每微孔加100 μL，37℃孵育2 h（或4℃过夜）。

g. 洗板：同上步洗板。

h. 加底物：称取3 mg对硝基苯磷酸二钠（PNPP），溶于5 mL底物显色缓冲液，然后每微孔加100 μL，室温下避光放置30 min至2 h，取出观察显色情况。阳性反应呈黄色，阴性无明显颜色反应。

i. 终止反应：充分显色后加25 μL 3M NaOH终止反应。

j. 用BIO ~ RAD公司550型酶标仪测定405 nm波长处的吸光值（OD），待测样品吸光值 / 阴性样品吸光值（P/N）大于等于2，视为阳性。

②蛋白ELISA（PAS–ELISA）技术。

a. 包被A蛋白：用包被缓冲液稀释A蛋白至1 μg/mL（注：1∶1 000稀释度），每孔加100 μL，覆上薄膜，37℃孵育2 h（或4℃过夜）。倒掉孔中液体后，用PBST洗涤3次，每次5 min。

b. 加第一抗血清（PBST稀释）：每孔加入抗血清100 μL，待检病毒多克隆抗血清的工作浓度为1∶1 000（或2 000），37℃孵育2 h（或4℃过夜）。洗涤方法同上。

c. 加样：每孔加入待检样品100 μL，4℃过夜，洗涤方法同上。

d. 加第二抗血清（PBST稀释，工作浓度为1∶1 000）：每孔加入抗血清100 μL，37℃孵育2 h（或4℃过夜），洗涤方法同上。

e. 加碱性磷酸酯酶标记的A蛋白，用PBST稀释，工作浓度为1∶1 000，每孔加入100 μL，37℃孵育2 h，洗涤方法同上。

f. 加底物：4 mg 4 ~ NPP溶于5 mL显色缓冲液。底物需现配现用，每孔加入底物100 μL，室温下避光放置30 ~ 120 min。

g. 终止反应：加入25 μL 3 moL/L的NaOH，终止颜色反应（此步也可不做）。

h. 目测或用酶标仪测定（405 nm）吸光值（OD），待检样品吸光值 / 阴性样品吸光值（P/N）大于等于2时，视为阳性。

（2）RT ~ PCR检测技术[54]：

① RNA提取。采用CTAB法或SDS法。

②反转录合成第一链cDNA。以提取的总RNA为模板，随机引物反转录合成第一链cDNA。在DEPC处理的Eppendorf管中加入12 μL DEPC处理的去离子水，1 μL随机引物，1 μL的模板总RNA，4 μL 5 × 反转录酶反应缓冲液，1 μLRT ~ dNTP混合物（10 mmol/L），0.5 μL Rnasin（40 U/μL），混匀并瞬时离心后于94℃变性5 min；然后迅速置于冰上3 min，最后加入0.5 μL M ~ MLV反转录酶（200 U/μL），轻轻混匀并瞬时离心后置于37℃水浴条件下孵育1 h；94℃水浴3 min，灭活M ~ MLV后立即置于冰中冰浴3 min。RT产物直接进行PCR反应或贮存于 –20℃冰箱备用。各溶液浓度和常用量如表4–2所示。

表4-2　反转录体系

原液	终浓度或含量	用量（μL）
5 × 反转录酶反应缓冲液	1 ×	4.0
模板总 RNA	1 000 ng/μL	1.0
20 μmol/L dNTPs	20 pmol	1.0
40 U/μL RNAase（Rnasin）	1.0 U/μL	0.5
200 U/μL 反转录酶（M ~ MLV）	5 U/μL	0.5
20 μmol/L 随机引物	20 Pmol	1.0
DEPC 处理的去离子水		12.0

③ PCR 扩增。以反转录合成的第一链 cDNA 为模板进行 PCR 扩增，25 μL 反应体系，体系各组分常用量如表4-3所示。

表4-3　PCR 扩增反应体系

原液	终浓度或含量	用量（μL）
10 × Taq DNA 聚合酶缓冲液（含 $MgCl_2$）	1 ×	2.5
100 mmol/L dNTPs	2 mmol/L	0.5
5 U/μL Taq DNA 聚合酶	0.05 U/μL	0.25
10 pmol/μL 同源引物	0.2 pmol	0.5
10 pmol/μL 互补引物	0.2 pmol	0.5
cDNA		2.5
去离子水		18.25
合计		25.0

④ PCR 产物琼脂糖凝胶电泳。扩增结束后，取7 μL PCR 扩增产物与上样缓冲液混匀，用1.0% ~ 1.5% 的琼脂糖凝胶以150 ~ 200 V 电压电泳20 ~ 30 min。在溴化乙啶（EB）染色溶液（10 μg/μL）中染色10 ~ 15 min，后于凝胶成像系统内观察结果。

⑤未检测出病毒的脱毒苗于8月中旬采用指示植物鉴定法进行复检，确认无病毒后作为无病毒原种母本树保存。

3. 良种良砧无病毒母本园和采穗圃建设

（1）选址：①选择近5年内未栽植过果树的地块；②远离常规果树或苗木栽植区（苹果园50 m 以上、梨园100 m 以上）；③土地平整，土壤疏松，有灌溉条件；④交通便利，距离苗圃较近，能满足苗圃生产规模。

（2）规划：①在亩产优质种条1万根的前提下，依据砧木类型和栽植密度的不同，规划不同的区间。②前期必须增施有机肥，每亩不低于2 500 kg，对土壤进行改良。采穗圃一般分两种，一种是栽植群体多，接穗产出早，产量高，不做复检，每5年更新一次；另一种栽植群体少，接穗产出迟，5年复检一次，树体衰弱后才更新。因此，必须保证基肥充足。③绘制出采穗圃各品种类型的数量、分布示意图。

(3)栽植密度：采穗圃的植株一般不需要结果，只需要尽可能多的繁育枝条，因此栽植密度可略大。为提高土地利用率，在建立采穗圃时可适当加大密度栽植，极矮化砧密度最大，株行距为0.4 m×0.6 m，矮化砧为0.6 m×0.8 m，半矮化砧为0.8 m×0.8 m，实生砧木为0.8 m×1.0 m。2～3年后据种苗木的生长情况间伐，最终使砧木采穗圃行距1.6 m或2 m，株距0.6～0.8 m。

(4)栽培管理：采穗圃要每年平茬，保持从基部萌生枝条的能力。早春新栽的种苗，高度不足50 cm，一般不动生长点。种苗生长到一定高度后，去掉生长点，促其萌发侧枝。高度超过50 cm，种苗栽植后1周内要完成平茬工作。2年生以上的采穗圃，平茬和贮备接穗同时进行，早春1～2月即可，不能过晚。3年生以上的植株，在平茬时要疏除基部枝条。一般单株留枝量3～4个，留得过多容易造成枝条密闭，影响接穗芽体健壮生长。

生长季节加强肥水管理，注意中耕锄草及病虫害防治，确保种苗生长健壮、整齐；修剪中要做到工具专管专用，避免交叉使用、重复感染病毒；每五年随机抽样一次，进行潜隐性病毒检测，一旦发现病毒症状，应立即淘汰。母株登记一次有效期为5年。

第五节　苗木检疫检验和出圃质量标准

一、检疫

生长季节，随机抽取繁育圃内苗木新梢的叶片，利用ELISA和RT-PCR技术进行苹果主要病毒病抽样检测。如果检测到有病毒植株存在，需要进一步加大抽检样本，同时上报当地植保植检部门和园艺站，进行苗木病虫害产地检疫检验，经确认无检疫病虫害并取得检疫证后方可出圃。

二、苗木出圃

秋季苗木生长停止并开始落叶时，即可进行苗木起苗出圃。若土壤过于干燥，应充分灌水，以免起苗时损伤须根，待土壤稍疏松后即可起苗。挖出的苗木要尽量减少风吹时间，及时根据苗木的大小、质量好坏进行分级。起苗时，可利用起苗机或小型挖掘机进行起苗，既可减少劳动力用工，提高起苗效率，还可保证苗木根系不受破坏，提高苗木出圃后的栽植成活率。

良种苗木应具有一定高度和粗度，枝条健壮，芽体饱满、充实；根系发达，须根多，断根少，无严重的病虫害及机械损伤；基砧和品种嫁接部分愈合良好，矮化中间砧苗木基砧、矮化中间砧和品种嫁接部分愈合良好。（表4–4）

表4–4　烟台地区苹果优质苗木繁育标准

项目		规格		
		1级	2级	3级
基本要求	品种、砧木纯正；嫁接部位愈合良好，枝干充实，芽体饱满；根系完整舒展，无劈裂；无冻害、病虫伤、机械损伤；无检疫对象			
苗木高度（cm）		≥150	≥130	≥100
苗木粗度（cm）	矮化中间砧苹果苗	≥1.2	≥1	≥0.8
	矮化自根砧苹果苗	≥1.3	≥1.1	≥0.8
苗木分枝	数量（个）	≥6	≥4	
	长度（cm）	≥30	≥15	
砧木类型	实生砧	八棱海棠、平邑甜茶、烟台沙果等		
	矮化砧	M_{26}、M_9、M_9T_{337}、M_7、MM_{106}、SH系列等		
根砧长度（cm）	基砧苗	10～15		
	矮化中间砧苹果苗	8～15		
	矮化自根砧苹果苗	30～35		
矮化中间砧长度（cm）		20～25		
侧根	粗度（cm）	≥0.3	≥0.2	≥0.2
	长度（cm）	>20	>20	>15
	数量（条数）	≥6	≥5	≥4

三、包装和运输

外运苗木要严格按照《植物检疫条例》和《主要水果苗木标准》的有关规定执行。包装运输前用3～5波美度石硫合剂喷洒或者浸泡20～30 min进行消毒、杀虫，之后用清水冲根。

根据苗木规格，每20～50株一捆，根部蘸泥浆保护，包塑料布，用绳捆紧，挂好标牌，标明品种名称、苗木等级及数量、发运地点、发苗单位和收货单位等。

第五章

苹果矮砧集约高效栽培技术

矮砧集约高效栽培模式是世界苹果生产先进国家普遍采用的栽培技术，也是我国现代苹果产业发展的主流方向。2008年以来，山东省主产区新建苹果矮砧集约高效栽培模式园15万 hm^2 左右。与传统栽培模式相比，提早2～3年结果，前期产量提高一倍以上，经济效益提高50%以上。大力推广这一先进技术模式，对于推动我国苹果栽培制度与国际接轨，实现苹果生产由数量效益型向质量效益型转变、由苹果生产大国向生产强国战略性转变，具有重要意义。

第一节　园地选择与规划

一、园地选择

根据苹果矮化砧木抗旱、抗寒、耐瘠薄能力相对较弱，且密植栽培需要土肥水条件相对较好的特点，初步认为苹果矮砧集约高效栽培技术在山东省适宜推广的区域为：胶东半岛、泰沂山区土层较深厚、肥力水平较高、有水浇条件的坡地、梯田，济宁、菏泽、聊城等地下水位较低、排水良好的平原地区。

园地土壤以壤土和沙壤土为宜，土层深度60 cm以上，土壤pH以6.5～7.8为宜，有机质含量在1.5%以上，有灌溉条件，平原区地下水位在1 m以下。山区、丘陵地建园坡度应小于15°，选择背风向阳的南坡，并修筑梯田。重茬地需轮作1～3年后再用作新建园地。

二、园地规划

主要针对大中型果园，包括种植小区的划分、道路及排灌系统的设置、建筑物（管理用房、工具及农资用房、包装场、配药池等）的安排和防护林带的营建等，尤其是道路规划要适应果园机械化管理和果品运输的要求。一般果树占地面积在90%左右，作业道路、排灌系统占3%～4%，防风林占3%～5%，办公室、机房、仓库和分级包装场等占1.5%左右[55]。

1. 种植小区的划分

根据中小型机械的田间操作要求设计种植小区，一般平地5～8 hm^2、丘陵地2～4 hm^2亩作为一个种植小区。平原地小区形状为长方形或正方形，小区的长边尽量与主要风向垂直。坡地长边可沿等高线方向弯曲延伸。

2. 防护林的规划

防护林由高大的乔木和灌木树种组成，大型园地可设主林带和副林带。主林带与当地主导风向垂直或成300°以内的偏角，副林带辅助主林带阻拦由其他方向来的有害风，与主林带垂直。如果园地面积不大，可环园种植防护林，防风效果最好；如果园地有围墙或其他建筑物遮挡，可不设置防护林带。

3. 灌溉系统的规划

矮砧果园要有水源做保证，如果园地附近没有自然水源，可在园内打井，井的位置应在全园最高处。井旁要有蓄水池，以使浇水的水温不至过低。可沿道路旁设置输水渠，以便把蓄水池的水引向各区进行浇灌，也可用塑料管作输水管。有条件的可用喷灌或滴灌设施。

4. 道路系统的规划

园地的道路系统包括主路、干路和支路。大型园地要求主路位置适中，贯穿全园，便于运输产品和肥料。主路宽4～6 m，可通过大型汽车，质量要求与公路相似。干路宽3～4 m，可通过马车、小型汽车及农机耕具等，干路多为小区边界线。支路宽1 m左右，为人行道，可方便果农进行采收、喷药、修剪等作业，园地的支路一般为行间。

三、栽前准备

1. 土壤分析与改良

在定植前一年进行土壤分析，依据结果对土壤pH和有机质含量进行调整。适宜的pH为6.0～6.5，丘陵适宜的有机质含量为0.8%以上，平原地适宜的有机质含量为1.5%以上。

2. 土壤耕翻、起垄

每亩撒施优质土杂肥4 000 kg以上，并进行全园耕翻耙平，沿行向起垄，垄宽80～

100 cm，垄高20～30 cm。

3. 苗木处理

栽植前对苗木的砧木、品种进行审核、登记和标识后，对苗木进行分级，并对劈伤的枝干、嫁接口处的干橛和根系进行修剪，然后将根系放入清水浸泡根系24～48 h，让苗木充分吸足水分，并对根系进行消毒处理，以确保整齐度和成活率。

第二节　品种及砧木选择

一、品种选择

目前，富士仍是山东省苹果生产的主导品种，珊夏、嘎拉、红将军等早、中熟品种为辅助品种。晚熟品种重点推广烟富3号、烟富10号、烟富6号、2001、首富、龙富等富士优系；因地制宜推广烟嘎3号、皇家嘎拉、太平洋嘎拉、金都红嘎拉、红将军、新红星、首红、王林、金帅、红露等中熟品种，珊夏、美国8号等早熟品种。胶东地区重点推广以红富士为主的晚熟品种，适当发展中、早熟品种；鲁中南地区稳定富士面积，适当扩大中、早熟品种；鲁南、鲁西南等地适度扩大早、中熟品种栽培规模。

二、砧木选择

矮砧苹果一般根系较浅，对肥水要求比较严格，加之不同砧木的适应区域不同，矮化砧木选择就显得更加重要。菏泽、济宁、聊城、德州等地区，土壤深厚、肥水条件好，如果选用半矮化砧木M_{26}、MM_{106}等嫁接普通富士，树冠偏大、较难控制，矮化效果较差。这些地区选用M_9作矮化中间砧木嫁接普通型品种，或选用M_{26}作矮化中间砧嫁接短枝型品种（如短枝富士、元帅系短枝型品种）、生长势较为缓和的品种（如嘎拉等），可能是比较适宜的砧穗组合选择，但要设立树体支架，防止树冠偏斜。烟台、威海、青岛、潍坊、日照、临沂、泰安等地（市），土地资源较为紧张，丘陵、山地较多，果园肥水条件一般，宜选用M_7、MM_{106}等作矮化自根砧或选用M_{26}作中间砧木嫁接普通型品种，如烟富3号、新红将军、乔纳金、红嘎拉等。SH系（如SH_1、SH_6、SH_{38}、SH_{40}等）苹果矮化砧木，根系较为发达，抗性和适应性均较强，有可能成为胶东半岛、胶州湾区和泰沂山区的适宜矮化砧木。

第三节　定植建园技术

一、栽植时期及密度

春季土壤解冻后至萌芽前栽植，根据立地条件、品种和砧木类型、管理水平等综合考虑栽植密度。既要保证充分利用土地资源，又要保证树体充分采光，还要为机械化作业提供便利。长势强的品种（富士、乔纳金等）、土质条件较好及平地，采用较大的株行距栽植；长势弱的品种（嘎拉、美国8号、蜜脆等）、土质条件差及坡地，采用较小的株行距栽植。同时，在不同地区，栽植密度要根据当地土壤肥力条件和管理水平具体确定。一般地，山地、丘陵区建园株行距为(1.5～2.0)m×(3.5～4.0)m，每公顷1 245～3 030株；平原地建园株行距为(2.0～2.5)m×(3.5～4.0)m（表5-1）。一般情况下，株行距的比例以1：(2～3)为宜，达到宽行密植栽培。

表5-1　矮砧苹果栽植密度

砧穗组合	山地、丘陵			平原地		
	株距（m）	行距（m）	密度（株/hm^2）	株距（m）	行距（m）	密度（株/hm^2）
矮化中间砧	1.5～2.0	3.5～4.0	1 245～1 890	2.0～2.5	4	1 005～1 245
矮化自根砧	1.0～1.5	3.3～3.5	1 905～3 030	1.5～2.0	3.5～4.0	1 245～1 890

二、授粉树配置

商业化生产的矮砧集约栽培苹果园，应选择花量大、花期长、花粉多、授粉效果好的专用授粉树授粉；规模小的果园可选择适宜的栽培品种作为授粉树。

三、苗木选择

选用大苗建园，苗木高度在1.5 m以上，干径1.0～1.3 cm，在合适部位有6～9个分枝，分枝长度30～50 cm，主根健壮，侧根多，且多数侧根长度不低于20 cm，毛细根发生密集。如果选用品种纯正、根系大而完整、枝干粗壮充实、芽眼饱满的3年生大苗，栽植时期应当延后。有条件的地方，一般在春季土壤解冻后至萌芽前进行，通常将苗木放在冷库或温度较低的地方。如果选用2年生苗木建园，苗高应1.5 m以上，干径1.5 cm以上，在饱满芽处定干。

四、挖穴与定植

平地和8°以下的缓坡地长方形栽植，8°~15°的坡地等高栽植。根据规划的栽植方式和株行距，先标定树行和定植点，再挖定植沟（穴）。株距大于2 m时挖定植穴，小于2 m时挖定植沟，沟（穴）宽度（直径）0.8 m以上，深度0.6 m。挖定植沟（穴）前要进行土壤改良，在增施有机肥的基础上，黏重土压沙，山岭薄地压自然表土或草炭土，酸化土壤压生石灰等。在定植沟（穴）底部填30 cm左右厚的作物秸秆，将挖出的土与足量有机肥、磷钾肥等混匀，回填到沟（穴）中。填至低于地面10 cm左右时灌水沉实，后将表土覆盖。从行间取土起垄，垄宽0.8 m左右，垄高30 cm左右。栽植时，先在定植沟（穴）内挖深、宽50~60 cm的栽植穴，再将苗木放入穴中央，舒展根系，扶正苗木，纵横成行标直，边填土边提苗、踏实，栽植深度以苗木根颈处与垄面相平为宜。

中间砧的埋土深度很关键，过深或过浅都对树体生长发育不利。埋土过深，树势容易返旺，失去矮化作用；埋土过浅，影响树体长势。在山岭地建园，一般要求栽植时矮化中间砧露出地面5 cm左右；在灌溉条件较好、肥沃的土壤上建园，中间砧露出地面10 cm左右。生长势强的品种，在以上基础上可再多露3~5 cm；生长势弱的品种，在以上基础上可再少露3~5 cm。

五、栽后管理技术

1. 浇水

苗木栽植后要确保浇灌3次水，即栽后立即灌水，之后每隔7~10天灌水一次，连灌2次，以后视天气情况浇水促长。7~8月份雨季期间，地势低的果园要注意排涝。

2. 定干

若选用3年生带分枝大苗，则不定干或轻打头；若选用2年生苗木，则定干至饱满芽处。

3. 扶直

每株新栽幼树旁设立一根高3 m左右的竹竿，并固定在支架的铁丝上，将幼树主干扶直并绑缚到竹竿上；或者每株幼树不设立竹竿，只将主干扶直，直接绑缚到支架的铁丝上。

4. 抹芽

及时除去砧木段的萌芽，每隔20~30天检查一次，及时发现，及时去除。

5. 施肥

6～8月份进行2～4次追肥，前期每次每株施尿素或磷酸二铵25 g，后期适当增加磷、钾肥。9月份以后要适当控肥控水，促进枝条充实。

6. 树盘覆盖

树盘部分要及时中耕除草，盖草或无纺布膜，既能减少杂草对水分、养分的竞争，又有利于土壤保墒，改善土壤的物理性状。

7. 病虫害防治

新建密植苹果园主要病虫害有金龟子、枝干轮纹病、卷叶蛾和蚜虫。新建园金龟子发生比较普遍，可用糖醋液诱杀，也可萌芽后用50% 马拉硫磷乳油2 000倍液，于傍晚喷施树体及树盘土壤防治。如果苗木上发现枝干轮纹病，病瘤多于10个时，整株拔除；病瘤较少时先人工刮除，再涂抹10% 苯醚甲环唑悬浮剂100倍液。在卷叶蛾出蛰盛期和第一代幼虫初孵化期，喷Bt制剂400倍液或苦参素杀虫剂1 000倍液进行防治。防治蚜虫，可喷灭蚜菌100倍液，或20% 氰戊菊酯2 500～4 000倍液，或10% 氯氰菊酯1 600～4 000倍液。

六、建立支架系统

矮化中间砧和矮化自根砧苹果根系不甚发达，固地性较差，结果后易出现树冠歪斜现象。因此，矮砧果园必须设立支架，扶直中央领导干，有利于稳定树体结构和提高产量、品质。欧洲矮砧苹果园普遍采用立架栽培，即顺行设立木头柱（或水泥柱），拉4～5道铁丝，用于固定中干及侧生分枝，以稳定树体结构、平衡树势、控制生长，支架高度一般3.0～3.5 m。在山东自然地理和生态条件下，矮化中间砧和矮化自根砧苹果苗木栽植后设立支架，一般顺行向间隔10～15 m立一根3.5 m左右高度的水泥桩，分别在0.6 m、1.2 m、1.8 m、2.4 m处各拉一道铁丝，扶直中干；幼树期也可在每株树旁立一根竹竿作立柱，将中央领导干延长头固定在竹竿上，结果后再立水泥桩。

第四节　高效树形及整形修剪技术

苹果现代矮砧集约高效栽培模式，必须根据不同产区的生态、地理条件，选用适宜配套的高效树形。根据国内外的生产经验，适宜矮砧集约高效栽培的树形主要有高纺锤形、细长纺锤形、自由纺锤形等。高纺锤树形适于在土壤肥沃、肥水条件良好的地区应用，细长纺锤形和自由纺锤形适合在肥水条件中等的地区应用[56]。

一、高纺锤形

1. 树形结构特点

树高3.2～3.5 m，干高0.8～1.0 m，中央领导干与同部位侧枝粗度之比（4～6）：1，中央领导干上着生30～40个侧枝，分枝角度控制在110°～120°（较粗主枝角度可达130°），水平长度控制在1 m左右（实际长度可达1.3～1.5 m）。该树形适用于株距1.0～1.5 m的果园。

2. 整形修剪技术

栽后第1年，用木杆（或竹竿）扶正幼树，使其顺直生长；冬季疏除中干上发出的粗壮分枝（直径大于分枝处中干直径的1/3），细弱（长度5～20 cm，较细弱）分枝保留。疏枝时采用斜剪法，使剪口平斜，留出下位轮痕芽，促发弱分枝。中干较弱的树，可以在顶部饱满芽处短截定干，以促发旺枝；中干强旺的树，可以不定干。夏季生长期间，及时控制竞争枝生长。

栽后第2年，冬季修剪时继续疏除中干上直径大于分枝处中干直径1/3的强壮分枝，保留长度20 cm以内的大角度弱势分枝。疏枝时采用斜剪法，使剪口平斜，留出下位轮痕芽，促发弱势分枝。中干较弱的树，可以在中干延长头顶部饱满芽处短截，以促发壮旺新梢。6月中旬，对基部直径超过着生处中干粗度1/3的新梢再次重短截；7月下旬至8月中旬，对侧生新梢进行拉枝，开角至100°～120°。对背上发生的二次新梢，要及时摘心或拿梢，控制生长，促进营养生长向生殖生长转化。

栽后第3年，冬剪时疏除基部粗度超过着生处中干直径1/3的分枝，其余分枝角度开张至100°～120°。5月下旬至6月上旬，通过对枝条进行刻芽、环切、环剥，或7月下旬至8月上中旬机械断根等措施，促进花芽形成。

栽后第4年，冬季修剪的主要方法是疏剪和长放，对中干不再进行短截修剪，对中干上着生的竞争性分枝和密集枝重短截疏除，其余枝条开张长放。夏季修剪时主要采用摘心、拉枝、疏剪的方法，同时调整好树体结构和生长平衡，促进花芽分化。

二、细长纺锤形

1. 树形结构特点

干高0.8 m左右，树高3.0～3.5 m，中干上着生25～30个侧枝，长度100～120 cm，角度拉至100°~110°，冠径控制在1.5~2.0 m，侧枝上直接着生中、小型结果枝组。该树形适用于株距1.5~2.0 m的果园。

2. 整形修剪技术

栽后第1年，若选用3年生带分枝大苗，不定干或轻打头，除去基部直径超过分枝处干径1/3的分枝，其余分枝全部保留；若选用2年生苗木，定干至饱满芽处，萌芽前进行刻芽，即从苗木定干处下部第5芽开始，每隔3个芽刻1个。生长期间，及时控制竞争枝生长，其他新梢开张角度，并选择着生部位适宜的健壮枝条培养为侧枝。

栽后第2年，2~3月份进行冬季修剪。一是要保持中干的生长优势，疏除中干延长头下的1~2个竞争性分枝。中干强旺的树，中干延长头长放不剪或轻打头；中干较弱的树，可以在中干延长头顶部饱满芽处短截，以促发壮旺新梢。二是疏除中干上着生的基部直径大于分枝处中干直径1/3的强壮侧枝，以及直立旺枝、密生枝和重叠枝，其余侧枝全部保留。三是选留下来的侧枝开张角度至100°~110°，缓放不剪或轻去头。生长季修剪，主要通过摘心、拿枝、重短截等措施，控制中干、侧枝背上直立的强壮新梢旺长，及时疏除竞争枝。7月下旬至8月中旬，对侧生新梢进行拉枝，开角至100°~120°，促进营养生长向生殖生长转化。

栽后第3年，冬剪时疏除基部粗度超过着生处中干直径1/3的分枝，其余分枝角度开张至100°~110°，对中干延长头不再进行短截修剪。5月下旬至6月上旬，通过对枝条进行刻芽、环切、环剥等措施培养结果枝组；7月下旬至8月上中旬，对新梢进行拿枝、拉枝下垂或机械断根等，促进花芽形成。

栽植后第4年，以疏剪和长放为主，对中央领导干上着生的竞争枝和密集枝重短截疏除，主枝背上发生的直立旺枝从基部疏除，其余枝条开张长放。夏季修剪时，采用摘心、拉枝、疏剪等方法，调整好树体结构和生长平衡，促进稳定结果和花芽分化。

三、自由纺锤形

1. 树形结构特点

干高0.6~0.8 m，树高3.5~4.0 m，中干上着生15~25个侧枝，侧枝基部粗度小于着生部位中干的1/3，长度控制在120~140 cm，角度拉至90°~100°。侧枝上培养结果枝组，结果枝组的角度大于侧枝的角度。适用于株距2.0~2.5 m的果园。

2. 整形修剪技术

定植当年，如用3年生大苗建园，栽植后不定干，疏除基部粗度超过分枝处中干直径

1/3的强壮侧枝，其余侧枝全部保留；如用2年生苗木，栽植后保留所有饱满芽定干，于萌芽前进行刻芽，从苗木定干处下部第3个芽开始每隔3个芽刻1个，刻至距地面60～80 cm处。生长期间，及时控制竞争枝生长，其他新梢开张角度。

定植第2年，2～3月份进行修剪，对中干延长枝保留所有饱满芽短截，并进行相应的刻芽。采用极重短截（斜剪）法，疏除基部粗度超过分枝处中干直径1/3的强壮侧枝，其余侧枝长放并拉枝开角至90°～100°。5月下旬至6月中旬，对基部粗度超过中干直径1/3的新梢再次进行重短截；7月下旬至8月中旬，对侧生新梢拉枝开角至90°～110°，对背上发生的二次梢及时摘心或拿梢，控制营养生长。

定植第3年，发芽前一个月，围绕整形和促花进行修剪，疏除基部粗度超过着生处中干直径1/3的侧枝，其余侧枝角度开张至90°～120°，选留生长势中庸、角度适当的一年生枝条作主枝。生长季修剪，主要采用摘心、拉枝、疏剪等方法，调整树体结构和长势，促进花芽分化和形成。

定植第4年，春季修剪以疏枝和长放为主，不再对中干进行短截，疏除中干上着生的密集枝、外围延长头上的竞争枝和主枝背上的直立旺长枝，其余枝条开角、长放。夏季修剪的主要任务是综合运用多种修剪方法，调整、优化树体结构，稳定树势和枝势，提高树体营养运转和积累水平，促进花芽分化和形态建成。

第五节　土壤管理技术

一、生草技术

生草制的着眼点是“保持土壤结构，促进土壤发育，维持果园系统的生物多样性”。果园生草培肥地力技术，着眼于提高果园土壤稳定性、减少人工扰动、增加果园系统生物多样性，也减少传统管理技术体系下人工除草用工，与果业可持续发展概念相符，是全面提高果园土壤有机质含量、提升果园综合管理效率与效益、实现苹果产业可持续发展的必然选择。山东农业大学陈学森[57]教授更是提出了“给果园小草一点阳光，苹果更灿烂”的现代果园管理理念。

根据现有的研究结果，果园生草能够增加土壤有机质含量，提高土壤缓冲性能，缓冲能力增强后，就不会因为短时期的水肥丰缺而导致植株生长发育出现障碍；能有效改善土壤结构，增加水稳性团粒数量，从而对土壤结构改良具有显著促进作用。生草制度建立后，良好的草被具有很强的调节能力，可以有效降低果园土壤系统温度变化的日较差和年较差；生草制果园土壤中微生物多样性显著增加，各类微生物种群数量丰富度指数增加、种群结构协调；还能增加土壤中蚯蚓、蠕虫等原生动物数量，为捕食螨、步甲、蓟马、草蛉、瓢虫、蜘蛛、螳螂、黄蜂、食蚜蝇、蜻蜓、豆娘等提供良好的生长环境。

为筛选适宜苹果园种植的草种，项目组引进了白三叶、紫花苜蓿、黑麦草（祥云和绅士）、高羊茅（野马3号和王朝）、早熟禾（肯塔基和草坪之星）等人工草种和自然生草等处理，进行适宜草种筛选试验。2011年4月20日，采用条播的方式进行播种，行距20～30 cm，播种深度1.0～2.5 cm。播种后土表上层覆盖草帘，每天早晚进行草帘浇水，以控制土壤湿度。

1. 不同品种出苗率及长势情况

4月20日种草后，白三叶草在4月25日最早出苗，5月底调查不同生草品种的出苗率情况。从出苗率情况来看，白三叶、紫花苜蓿、高羊茅、黑麦草4个类型的出苗率最好，可以达到75%～95%；早熟禾的2个品种肯塔基和草坪之星出苗率均较低，仅为50%～55%。（图5-1）

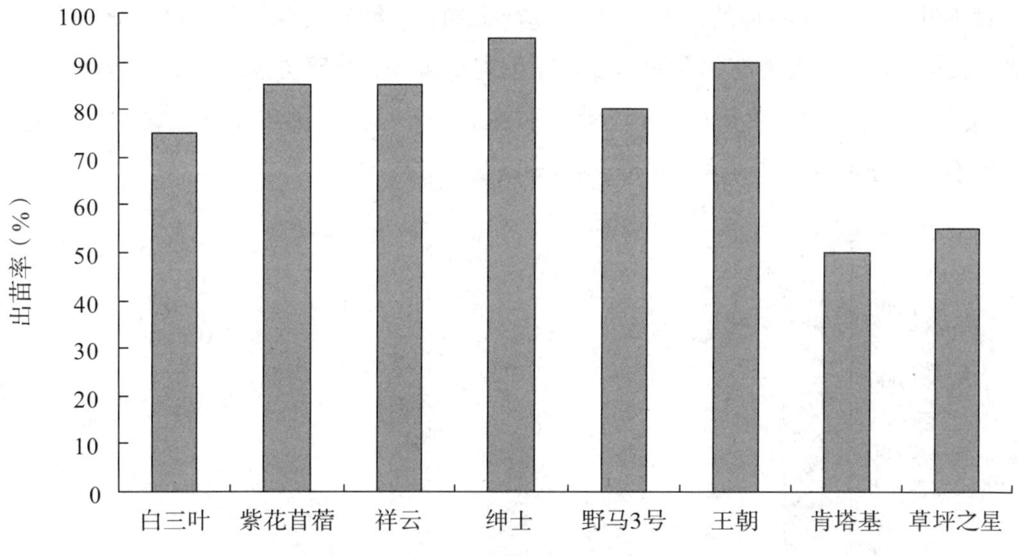

图5-1　不同草种的出苗率调查结果

不同品种的长势情况也存在较大差异，在所有的草品种中，当年种植生长最高的草类为紫花苜蓿，平均为62.4 cm，其次是祥云、绅士、野马3号和王朝，白三叶、早熟禾等品种植株高度在30 cm左右。生产上可根据需要进行选择，以生草覆盖为目的，不进行刈割时，可选择较矮的品种；结合畜牧生产，需要刈割喂养或覆盖时，选择较高的品种。（图5-2）

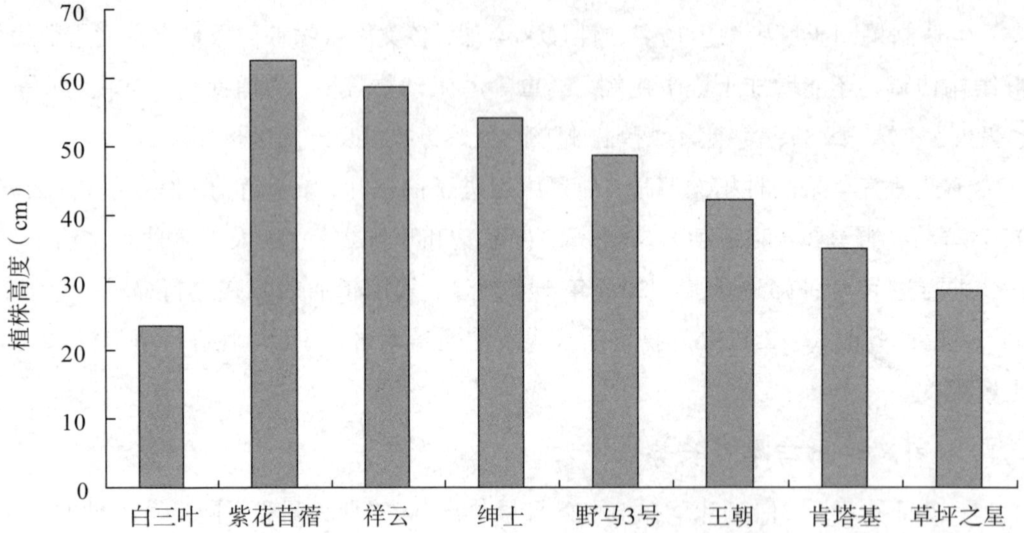

图5-2　不同生草种的自然生长高度调查结果

2. 不同品种的产草量情况调查

对不同类型的草品种的产草量情况进行了测定，结果表明，白三叶的产草量最大，达到1 259 g/m²；其次为高羊茅野马3号和黑麦草绅士，每平方米的产草量为962.7 g和860.1 g；紫花苜蓿的产草量最小，仅为每平方米297.8 g；早熟禾草坪之星和肯塔基的产草量也不大，分别为每平方米334.8 g和353.8 g。（图5-3）

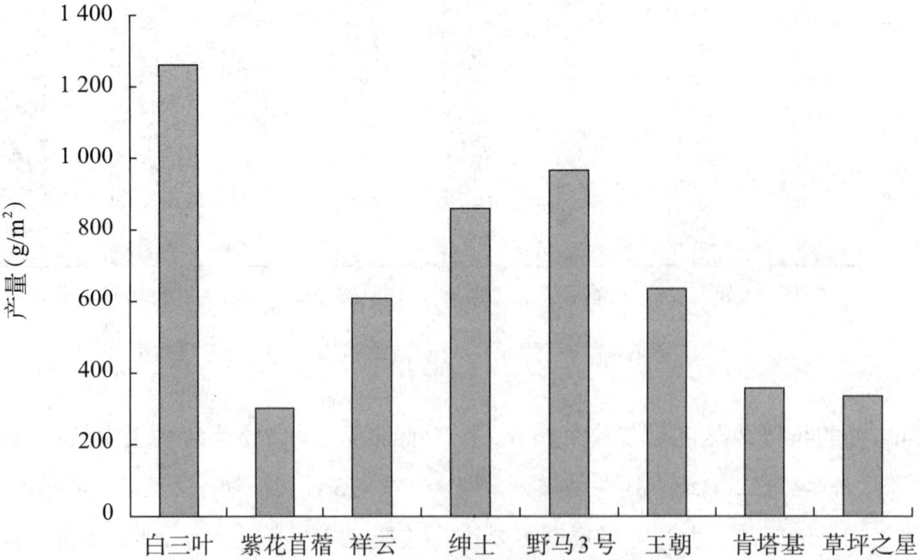

图5-3　不同草种产草量调查结果

3. 不同草种的养分含量测定分析

分别测定白三叶、黑麦草、高羊茅、早熟禾等草类的水分、干物质、全氮、全磷、全钾等养分含量。结果表明，紫花苜蓿、高羊茅（王朝）具有较好的干物质含量，紫花苜蓿、黑麦草（祥云）具有较高的全氮含量，黑麦草（绅士）具有较高的全钾含量。

项目组在进行人工生草的同时，还研究了果园自然生草方式，保留全部的马塘、鸡窝草、虱子草、狗尾草、虎尾草、地锦草等浅根性草类，及时去掉苘麻、刺儿菜、反枝苋和灰菜等深根性或较高的草，在草旺盛生长季节刈割2～3次，割后保留8～10 cm高。割下的草覆于树盘下，可以起到较好的覆盖果园的作用。对杂草进行养分含量分析，杂草中的全氮含量仅次于紫花苜蓿，全磷含量显著高于人工种植的草品种。（表5–2）

表5–2 不同草种的养分含量分析

名称	水分（%）	干物质（%）	全氮 N（%）	全磷 P_2O_5（%）	全钾 K_2O（%）
白三叶	88.0	87.8	2.67	1.15	3.92
紫花苜蓿	76.5	89.2	3.45	1.10	3.75
祥云	77.4	84.1	3.33	1.13	3.43
绅士	82.2	86.7	2.78	1.12	4.27
野马三号	79.7	87.6	2.25	1.05	3.90
王朝	77.3	88.9	2.35	0.92	3.60
肯塔基	78.2	82.4	2.43	1.11	3.13
草坪之星	78.5	86.2	2.63	1.14	3.04
杂草	81.0	80.3	3.20	1.58	3.28

4. 不同草种对果园土壤有机质的影响

2011年种草前，项目组采集试验区的土壤，进行土壤养分含量测定。之后，分别在2011年和2012年的12月份，采集不同生草试验区的土壤，测定土壤中的养分含量。（表5–3）

表5–3 种植草品种前的土壤养分测定结果

土层深度（cm）	有机质（g/kg）	速效氮（mg/kg）	有效磷（mg/kg）	速效钾（mg/kg）	pH
0～20	15.0	98	225.3	263	6.6
20～40	10.1	65	503.0	202	6.4

从2年的土壤养分测定结果看，成龄果园行间生草能有效增加土壤的有机质含量，其中0～20 cm土壤的有机质含量从1.5%增加到1.7%～1.8%，而20～40 cm的土壤有机质

含量从1.0%增加到1.2%～1.5%。在0～20 cm的土壤中，高羊茅王朝增加的最多，其次为黑麦草祥云和白三叶，在生草2年后土壤有机质含量分别达到1.89%、1.85%和1.85%。早熟禾肯塔基增加的最小，仅为1.47%。在20～40 cm的土壤中，不同类型的草种中，白三叶增加的最多，土壤中的有机质含量在生草2年后增加到了1.58%，增加了57%；其次为剪股颖和紫花苜蓿，分别增加到1.43%和1.35%；黑麦草祥云、早熟禾肯塔基和早熟禾草坪之星土壤有机质含量增加的最少，与种草前无显著差异。

从测定的速效氮含量来看，种草2年后土壤中的含量显著降低。在0～20 cm的土壤中，早熟禾草坪之星和高羊茅野马3号下降的最多，比种草前下降了22.92%；黑麦草绅士和高羊茅王朝下降的最小，仅比种草前降低了2.08%。在20～40 cm的土壤中，白三叶的速效氮含量最高，其次为剪股颖和高羊茅王朝，紫花苜蓿和黑麦草祥云最低。

果园生草还能显著降低果园中有效磷的含量，从测定结果看，0～20 cm和20～40 cm土壤中有效磷的含量均以白三叶下降的最少，其次为紫花苜蓿和黑麦草祥云，早熟禾草坪之星下降的最多。

土壤中速效钾的含量在生草第1年显著降低，而在生草第2年又缓慢上升。生草2年后，黑麦草绅士土壤中速效钾的含量最高，其次为黑麦草祥云、白三叶和高羊茅王朝，早熟禾草坪之星和肯塔基的土壤中速效钾的含量最低。这可能与不同草种的钾含量不同有关。（表5-4）

表5-4　种植不同草种1、2年后果园土壤养分测定结果

草种类型	土层深度（cm）	有机质（g/kg）		速效氮（mg/kg）		有效磷（mg/kg）		速效钾（mg/kg）		pH	
		1年	2年	1年	2年	1年	2年	1年	2年	1年	2年
黑麦草（祥云）	0～20	17.4	18.6	95	86	91.5	37.1	153	172	6.4	6.8
	20～40	9.2	9.07	45	51	45.4	23.1	72	75	7.1	7.0
黑麦草（绅士）	0～20	16.6	17.8	82	96	64.0	31.9	111	193	7.1	6.6
	20～40	10.2	12.6	50	54	30.9	26.1	52	90	7.4	6.6
白三叶	0～20	16.1	18.5	89	78	118.0	50.6	243	180	7.2	7.3
	20～40	9.0	15.8	49	77	43.0	43.3	76	139	7.5	7.2
紫花苜蓿	0～20	15.5	16.3	74	83	102.0	44.3	192	131	6.8	6.1
	20～40	9.0	13.5	68	50	49.2	34.7	97	93	7.1	5.9
剪股颖	0～20	13.7	18.5	49	89	48.6	24.3	82	107	7.2	7.1
	20～40	10.1	14.3	57	66	25.1	18.2	47	64	7.4	7.2

（续表）

草种类型	土层深度（cm）	有机质（g/kg）		速效氮（mg/kg）		有效磷（mg/kg）		速效钾（mg/kg）		pH	
		1年	2年	1年	2年	1年	2年	1年	2年	1年	2年
高羊茅（野马3号）	0～20	15.9	16.6	83	74	56.0	24.6	105	106	7.2	6.9
	20～40	9.9	11.4	69	57	60.4	14.6	54	73	7.6	6.9
高羊茅（王朝）	0～20	16.0	18.9	76	96	23.0	23.6	99	153	7.2	6.8
	20～40	9.3	11	50	59	41.2	16.7	45	67	7.5	6.7
早熟禾（肯塔基）	0～20	15.7	14.7	137	83	21.4	27.3	84	95	7.3	7.0
	20～40	9.3	10	57	52	23.6	16.4	51	59	7.0	7.1
早熟禾（草坪之星）	0～20	15.9	16.4	86	74	52.3	17.8	96	90	6.9	7.1
	20～40	9.1	8.05	54	54	25.7	9.0	52	54	7.1	7.3

果园生草还能显著增加土壤的pH，生草2年后，果园土壤的pH从6.6增加到7.0～7.3。不同草种之间差异不大，其中种植黑麦草祥云、白三叶、剪股颖、早熟禾肯塔基和早熟禾草坪之星的土壤中pH均在7.0～7.3。而种植紫花苜蓿的土壤中pH比种草之前下降，这可能是由于紫花苜蓿在成龄果园生长量小，不耐踩踏，草退化速度快。

因此，果园人工生草以黑麦草绅士、高羊茅王朝和鼠茅草为主，可有效增加土壤有机质含量，改善土壤pH。高羊茅和黑麦草可在春季3月初播种，鼠茅草必须在9月下旬到10月初播种。播前要通过旋耕耙平土壤，播深为种子直径的2～3倍，土壤墒情要好，播后喷水2～3次。当草长高至30 cm以上时进行刈割，割后留草高度20 cm左右（第1次刈割留草高度可在15 cm左右，以抑制杂草），每年割3～5次，割下的草覆盖在树冠下。

行间自然生草时，树盘底下保留鸡窝草、虱子草、狗尾草、虎尾草、地锦草等浅根性草类，及时去掉苘麻、刺儿菜、反枝苋和灰菜等深根性的草。在草旺盛生长季节刈割2～3次，割后保留8～10 cm高，割下的草覆于树盘下。生草第1年需要给草补施1～2次速效化肥，以氮肥为主，每次每亩用量10～15 kg（尿素）即可，可以趁雨撒施，以确保不影响苹果植株正常生长。

根据山东农业大学陈学森教授的研究结果，果园生草时应注意以下几个问题：①遵守3项基本原则，一是因地制宜原则，年降水量不足400 mm又无灌溉条件的果园，不宜生草；二是经济学原则，果园建立前期（1～3年生）行间可间作花生及大豆等矮秆经济作物，后期生草；三是多样化原则，提倡自然生草或人工种草结合自然生草，草种的多样性可带来天敌多样性，也可减少果农的投入。②生草果园病虫害防控最关键的是切实保护天敌多样性，应注意以下几点：第一，预防为主，加强萌芽前的防控；第二，以生物药剂为主，例如宁南霉素、苏云金杆菌及灭幼脲等；第三，及时疏除多余大枝，通风透光，减少病虫害发生基数；第四，减少喷药次数，每年8～9遍，喷药尽量避开天敌繁育期。③割草机械化与割草时间的确定。在我国现代果园机械化进程中，市场上及国家苹果产业体系岗位专家已设计出多种型号割草机，可因地制宜选择利用；调研各地优势草的种类及生育期，在抽穗前至花期及时刈割，尽可能增加草的生物产量，以达到培肥地力的目的。

二、覆盖技术

自然界没有进行人工耕作管理的土壤上的林木可以良好生长，并形成稳定的植被，有时这样的植被甚至是建立在极为浅薄的土壤条件下，如长白山典型的植被，活土层厚度多不超过40 cm。究其原因就是土壤表面覆盖了一层稳定的枯枝落叶，使得浅薄的土层处于稳定的保护，可以稳定而高水平地发挥土壤的生产性能。果园土壤在传统的清耕条件下，常年呈裸露状态，土壤因子始终处于大幅度的动态变化中，难以维持稳定的功能。因此，如何模拟自然环境，为果树创造一个条件稳定、功能水平高的土壤环境，是实现果树持续高效生产的重要环节，果园土壤覆盖是重要的技术措施。

1. 果园覆盖制度的生理生态学意义

果园覆盖制度着眼于提高果园土壤环境的稳定性，具体表现在以下方面：①保持土壤环境的稳定性。通过地面覆草，可以显著减少水分蒸发，降雨时显著减少地表径流，从而保持相对稳定的土壤水分供应环境；地面覆草可以有效防止夏季高温对根系的伤害，从而避免细根大幅度死亡更新，避免因细根死亡更新导致的叶片衰老；覆草还可显著减轻冬季低温对根系的伤害，避免因冻根引起萌芽不整齐、坐果率低、树势衰弱。②协调土壤肥力因子。果园地面长期覆草可以有效降低土壤容重，改善土壤结构，协调土壤三相关系；覆草还可以通过草的腐解增加土壤养分含量；覆草后果园土壤微生物量大幅度增加，种群结构改变，尤其是与土壤有机化过程密切相关的微生物种群数量增加显著。③增加土壤有机质含量。覆草给土壤系统投入了大量的有机物料，经过微生物的腐解作用可以形成大量有机质，大力提高土壤的缓冲性能。④拦蓄积雪。覆草后土壤表面为极度粗糙表面，大大提高了冬季拦蓄积雪的能力，这在干旱、半干旱的北方地区对于补充果园土壤水分具有重要意义。

2. 果园立地条件与覆盖要点

不同立地条件的果园进行覆盖时，着眼点有所区别。山地果园地形复杂，土层浅，有机质含量低，通透性好，拦蓄自然降水能力差，易干旱。覆盖主要着眼于保水、稳定土壤环境，强调覆盖的完整性并宜稍厚些，以20～30 cm为宜。丘陵地果园一般较适合果树生长发育，但有时土层浅，有机质含量偏低。黏土地透气性差，沙质土壤易干旱，覆盖时要区别对待。土层浅薄的沙质土地，强调覆盖物的完整；黏质土壤要结合起垄进行覆盖，且不宜全园覆盖，要保证土壤的通透性，防止雨季覆盖物下的土壤过湿导致细根死亡。平原地果园地势平坦，土层深厚，有时存在黏板层，地下水位高，易积涝，要结合起垄进行覆盖。覆盖时不可全园覆盖，要保证土壤的通透性，防止雨季覆盖物下的土壤过湿导致细根死亡。含盐量高，pH偏高的盐碱土地块，保持覆盖物的连续性，防止盐分随水上移积聚于土表。覆盖物不宜过厚，以10 cm左右为宜。

3. 覆盖物种类的选择

覆盖物种类立足于当地农业生产主要的作物秸秆，兼顾其他植物材料。具体有：①玉米秸秆。玉米为我国北方农区大宗作物，秸秆产量可观，用于果园覆盖时进行简单轧切，切成50 cm左右长的段即可。②大豆秸秆。大豆秸秆养分含量较高，有条件的地区可以采用，脱粒后的豆秸直接覆盖即可。③稻草。北方稻区资源丰富，但稻草腐烂后容易形成“草饼”，不利于土壤通气，因此覆盖时不宜过厚。④杂草。各种杂草均可用于果园覆盖。⑤阔叶树嫩枝。杨树、柳树、榆树、刺槐、黄荆、紫穗槐、柞树等北方常见、习性强健、发枝能力强的阔叶树的带叶嫩枝均可用于果园覆盖，覆盖时剪切成40 cm左右的段。

4. 地面准备与覆盖方式

丘陵山地果园，覆盖前对地面进行平整、划锄，划锄深度10 cm左右，全园覆盖或行内覆盖行间生草。平原地果园，起高30 cm左右、宽1.2 m左右的垄，垄上覆草，行间生草。湿润地区，降水800 mm以上的果园起高50 cm左右、宽1.2 m的大垄，不进行覆盖处理，行间生草，行内清耕。黏重土壤，起高50 cm左右、宽1.2 m的大垄，垄上覆10 cm厚的草，行间生草。覆盖后撒施氮肥，每亩15 kg尿素即可。

5. 与覆盖相配套的管理技术体系

覆草后的相关管理根据不同地区主要的障碍因子制定。冷凉地区的果园，每年晚秋补充覆盖一层，10 cm左右，保护浅表层土壤根系越冬。干旱地区的果园，土壤解冻后及时覆盖，保持土壤水分；丘陵山地土壤较贫瘠的果园，雨季追施速效肥料，晚秋季雨后补充覆草。湿润地区的果园，雨季前起垄，雨季后修整垄台，春季垄台覆盖地膜，提高地温，促进根系活动，进入雨季去除地膜。

第六节　肥水管理技术

一、苹果植株和果实的需肥特点

苹果树的生长、发育和产量形成，需要有机物质和矿质营养元素两类营养物质。在有机营养物质中，最主要的是碳水化合物和蛋白质两大类。有机营养物质是通过光合作用及树体内一系列的生理、生化过程形成的。碳水化合物在树体的代谢过程中起着中心的作用，各种合成途径都与糖分有关。在代谢中起着重要作用的碳水化合物，主要有单糖、双糖以及多糖类等，它们既是呼吸代谢最重要的底物和生命活动最重要的能量来源，又是转化、合成其他营养物质的原料。矿质营养物质中，既包括氮、磷、钾、钙、镁、铁、硫等大量元素，也包括硼、锌、锰、铜等微量元素。苹果树体中矿质元素的总含量一般不足干物质的1%，总含量虽少，但在苹果树的生命活动和生长结果中起着重要和多方面的作用。

苹果树体营养发育期有贮藏养分期、同化养分期和营养转化期。①贮藏养分期。苹果树越冬期间，树体贮藏的养分中碳水化合物主要以淀粉等多糖形式存在。在越冬前期，碳水化合物以蔗糖和葡萄糖等形式存在，后期可溶性碳水化合物比例下降，淀粉等不溶性成分的含量增高。碳水化合物在树体内的分布，一般根系中的含量比枝干中要多，皮层中的含量多于木质部。春季萌动前，淀粉开始由贮藏部位向叶芽、花芽中运输，供芽膨大需要。随着展叶、抽枝、开花、坐果的进行，贮藏的碳水化合物从枝干中运输至发育器官，随之树体中贮藏的碳水化合物含量降低。苹果树体内贮藏的氮化物，枝干中的含量比根系多，低龄枝条中的含量高于多年生枝干，皮层高于木质部。春季随着树体各器官生长发育，树体中贮藏的氮化物被水解、运出，枝干中的含量随之降低，枝条中木质部的氮化物主要供应附近叶片、花和幼果发育。②同化养分期。春季苹果树展叶后即开始制造同化养分，当年同化养分成为营养来源的时期，是从春梢迅速生长结束开始的。不同植株间开始的时期不同，如短枝型苹果品种或矮化砧树体开始较早，而普通型品种或乔化砧树体开始较晚。该时期整个树体营养水平的高低，与叶面积的增长速度、大小、叶片的光合强度有密切联系。树体局部和不同器官的营养状况，主要受生长中心、物质分配规律、生态环境条件和栽培管理水平等内外因素的影响和制约。该时期施肥至关重要，需要根据树体矿质营养元素的吸收、运输和分配规律，通过施肥来改善这一时期树体的营养状况。

③营养转换期。在苹果树年周期发育过程中，存在两个营养转换时期。第一个营养转换期，是从以利用树体贮藏养分为主的时期向以利用当年同化养分为主转换的时期，即在新梢开始生长后6个周的时期。在这一时期，树体的营养特点是树体中贮藏的养分渐少，展叶早且完成发育的叶片已能制造和积累一定的光合产物。如果这一转换期开始得晚且结束得早，说明贮藏养分的底质水平高，当年叶片同化营养物质优势强，两个营养时期衔接好。相反，衔接差。因此，这一时期过渡、转换不良的树体，抓紧在营养转换期叶面喷氮，可收到良好的效果。第二个营养转换期是叶片中的同化养分回流至枝干、根系中贮藏起来的时期，即落叶前1个月至落叶结束。这一时期树体的营养特点是营养物质以积累为主，向枝干和根系等贮藏器官的转运量大，全树有较高的碳氮比。加强这一时期的工作可采取如下措施：①加强叶片保护，延长叶片的光合作用时间；②适期采收，减少同化养分过多消耗；③采后施氮。

同时，在考虑树体营养时，还需要考虑苹果果实的营养特点。因此，生产优质高档果品，施肥时不仅要考虑对苹果树体的作用，还要考虑果实器官的营养需要，并且能使这些营养元素以适宜的量和比例积累在果实中。在苹果果实内的矿质元素组成中，大量元素以钾含量最高，其次为氮，二者占大量元素总量的87%；微量元素中，以铁含量最高，约占微量元素总量的70%。不同矿质元素对果实中的营养成分影响不同，如锌、氮、锰对果肉硬度影响最大。色泽以钾、锌、磷为主，总酸量为铝、锌、铁，总糖量为氮、锌、镁。大量元素中氮、磷、钾、镁是构成品质的主要因素。因此，在生产中应注重以提高果品质量为主的施肥技术与方法，如氮肥施用时期比施用量更为重要，红富士苹果5～6月份过量施氮肥会影响果实着色；适量施用适宜比例的氮、磷、钾肥，有利于优质果生产。前期追施氮、磷肥，后期追施钾肥；重视钙、锌、硼等微量元素的使用，叶面喷用微肥等。

不同树龄和类型的树，植株需肥特点也不尽相同。幼龄期的苹果树以长树为目的，为了促进树体骨架的形成，扩大树冠，达到整形要求，同时要使果树早结果、早丰产。因此，每年秋天施基肥时应适当增施磷、钾肥，特别是磷肥，以促进根系发育和花芽分化，尽早开花结果。结果期的树需要调节生长与结果的关系，为翌年丰产打下基础。追肥分3次：①从萌芽到开花前（3月下旬至4月中旬）施速效氮肥，以满足花期所需养分，提高坐果率，促使新梢生长。②开花后（5月末至6月上旬）以施氮肥为主，配合施磷、钾肥，以减少生理落果，促进枝叶生长和花芽分化。③秋季（早中熟品种采收后，晚熟品种采收前）施氮、磷、钾复合肥，以增加树体养分积累，促进果实着色和成熟，提高果树越冬抗寒能力。

苹果树体中矿质元素的总含量一般不足干物质的1%，总含量虽少，但在苹果树的生命活动和生长结果中起着重要和多方面的作用。果园施肥时，除有机肥外，还应补充氮、磷、钾、钙、镁、锌、硼等7种元素。生产上适合生产高档果品的肥料包括堆肥、沤肥、沼气肥、绿肥、作物秸秆肥、泥肥、饼肥等农家肥料和有机肥、腐殖酸类肥、微生物肥、有机复合肥、无机（矿质）肥、叶面肥等商品肥料。

二、沃土壮根、培肥地力

1. 秋季早施基肥

秋季果实采收后施入基肥，施肥量占全年施肥量的65%。秋施基肥要早，以有机肥为主，实行斤果斤肥的原则。基肥应该早施，富士苹果应该在苹果采收后立即施入。秋施基肥可以延长果树根部的活动时间，增加树体内营养物质的积累，增强果树的抗寒力，为来年生长创造条件。采果后立即施基肥，一般在10月中下旬。此时外界气温较高，雨水较为充足，土壤中微生物活动旺盛，有利于基肥分解；叶片的功能尚未衰退，还有较强的光合功能，且该时期根系生长还未停止，断根易愈合，能快速生出大量新根，有利于增加树体营养，提高花芽质量，增强树体的抗寒能力。

基肥应以腐熟的农家肥为主，果园施入充足的有机肥，具有良好的改良土壤作用。①给果树提供全面的养分。有机肥是一种完全肥料，含有作物所需要的营养成分和各种有益元素，且养分比例全面，有利于作物吸收。②促进土壤微生物繁育。有机肥含有大量有机质，是各种微生物生长繁育的地方。据研究，深耕配合施用有机肥，土壤固氮菌比对照增加近一倍，纤维分解菌增加近2倍，其他微生物群落也有明显增加，施有有机肥能有效促进土壤熟化。同时，有机肥在腐解过程中还能产生各种酚、维生素、酶、生长素等物质，促进作物根系生长和对养分的吸收。③提高土壤保肥保水能力。所有的有机肥都有较强的阳离子代换能力，可以吸收更多的钾、铵、镁、锌等营养元素，防止淋失，提高土壤保肥能力，尤其是腐熟的有机肥保肥能力更明显。此外，有机肥还具有很强的缓冲能力，可防止因长期施用化肥而引起的酸度变化和土壤板结，可提高土壤自身的抗逆性，保证土壤良好的生态环境。④减少养分固定，提高养分有效性。有机肥含有许多有机酸、腐殖酸、羟基等物质，这些物质具有很强的螯合能力，能与许多金属元素如锰、铝、铁等螯合形成螯合物，可减少锰离子对果树的危害。⑤加速土壤团聚体的形成，改善土壤理化性质。团聚体是土壤肥沃的重要指标，含量越多，土壤物理性质越好，土壤越肥沃，保土、保水、保肥能力越强，通气性能越好，越有利于果树根系生长。

鸡粪一直是果树生产重要的肥料来源，能够提高土壤有机质含量，改善土壤结构，增加土壤养分，提高土壤肥力水平。但随着集约化养鸡业的发展，越来越多的养鸡场普遍使用饲料添加剂，在促进养鸡业发展的同时，鸡粪中的化学组成也发生了变化，不但有对果树有用的营养元素，也残留了许多重金属、抗生素、农药、盐分等有害成分，对果园环境造成污染。近年来，由于鸡粪使用不合理，果园死树和果实苦痘病大量发生，给果农造成了极大的损失。据检测，鸡粪是一种比较优质的有机肥，含有粗蛋白、粗脂肪、灰分以及各种矿物质，有机质含量达25.5%，纯氮、磷（P_2O_5）、钾（K_2O）的含量约为1.63%、1.54%、0.085%。鸡粪中还含有多种微量元素，如钙、镁、铜、铁、锌等。通过高温堆肥发酵产生大量腐殖质，是改良土壤和促进作物生长优良的有机肥料。

农家肥短缺时，可在植株进入结果期后，果园内增施生物碳肥，包括木炭、竹炭、秸秆炭、稻壳炭等。生物炭是良好的土壤改良剂，具有提高土壤有机碳含量、改善土壤理化性质及微生物的活性，培肥土壤肥力，延缓肥料养分释放，降低肥料及土壤养分损失，减轻土壤污染等功能。可每株施用2.5 kg 稻壳碳 +3.0 kg 复合肥，采用放射沟施肥方式，以后逐年调整树冠下的施肥部位。

同时，在施入充足腐熟农家肥的基础上，混加氮素化肥、钙镁磷肥和中、微量元素肥，可以起到平衡养分、养根壮树的作用。多年来，果农偏施化肥而忽视了有机肥，重视氮、磷、钾等大量元素肥而忽视了中量元素和微量元素肥，导致果树养分不均衡、虚旺生长、成花困难、果实表光不好、着色不良、口味变差，缺钙苦痘病、缺锌小叶病等生理病害加重。施肥时将有机肥和化肥等施入沟中，与沟中的土壤充分搅拌，形成立体肥层，以利于不同深度的根吸收。施足基肥后要及时浇足水，促进养分溶解，利用根系吸收，以后逐年调整树冠下的施肥部位。

施基肥时，要挖深沟。挖沟深施肥能优化土壤环境，增加根量，改变根类，发达根系，增强养分吸收能力，健壮树势。浅沟施肥或者地面撒施，不利于深层根生长发育，长根多而吸收根少，长枝多，中短枝少，成花率低，产量不稳定。深沟施肥的方法是，在离树干约50 cm 远处向外呈放射状挖沟，每棵树挖5～6个沟，沟宽50 cm、深20～40 cm、长1.2 m左右。挖沟时应避开粗根，铲断细根后要用剪刀将伤口剪平，以利于伤口愈合，发出新根。

2. 根据树体需肥规律，及时进行土壤追肥

追肥要在施足基肥的基础上施用，主要是及时补充苹果各个生长中心时期对养分的需要，以果树专用肥为主，多用速效性肥料。年追肥量为每100 kg 果实施纯氮0.6～1.0 kg、P_2O_5 0.3～0.4 kg、K_2O 0.5～0.8 kg。土壤施肥时尽量将肥料施入根系吸收根大量分布层内，一般20～40 cm，可采用放射状沟施法。

追肥时期包括花前、花后、套袋后和果实膨大期等。花前追肥以速效氮肥为主，以补充树体营养，满足树体开花的营养需求，提高开花质量和坐果率。花前追肥在3月上中旬进行，每亩施入生物有机肥或豆粕380 kg、中微量元素肥料40 kg、45% 复合肥 190 kg，采用放射沟法施肥（5～6条，距树干0.5 m，长1.2 m、宽0.4 m、深0.3 m），肥土拌匀施入。

开花后追肥主要是减少生理落果，此时幼果迅速生长，新梢生长加速，需要大量氮素营养，追肥以氮、磷为主，辅以少量钾肥。套袋后6月上中旬，此时部分新梢已经停止生长，花芽开始分化，追肥对促进花芽分化和果实生长有显著作用，应氮、磷、钾配合施入。氮、磷、钾的比例可根据果台副梢的长度决定，如果果台副梢长度小于10 cm或没有果台副梢，应增加氮肥量；如果果台副梢长度大于20 cm，则应减少氮肥量。一般情况下，每亩施入45%复合肥80 kg、硫酸钾20 kg，采用放射沟法施肥，肥土拌匀施入。果实膨大期需要消耗大量养分，此时追肥有利于提高果实品质，改善树体营养状况，解决果实膨大和花芽分化对养分需要的矛盾，8月中下旬较适宜，磷、钾肥为主。每次追肥后，均应立即浇一遍透水。

3. 及时补充叶面肥

叶面喷肥是把肥料溶解在水中，喷布于叶片上或枝干上。叶面追肥可直接被叶片、嫩枝、幼果等的气孔、皮孔、皮层吸收，见效快，肥料利用率高，可以弥补根系吸收的不足，不受新根数量多少和土壤理化特性等因素的影响，迅速补充果树养分，改变树体的营养状况，还可以通过补充锌、铁、硼等元素，防治果树缺素症，是除基肥、根际追肥外的应急补缺措施。

套袋苹果叶面喷布氨基酸钙对于防止缺钙症的发生具有良好效果，对于易被土壤固定的钙肥、磷肥、铁肥、锌肥，采用叶面喷肥效果十分明显。但要注意根据根外追肥的目的和时期，选择好肥料种类和浓度。要在温度较低（18～25℃最适）、蒸发量小的情况下喷布，以保持肥液的湿润状态，延长叶片的吸收时间，增加叶片吸收量；喷布叶背面，提高肥效；掌握好浓度，避免肥害的发生。叶面追肥只是土壤追肥的补充方式，是快速临时性的补充措施，不能从根本上替代土壤追肥。一般情况下，可在萌芽前喷施2～3遍1%～5%的尿素和3%～5%的硫酸锌，补充树体营养；开花前喷2～3次0.2%～0.3%的硼沙；果实套袋前喷2～3次0.2%～0.4%的硝酸钙。在生长季节，还可在7月中旬、8月中旬和9月中旬叶面喷施0.10%～0.15%的硼酸（H_3BO_3）、0.3%～0.5%的硅酸钾（K_2SiO_3）或“益微SOD生物制剂”，有助于提高果实可溶性固形物含量和香气物质种类，提升果实品质。（表5-5）

表5-5 根外追肥的肥料种类、适宜浓度及效果

种类	浓度（%）	时期	效果
尿素	0.3～0.5	开花到采果前	提高坐果率，促进生长发育
硫酸铵	0.1～0.2	开花到采果前	提高坐果率，促进生长发育

（续表）

种类	浓度（%）	时期	效果
过磷酸钙	1.0～3.0（浸出液）	新梢停止生长	有利于花芽分化，提高果实质量
氯化钾	0.3～0.5	生理落果后，采收前	有利于花芽分化，提高果实质量
硫酸钾	0.3～0.5	生理落果后，采收前	有利于花芽分化，提高果实质量
磷酸二氢钾	0.2～0.3	生理落果后，采收前	有利于花芽分化，提高果实质量
硼酸	0.1～0.3	盛花期	提高坐果率
硼沙	0.2～0.5 加生石灰适量	5～6月	防缩果病
柠檬酸铁	0.05～0.1	生长季	防缺铁黄叶病

三、果园水分调控

灌溉水的质量应符合绿色食品产地环境技术条件中规定的农田灌溉水质要求，土壤水分含量维持在土壤最大持水量的60%～70%。苹果的年周期水分管理应本着“前灌后控”的原则。①萌芽前。在苹果萌芽前灌水是促进萌芽和新梢生长的关键。②新梢旺长和幼果膨大期。该期是苹果的水分临界期，一般在苹果开花后20天左右，此时缺水将严重导致生理落果和减产，并且影响果实膨大。③果实迅速膨大期。该期也是需水的关键时期，这个时期灌水量要大，以浸透土壤50 cm为宜，与果实膨大关系密切。④果实膨大后期至采收前。该期一般不宜过多灌水，否则会影响其品质。该期干旱可引起落果，土壤水分变化剧烈可引起裂果。因此，该期水分管理的核心是保持稳定供应。⑤封冻水。在土壤封冻前灌一次透水，这对苹果安全越冬和树体在休眠期发育极为有利。

1.果园灌水

灌溉可以采用沟灌、隔行交替灌溉以及微喷、滴灌等方式。行间沟灌是在果树行间每隔一定距离开一条沟，深20～25 cm，待水渗入土壤中再把沟填平；井字形灌溉就是在株行间纵横开沟，使其呈井字形；轮状沟灌适用于幼树，即在树冠外缘开一条环状沟，并与行间的通沟相连，灌水时由通沟流入各环状沟内。

根系分区交替灌溉技术，强调从根系生长空间上改变土壤湿润方式，人为地保持根区土壤某个区域干燥，交替使根系始终有一部分生长在干燥或较干燥的土壤中，限制该部分根系吸水，让其产生水分胁迫信号物质ABA，通过ABA控制气孔开度；而另一部分生长在湿润区域的根系吸水，使光合作用维持正常水平，但减少了过多的蒸腾失水。分区交替灌溉还可减少株间全部湿润时的无效蒸腾与蒸发以及总的灌溉用水，通过对不同区域的根系进行交替干旱锻炼或利用其存在的补偿生长功能刺激根系生长，提高水分和养分利用效率，最终达到不牺牲光合产物积累而大量节水的目的。果树可使用隔行交替灌溉方式，从树冠外沿投影处沿树行两侧各挖1条深15～20 cm、宽20～30 cm的排灌沟，灌水时沿苹果树一侧的沟灌足水；在下一次灌水时，只灌上次没有灌过的另一侧沟，实行交替灌溉，对苹果根系实行干湿交替、整个果园顺序间隔一条灌水沟供水的灌溉措施。这样根系可以始终有一部分处于水分胁迫状态，另一部分生长在湿润区域，果树植株既不缺水，又有适当浓度的ABA诱导气孔部分关闭，能够在不牺牲光合产物积累的前提下，减少过多的蒸腾失水，同时也会减少全园充分灌溉时的无效蒸腾和蒸发。另外，干旱复水能刺激根系补偿生长，会有大量新根再生，新生根可以合成大量CO_2，并能够输送到地上部，对于促进花芽分化有重要意义。

有条件的果园可采用微灌技术。①喷灌。把水喷到空中，变成细小的水珠落到果树和地面上。这种方法在各种地形、地势上均能应用，且灌溉较均匀，省工省时，可兼喷药、肥料和植物生长调节剂。特别是炎热天气喷水可降温，减轻苹果树的“午休”现象。花期喷水有利降低霜冻对花的危害。②滴灌。将有压力的水通过一系列的管道和滴头，把水一滴一滴灌入果树根区的土壤中。这种灌溉方式使根区土壤均匀地维持湿润，可保持通气良好，是灌溉效果最好的一种方式。喷灌和滴灌都有固定式和移动式两种，前者的管道埋在地下，不能移动，而后者的管道可临时装卸。

2. 果园排水

生长季节果园长时间积水，会使苹果根系呼吸受到抑制，容易积累各种有害盐类，轻者叶片光合作用下降，严重影响根系和地上部分生长发育，重者造成烂根，甚至出现死树现象。成龄果园在雨季来临前必须在果园内外挖好各级排水沟，并保持畅通，做好果园的排水工作。雨季要保持园内不见“明水”，受涝果园要及时排出积水，并通过晾晒树根、中耕松土等方式尽快降低果园湿度、恢复树势。因此，果园应开挖排水沟，尤其在地势低洼和容易积涝的果园，要做到旱能浇，涝能排。

四、推广使用水肥一体化技术

水肥一体化技术是将灌溉与施肥融为一体的农业新技术，借助压力灌溉系统，将可溶性固体肥料或液体肥料配兑成肥液，与灌溉水一起按照作物生长需求，均匀、准确地输送到作物根部土壤。目前的研究结果表明，果园肥水一体化技术是一项综合性果园栽培措施，水肥利用率比较高，节水降耗增效明显。国外果园普遍采用矮砧宽行密植栽培模式，行间生草，施肥方面采用的是灌溉施肥技术，将施肥与灌溉相结合，利用管道灌溉设施将肥料定量施入果园，具有定量施肥、及时施肥和省工节水等优点。在欧洲很多地区并不缺水，但仍普遍采用该项技术，考虑的是灌溉施肥技术省工省力、利于保护土壤生态环境等优点。果园运用灌溉、施肥相结合的肥水一体化技术，与常规施肥和大水漫灌相比，可节肥40%、节水60%、节约人力80%。近年来，随着化学肥料和劳动力价格不断上涨，果园生产成本急剧增加。另外，干旱缺水和水利基础设施滞后仍然是制约我国农业发展的主要因素。因此，研究省力、省肥、省水的栽培管理技术，进行试验示范，是降低果园生产成本的关键。

我国果园多为家庭式，面积多为3～5亩，与欧美国家规模化、集约化的果园生产方式相比存在较大差异。应推广适合我国小面积果园应用的低成本、高肥水利用效率的肥水一体化利用技术，根据果园土壤养分特征和不同生育期内植株肥水利用规律，制定不同生长季节果园肥料搭配规律，进行试验示范和推广利用。姜远茂教授研究制定了幼树期和盛果期果园灌溉施肥计划，可以指导水肥一体化果园进行灌水施肥。（表5-6、表5-7）

表5-6　幼树、初果期树灌溉施肥方案

萌芽后的周数	灌溉次数	灌水量（m^3/亩·次）	每次灌溉加入的纯氮量（kg/亩）							
			瘠薄土壤（有机质在1.0%以下）				肥沃土壤（有机质在1.0%以上）			
			≤4年	5年	6年	7年	≤4年	5年	6年	7年
0～2	1	25	0	0	0	0	0	0	0	0
2～4	1	20	2.5	2	2	2.5	2	2.5	2.5	2
4～6	1	20	3.5	3	3	4	2.5	3.5	3.5	3
6～8	1	15	1.5	2	2	2.5	1	1.5	1.5	2
8～10	1	15	1	2	2	2.5	1	1	1	2
10～12	1	15	1	2	2	2	1	1	1	2
24～28	1	20	3	4	4	5	2.5	3	3	4
封冻前	1	30	0	0	0	0	0	0	0	0
合计	8	160	12.5	15	15	18.5	10	12.5	12.5	15

表5-7　盛果期树灌溉施肥方案

生育时期	灌溉次数	灌水定额（m^3/亩·次）	每次灌溉加入的养分占总量的比例（%）		
			N	P_2O_5	K_2O
萌芽前	1	25	0	30	0
花前	1	20	10	10	10
花后2~4周	1	25	30	10	10
花后6~8周	1	25	20	10	20
果实膨大期	1	25	20	0	30
采收前	1	15	0	0	10
采收后	1	20	20	40	20
封冻前	1	30	0	0	0
合计		185	100	100	100

果园灌水施肥时，根据果园需肥情况，将肥料溶解好；打开蓄水池的阀门，灌水30 min左右；根据出水情况，将溶解好的肥料倒入蓄水池中，随浇水将肥料施入果园。蓄水池内的水肥液完全喷施完后，再往蓄水池中注入清水，继续喷施30 min，以将管道及灌溉设施内的肥液冲洗干净，防止肥液及杂质腐蚀水利设施。烟台地区多为山地梯田式果园，果园长短不一、地势不平，平时果园灌溉基本依靠自然降水。浇水时需要有一人拖动浇水软管，非常不方便，需2人2天才能浇一遍，一般每年浇水5次，需用工20个。果园生长季节追施肥料时，经常由于浇水不及时，影响肥料的利用效率。安装肥水一体化设施后，果园灌水时只需将水从水井中抽送到蓄水池中，再将蓄水池的阀门打开，即可将水浇灌到果园中，基本不费工，且可以根据土壤干旱情况随时进行果园灌水，保证了田间土壤水分的稳定。根据电机抽水速率，利用肥水一体化技术进行灌水，每亩每年可节约用水80~100 m^3，节水50%左右；需要补充肥料时，只需将肥料溶解在蓄水池中，即可随浇水将肥料施入果园，肥水利用效率可提高40%左右。（表5-8）

表5-8　每亩肥水一体化果园和常规果园每年投入成本比较（单位：元）

调查类别		肥水一体化果园	常规果园
生产资料投入	土杂肥	170	170
	化肥	550	850
	农药	400	420

（续表）

调查类别		肥水一体化果园	常规果园
生产资料投入	果袋	580	550
	地膜和反光膜	30	30
	燃料和水电费	50	220
	其他	100	100
管理用工投入	套袋和摘袋	650	620
	喷药	300	300
	修剪	250	250
	采收	350	350
	施基肥	150	150
	追肥浇水	150	650
	其他	150	150
合计		3 880.0	4 810.0

对肥水一体化果园和常规果园的生产投入成本进行比较，结果表明，肥水一体化果园和常规果园在土杂肥、农药、地膜和反光膜等方面的生产资料投入以及果园增施基肥、修剪、喷药、采收、套袋和摘袋等方面的用工投入基本相同，主要差异体现在追肥投入量、用水量、燃料水电费等生产资料投入和追肥浇水产生的用工投入，每亩果园可节省肥水、用工等生产成本930元。

同时，采用肥水一体化技术，果园灌溉施肥均匀，地表不产生积水和径流，不会破坏土壤结构，土壤中原有的养分不会随大水漫灌流失。冬季来临之前，利用灌溉施肥，土壤湿度可控制在50%～60%，可以保证果树根系生长处于最佳状态，利于土壤中微量元素的分解转化，增强根系对各种营养的吸收及贮备。

春季灌溉施肥，果园地温升高快。微灌2～3天后，地温较大水漫灌高2.7℃，有利于树体生长发育。采用肥水一体化的果园叶片肥厚，颜色深绿，叶片光合效率较高。与常规果园相比，采用肥水一体化技术的果园叶片的净光合速率明显较高，而且该果园不同树冠部位的叶片净光合效率均明显高于常规果园，其外部、中部和内部叶片的光合效率分别是对照果园的1.05倍、1.12倍和1.32倍。果园亩产量、优质果率和果实品质显著高于常规大水漫灌施肥的果园，每亩果园销售收入可增加20.8%，经济效益和生态效益显著。（表5-9、表5-10）

表5-9 不同果园内植株叶片的光合性能比较

果园名称	树冠部位	光合速率 /μmol·m⁻²·s⁻² Pn	叶温 /℃	叶绿素总量 /μg·g⁻¹FW
肥水一体化果园	外部	17.45	27.26	16.57
	中部	13.34	26.33	14.36
	内部	10.00	25.65	12.97
常规果园	外部	14.23	27.53	15.49
	中部	12.98	25.97	12.89
	内部	10.74	25.36	11.04

表5-10 不同果园苹果果实品质和产量分析

处理	单株坐果数 / 个	单果重 /g	果形指数	着色面积 /%	可溶性固形物含量 /%	硬度 / kg·cm⁻²	亩销售收入 / 元
常规果园	685 ± 65	235.3 ± 5.2	0.83 ± 0.07	80	13.7 ± 0.3	8.5 ± 0.2	21 000
肥水一体化果园	712 ± 40	247.2 ± 3.7	0.84 ± 0.04	100	14.0 ± 0.4	8.4 ± 0.1	26 500

五、缺素症及其矫正

树体对营养元素的吸收和利用，与品种、土壤条件、栽培技术和病虫害防治等因素有关。苹果树发育不正常时，应进行综合分析，确定其发育异常的原因。由于矿质元素的化学性质及生理功能不同，果树营养元素缺乏的部位和症状也有差异。

1. 缺氮症

春季缺氮，叶片较小，花芽的形成减少，但这些症状不易被察觉。夏季缺氮，新梢基部叶先变黄，并向顶端发展，新生叶小，呈紫色，叶脉及叶柄呈红色，叶易脱落。当年生枝梢短小细弱，呈红褐色，果实小而早熟、早落，花芽显著减少，叶片含氮量在2.5%~2.6%即表现缺氮，土壤瘠薄、管理粗放、缺肥和杂草多的果园易表现缺氮症。在沙质土上的幼树，若生长迅速时遇大雨，几天内即表现出缺氮症。

防治方法：一般施用氮素化肥如硫酸铵、尿素，症状会很快消失。在雨季和秋梢迅速生长期，树体需要大量氮素，而此时土壤中的氮素很易流失，可用0.5%~0.8%尿素溶液喷洒树冠。一般正常施肥的果园不易发生缺氮症。

2. 缺磷症

新生叶片比正常叶片小而薄，枝条细弱而分枝少，叶柄及叶背呈紫红色。由于缺磷，早期糖分不能被利用而累积在嫩枝叶中，形成大量花青素。因此，早春或夏季生长较快的枝叶，几乎都呈紫红色，新梢末端的枝叶特别明显，这种现象是缺磷的重要特征。缺磷树易受冻害，且花芽减少，产量低。叶片含磷量在0.15%即表现缺磷。果园缺磷包括土壤中磷含量少和土壤中缺乏有效磷素两种情况。当土壤含钙量多或酸度较高时，土壤中的磷素被固定成磷酸钙或磷酸铁铝，不能被果树吸收，从而造成苹果树缺磷。另外，在疏松的沙土或有机质多的土壤中，常有缺磷现象。

防治方法：对缺磷果树，于展叶后叶面喷洒磷酸或过磷酸钙。磷酸施用过多时，易引起缺铜、缺锌症发生。

3. 缺钾症

缺钾时，枝条的中部和中下部叶片边缘先呈暗紫色，随即焦枯呈茶褐色。由此再向上、下两端发展，叶片上邻近焦枯的组织仍在生长，叶片表现皱缩和卷曲。叶片焦枯的程度因缺钾的程度而异，中度缺钾叶缘焦枯，严重缺钾整叶焦枯。缺钾往往影响花芽的形成，缺钾的果树果实个小、着色差且易遭冻害和旱害。在细沙土、酸性土以及有机质少的土壤中，易表现缺钾症。在轻度缺钾的土壤中施氮肥，能刺激果树生长，更易表现缺钾症。

防治方法：果园中缺钾，除土壤中含钾量少外，其他元素缺乏或相互作用也能引起缺钾，应增施有机肥如厩肥和农家肥。果园缺钾时，于6～7月追施草木灰、氯化钾或硫酸钾等化肥，树体内钾素含量会很快增多，叶片和果实都能恢复正常。一般中等肥力的果园，每产50 kg果实施优质圈肥100 kg、氮素0.35 kg、磷素0.15 kg、钾素0.35 kg，基本上能满足苹果对氮、磷、钾的需求。

4. 缺铁症

缺铁症又叫黄叶病，多从新梢顶端的嫩叶开始，初期叶肉变黄，叶脉及两侧仍为绿色，叶呈绿色网纹状。随病情发展，黄化程度逐步加重，甚至全叶呈黄白色，最后枯死脱落。严重缺铁时，顶梢枯死呈枯梢现象。果树缺不缺铁，与土壤中的盐碱含量有关。土壤中铁的含量很丰富，但在碱性或盐碱重的土壤里，大量可溶性的二价铁被转化为不溶性的三价铁盐而沉淀，不能被植物吸收利用。因此，在盐碱地易发生黄叶病。干旱时，由于地下水蒸发，表土含盐量增加，易发生黄叶病。地下水位高的低洼湿地，土壤盐分常随地下水积于地表，易发生黄叶病。另外，缺铁与砧木的耐碱性有关，用东北山荆子作砧木易表现缺铁症，而用海棠作砧木的苹果树很少发现此病。

防治方法：①土壤管理及改良。春季干旱时注意灌水压碱，低洼地要及时排除盐水。用含盐低的水灌溉，灌水后要松土。增施有机肥料，树下间作豆科绿肥，以增加土中的腐殖质，改良土壤。②喷洒铁肥。发病严重的树，发芽前可喷0.3%~0.5%的硫酸亚铁溶液。或于果树中、短枝顶部1~3片叶失绿时，喷黄腐酸二胺铁200倍液或0.5%尿素+0.3%硫酸亚铁溶液，效果显著。③树干注射。用强力注射器将0.05%~0.08%的硫酸亚铁溶液注射到树干中，效果较好。④土施硫酸亚铁。果树萌芽前，将1份硫酸亚铁与5份腐熟的有机肥混合，挖沟施入根系分布的范围内，也可在秋季结合施基肥进行。切忌在生长期施用，以免产生药害。也可用有机铁肥120~180倍液+0.3%尿素溶液。

5. 缺锌症

缺锌症又称苹果小叶病。病树春季发芽较晚，抽叶后生长停滞，叶片狭小，叶缘向上，叶呈淡黄绿色或浓淡不均。病枝节间缩短，小叶簇生成丛状。病树花芽减少。花朵小而色淡，不易坐果，即使坐果，果小而呈畸形。在沙质土壤中锌盐少且易流失；在碱性土壤中锌盐常转化为难溶状态，不易被树体吸收；沙地、瘠薄的山地及土壤冲刷较重的果园易发生缺锌症。缺锌也与土壤中氮、磷、钾、钙的比例失调有关，在偏酸性和富含有机质的土壤中缺锌现象很少。

防治方法：①增施有机肥，改良土壤，搞好水土保持。沙地、盐碱地及瘠薄山地果园，要注意协调氮、磷、钾的比例。②喷施锌盐。萌芽前喷2%~3%、展叶期喷0.1%~0.2%、秋季落叶前喷0.3%~0.5%的硫酸锌溶液，重病树连续喷2~3年，或者喷锌铜波尔多液。锌铜波尔多液的配比：硫酸锌0.5份+硫酸铜0.5份+生石灰1份+水180~200份。③土施锌肥。发芽前在树下挖放射状沟，每株施50%硫酸锌1.0~1.5 kg，结合有机肥施用。第2年见效，持效期较长，但在碱性土壤上效果差。

6. 缺硼症

缺硼症又称为缩果病。缺硼时果实上表现出明显的症状，果实外部和内部的部分组织木栓化，果面凹凸不平。品种不同，症状表现有差异。土壤瘠薄的山地果园、河滩沙地和沙砾地果园，土壤中的硼和盐类易流失，易发生缺硼症。早春遇干旱时易发生缺硼症。石灰质较多时，土壤中的硼易被钙固定；氮、钾过多时也能造成缺硼症。

防治方法：①合理施肥，改良土壤，搞好水土保持，干旱年份注意适当灌水。②增施硼素。在开花前、开花期和落花后各喷一次0.3%~0.5%的硼沙溶液。碱性强的土壤硼沙易被钙固定，采用此法效果好。②根施。秋季或春季开花前结合施基肥，根施硼沙或硼酸。施肥量因树体大小而异，每株大树施硼沙150~200 g，小树50~100 g。用量不可过多，施肥后立即灌水，以防产生药害，药效可维持2～3年。

7. 缺镁症

幼树缺镁，基部叶片先开始褪绿，后仅残留顶梢几片软而薄的淡绿色叶片。成龄树缺镁，枝条老叶叶缘或叶脉间先失绿，后渐变黄褐色，新梢、嫩枝细长，抗寒力明显降低，并导致开花受抑，果小、着色差。在酸性土壤或沙质土壤中镁容易流失，在碱性土壤中则很少表现缺镁，但在强碱性土壤中镁会变成不溶态。当施钾或磷过多时，常会引起缺镁症。由于缺镁，常会引起缺锌及缺锰。

防治措施：①局部缺镁的果园，在生长前期喷洒0.1%～0.2%碳酸镁溶液2～3次。②缺镁较重的果园可根施。把硫酸镁混入有机肥中施用，每亩1.0～1.5 kg。在酸性土壤中，为了中和土壤酸度可施镁石灰或碳酸镁。近年来，施用氯化镁和硝酸镁比施硫酸镁效果好，但要注意浓度，避免产生药害。

8. 缺钙症

幼根生长受抑制并逐渐死亡，在死根附近又长出许多新根，形成粗短且多分枝的根群。新梢生长至10～30 cm时，就形成顶芽而停止生长。顶端嫩叶形成褪绿斑，叶尖及叶缘下卷，2～3天后褪绿部分变成暗褐色枯死，此症状由上向下扩展。在接近成熟或贮藏期，果实变软发生苦痘病和水心病。果实内的氮、钙比大于10时发生苦痘病，达到30时则严重发病。缺钙的主要原因是土壤中钙含量少，氮、钙比例失调。当土壤酸度较高时，钙很快流失，导致缺钙。土壤中即使含有大量钙，但如果氮、钾、镁较多，也容易发生缺钙症。沙地、低洼地氮、钙比高，易表现缺钙。另外，前期干旱、后期大量灌水，或偏施、多施速效氮肥，特别是生长后期偏施氮肥，均会降低果实内钙的含量，从而加重苦痘病的发生。

防治方法：①加强栽培管理。合理修剪，适时采收，增施有机肥和绿肥，改良土壤，早春注意浇水，雨季及时排水，适时适量施用氮肥。②土壤施钙。在果园中适当施用石灰，可以中和土壤酸度，提高土壤中置换性钙的含量，减轻缺钙症。于沙质土壤上喷施或穴施石膏、硝酸钙或氯化钙，可减轻苦痘病。③叶面喷施。在氮较多的果园，喷氯化钙，因为硝酸钙会增加氮的含量。一般喷3～5次，最后一次在采收前3周为宜。另外，在果实采收后，应立即预冷再冷藏或用钙贮藏。预冷是把采后的苹果倒入1℃的预冷池中冷却，钙贮藏是在采收后把果实用0.75%～1%的硝酸钙或氯化钙溶液稍浸，两种方法均可显著减轻苦痘病。

9. 缺锰症

锰是植物体内许多酶的组成成分和酶的活化剂，参与光合作用和叶绿素的合成，改善植物体内物质运输、转化和合成功能，锰还能促进花粉萌发、花粉管伸长和果实膨大。

缺锰时叶片多呈等腰三角形，初期从叶缘开始失绿变成黄绿色，叶脉仍保持绿色，失绿区细脉不明显，呈肋骨状失绿。若继续发展，全叶变黄色，叶尖发生褐色斑点。缺锰失绿除新生叶外都可发生，但一般多从新梢中部叶片开始向上、下两个方向扩展。若锰过量，苹果枝干表现为粗皮病。

防治方法：①叶面喷锰。在5～7月，叶面喷0.1%～0.2%硫酸锰溶液，约20天一次，共喷2～3次。可与波尔多液混合喷施，以预防和减轻药害。②改良土壤。当土壤pH大于或等于7时，土壤里可溶态的二价锰被氧化为不溶态的四价锰，使苹果树缺锰。因此，土壤里适量施有机肥料可使土壤呈还原状态，增加可溶态锰。同时，有机肥料含有多种元素，对土壤起缓冲作用，有利于苹果根系吸收。③土壤施锰。缺锰果园或果树，可在土壤里施入氧化锰、硫酸锰、氯化锰和碳酸锰等锰肥，最好与其他肥料一起混合施用，每亩施硫酸锰1～2 kg。

10. 缺铜症

铜是植物体内许多酶的重要组成成分，也是叶绿素的组成元素之一。铜参与光合作用、呼吸作用、维生素的合成、植物内含物质的运输和植物的生殖等一系列生理活动，并能提高果树的抗逆性，为苹果正常生长发育所不可缺少的元素之一。

缺铜植株瘦弱，新梢的幼叶尖端多失绿变黄，重者脉间呈白色，叶变畸形，脉上有锈纹斑，随后变褐干枯脱落，形成光条或枯梢。一般新梢多干枯到10～30 cm处，翌年自干枯处的下部芽又萌发新梢，如此反复多处，形成丛生的细弱枝群。

防治方法：①叶面喷施。缺铜果园，可在苹果发芽前喷施0.05%～0.1%的硫酸铜溶液，或在生长季喷0.01%～0.04%的硫酸铜溶液，可很快得到恢复。②加强果园管理。改良土壤，增施肥料，尤其是施用生理酸性氮、钾肥可提高铜的活性，并适时浇水，可减少或避免缺铜。③土壤施铜。严重缺铜的果园，可向土壤中施硫酸铜，每亩用量为1.0～1.5 kg，肥效可维持数年。

11. 缺硫症

缺硫的苹果树，幼叶先失绿变黄，而后叶肉逐渐发黄。严重缺硫时，叶片基部常发生红棕色枯焦斑。

我国北方含钙质多的土壤，硫多被固定为不溶状态。而南方丘陵山区的红壤土，因淋溶作用，硫流失严重，这些地区的果园易缺硫。硫可随着施用其他含硫肥料而得到补充，实际上缺硫的苹果园片并不太多。对缺硫果园，施用石膏或硫磺粉即可，一般每亩石膏用量6～8 kg，硫磺用量1.0～1.5 kg。施硫酸盐一类的化肥，硫也能得到一定的补充。

第七节　花果管理技术

一、优质花芽培育

优质果品来源于优质花芽，苹果花芽质量是果品质量的关键和基础。优质花芽芽体饱满，开花后花期整齐，花朵数多，花朵大，坐果率高，所结果大且果形好。影响优质花芽发育的原因很多，从根本上说，花芽分化过程中的树体营养水平偏低是最主要因素，因此提高树体光合产物积累水平和改善各种营养元素之间的平衡是培育优质花芽的关键。

1. 土壤管理

土壤的理化性状特别是通气性能对根系的生长和吸收功能影响很大。通过土壤深翻扩穴，改善土壤的理化性状，可使根系处于良好的土壤环境中，发挥最大限度的吸收功能，使树体健壮，叶片功能强，进而提高花芽质量。

2. 科学合理地管理水分

土壤中水分的变化可影响花芽分化和发育。苹果生长前期（萌芽前和幼果期）有充足的水分可保证新梢生长和叶面积扩大，而花芽分化期以后过多的水分以及水分剧烈变化则会严重影响优质花芽的形成，适量干旱有利于花芽形成和饱满。因此，生产中有灌溉条件的果园在花芽分化期（6～8月份）要控制浇水，自然降雨多的年份要提前挖好排水沟做好排水工作，使根系呼吸通畅，利于花芽分化。旱地果园应采用穴贮肥水、地面覆盖和节水灌溉等栽培措施，稳定土壤水分平衡，以保证形成优质花芽。

3. 增施有机肥、合理施用化肥

有机肥中含有较多的矿质元素和大量有机质，是改善果园土壤环境的理想肥料，不仅营养全面、肥效持久，而且可以改良土壤，增进地力，是保证果树优质花芽形成的必备条件。因此，应注意给苹果增施有机肥。除商品有机肥（最好是碱性有机肥）外，优质有机肥主要包括饼肥（大豆、花生、菜籽、茶籽等）、畜禽粪（鸡、猪、牛、鹅、鸭等）、骨粉、河塘沟泥、瓜皮果壳、秸秆残茬、绿肥、青草树叶、城乡垃圾等，鸡粪、猪粪都应经过高温发酵才能进入果园使用。有机肥按每生产1 kg果施入1 kg肥的比例在9月下旬至10月上旬施入，穴施或沟施均可。

从成花质量上看，应根据不同的物候期施用不同种类的化肥。氮肥多在生长前期（萌芽前和幼果期）追施，以促进萌芽和新梢生长，增加叶面积；在花芽分化临界期（6～7月份），除弱树外一般不需大量施氮肥；后期要严格控制氮肥用量，防止因树体旺长而影响花芽分化和发育。磷肥可以促进花芽分化，可在发芽期和中后期施用。另外，谢花后至套袋前喷3～4次硼肥和钙肥，能促进花芽分化。套袋后喷3～4次0.2%～0.3%磷酸二氢钾，采果后全园喷3%～5%尿素+5%硫酸锌+微量元素，有利于积累营养物质，促进花芽分化。

4. 改善光照条件

树体的受光条件对花芽质量起决定作用，花芽分化和发育，本身需要比较强的光照。同时，光照条件直接影响叶片的营养积累。改善光照条件，首先要控制树体高度，及时落头开心，成龄树亩留枝量在6万～8万，树冠每平方米垂直投影面积留枝量140～190个，长枝（16 cm以上）、中枝（6～15 cm）、短枝（5 cm以下）比例接近1∶2∶7，枝果比约5∶1，花芽和叶芽比例（1∶3）～4，亩留花芽量1.2万～1.5万个，枝叶覆盖率60%～80%。对每个树体，按照树形要求保持良好的结构，大枝角度要拉开，多余枝条要及时去除。

在花芽分化关键时期（6～7月份），应及时通过夏季修剪调整枝叶分布，缓和生长，清理郁闭枝叶，使留下的叶片光照良好。8月中下旬，各骨干枝、背上枝和内膛直立枝及密生旺长枝、并生枝、重叠枝应从基部剪除。对长势健旺的长枝，在春秋梢交界处戴帽剪，促使下部成花。对夏剪后大枝上萌发的徒长枝，环切口、剪锯口附近萌生的无用枝和内膛纤弱枝要及时除萌，减少枝量，改善通风透光条件，促进花芽分化。

5. 严格疏花疏果，合理留果

花芽质量的好坏与花芽数量的多少有一定的相关性，在一定水肥条件下，花量过大，花芽质量必然降低。因此，应根据产量要求确定对树体的控制程度，使树体形成相对合理的花芽数量，既够用，又不过多，以保证形成优质花芽。根据枝果比留果时，富士、秦冠等大型果品种一般中庸健壮树（3～5）∶1，强旺树（2～3）∶1，弱树（4～5）∶1；中小型果品种如嘎拉（3～4）∶1。对于幼树，在进入盛果期以前，留果量可严格按叶果比确定，普通乔砧树叶果比为（30～40）∶1，矮化树和短枝型叶果比为（20～30）∶1。严格疏花疏果，保持合理的留果量，可减少树体养分消耗，调节生长与结果的关系，保证优质花芽形成。

6. 使用生长调节剂，控制后期旺长

苹果花芽形成的早晚与花芽质量有密切关系，中短枝停长早，其上形成的花芽一般质量较好，表现为芽体大，鳞片封闭严，翌年开花整齐，坐果率高；反之长枝停长晚，其上形成的花芽质量差，表现为芽体小，鳞片松散，翌年开花后花朵小，且数量少。控制新梢后期旺长的措施除合理的肥水管理和修剪外，使用生长调节剂是较为简便而有效的方法。

目前，对幼旺树应用普遍的生长调节剂有多效唑、乙烯利、PBO等。多效唑适用于未结果的幼旺树和适龄不结果的旺长树，可于5月中下旬和7月上中旬连续2次叶面喷布15%多效唑可湿性粉剂150倍液至滴水为止，具有良好的抑制新梢生长、促进花芽形成等效果。乙烯利只适用于未结果的幼旺树，促其由营养生长向生殖生长转化，对结果树必须慎用。生长期喷布一定浓度的乙烯利，有抑制果实生长、促进采前落果和提早成熟的作用。未结果的幼旺树于5月和7月喷布两次40%乙烯利400倍液，能明显抑制新梢生长，多生短枝，并促进中枝和短枝形成花芽。5月下旬或8月中旬喷250倍的PBO，可抑制新梢生长，有利于营养物质积累，促进花芽分化。

7. 适期采收

采收过晚，果实消耗养分时间长、数量多，影响树体贮藏养分的积累和花芽进一步发育，适期采收对提高花芽质量十分有益。

8. 加强病虫害防治

生长季节应根据病虫害发生情况，及时喷药保护，防止早期落叶、降低树体的贮藏营养水平，进而影响花芽形成后的进一步发育。加强对叶螨类、蚜虫类、顶梢卷叶蛾、食叶害虫及白粉病的防治，保证叶片的完好率。特别是特长果枝具有结果能力的品种，要注意对顶梢卷叶蛾的防治，保护好顶芽，以利于花芽形成。

二、花前复剪

花前复剪是在春季苹果开花之前对树体进行修剪，是纠正冬剪失误及弥补因气候、机械损伤等原因破坏了原来冬剪树形的有效途径。主要目的是通过疏除多余辅养枝、过密枝和细弱枝等，调整枝条、花芽的数量和比例，使花芽数量适中、质量优良、分布均匀，以减少开花期树体营养消耗，提高坐果率，促进幼果发育，减少疏花疏果工作量，达到壮树增产的目的[58]。

1. 适宜时期

花前复剪的内容之一就是调整花芽、叶芽的比例，协调生长与结果的关系，适宜在花芽萌动后至盛花前进行，最适宜的时期是花芽膨大至花序分离期（4月上中旬）。此时花芽显著膨大、现蕾、花序逐渐分离，花芽与叶芽容易准确辨别，进行花前复剪既准确可靠，又方便快捷。

2. 复剪对象

花前复剪的对象主要是盛果期大树、大小年结果树，发生冻害、雹灾、雪灾、水灾和严重落叶的果园。

3. 技术要点

(1)根据品种、树势、单株花芽数量、冬剪程度和预期产量等，确定出花枝、叶枝比，枝、果比及复剪强度。一般壮树花枝和叶枝比为1∶3，枝果比为(3～4)∶1；弱树花枝和叶枝比为1∶4，枝果比为(4～5)∶1。花前复剪之后，果园留枝量7万~8万条/亩，花枝量2万~3万条/亩。

(2)因树制宜：花前复剪的方法因品种、树龄和树势而不同。

①对幼树和旺树，可适当多留一些辅养枝上的花芽，这样既可增加早期产量，又可加速扩大树冠。

②对盛果期大树，按花、叶芽的适宜比例进行调整，以疏除树冠内膛的密生、交叉、细弱、直立旺长枝，树冠外围的竞争枝、过密枝和主枝层间过渡的辅养枝为主，对腋花芽枝多采用中短截。重点为小枝处理，把生长枝与结果枝的比例调整到(2～3)∶1。这类树复剪，对花芽适量的树，一般不动花，短果枝成串的枝条留3～4个花芽回缩，有腋花芽的1年生枝留3个左右花芽短截。花芽过多的树，要适当疏除弱枝、弱芽，多留壮枝、壮芽，更新衰老和过密枝条，而骨干枝的正常枝附近1～3年生枝上不留果枝，误留下的腋花芽和其余腋花芽枝均将腋花芽部分剪掉。长果枝轻打顶，并疏除过密和衰弱的残次花芽。复剪后花芽量仍偏多的，可通过疏花疏果进一步调整。

③对于大年结果树，多留短果枝，多疏腋花芽枝，多中截中、长果枝。对中庸果枝，以缓放结果为主，轻打头；对初挂果还需继续扩大树冠的树，应疏除各骨干枝延长枝附近1～2年生部位的花芽，其前部至少30 cm不要留花芽，更不能留封顶花芽；对于枝条都是花芽的弱树，实行破花修剪，多疏弱花枝，留壮枝饱满芽，少疏大枝，少造伤口；对旺树，应缓放、轻剪、多留花芽；对缓放2年以上，后部已形成花芽的缓放枝，在复剪中应给强壮枝“戴活帽”、中庸枝“戴死帽”，较弱花枝带走2/3花芽进行回缩。对已经衰弱的结果枝，应重回缩，促发新枝。树冠内影响通风透光的重叠枝、交叉枝和内向枝等，应予以疏除。对生长势弱的衰老结果树，多留中庸果枝结果，多疏除弱花枝，多短截中庸壮果枝，适当减少花枝数量。

④对小年结果树，花前复剪的目的是在冬剪的基础上，多截中、长枝，以枝换枝，控制次年花量，抑制次年的大年现象。以疏除树冠内膛的密生、交叉、细弱、直立旺长枝和树冠外围的竞争枝、重叠过密枝为主，多短截中、长发育枝，以减少当年成花数量，缓放中短、平斜中庸枝。对于中长果枝，一般不要破头。对于中长营养枝和无花的果台副梢，应多重剪、少甩放，促发中长枝，来年能多成花。对于无花芽的结果枝组，特别是连年长放枝，应多回缩，以免来年花量多。对于各骨干枝背上粗壮、易冒条的大叶芽枝，实行中

短截，以便培养结果枝组。对于骨干枝两侧的大叶芽枝，以破顶为主。对于下垂的大叶芽枝，以缓放为主。对于冗长的单轴延伸枝组，凡是衰弱无花的，可一次回缩至后边的强壮分枝处；凡是有花芽的，可采取逐年回缩法，尽量多保留花芽。

⑤对于花量适中的树，复剪量不宜过大。强壮的串花枝留5～6个花芽，中庸花枝留3～4个花芽，弱花枝留2～3个花芽进行回缩。对腋花芽可留3个左右花芽进行短截。对于膛内枝，密者疏，稀者留。细弱花枝可重短截，促发新枝。对于因为拉、扭、拧等已经下垂的老枝和细长衰弱枝，应适当疏或缩，以便复壮更新。

⑥对受冻害的树，冻后枝梢尚好、叶片干枯不落的，应及早摘除叶片；剪除枯死的枝梢，受冻比较严重，整个树冠冻死的，应锯断主干，培养2～3个生长枝成为骨干枝。

4. 注意事项

（1）复剪方法因品种而异：对于修剪反应不太敏感的品种，如秦冠、金冠等，在复剪中对于辅养枝应做到“开花缓放有花短，长串花枝打一半。”而对于修剪反应敏感的元帅系品种和修剪反应较敏感的长枝型富士品种，结果前期以多缓放、多拉枝、多刻芽为主，见花见果再回缩。在复剪中为了防止冲花，应当做到“避花修剪”（即花芽前应留1～2个叶芽）和“放缩结合法”（即花芽前留1～2个缓放的营养小枝）。而在结果后期，应注意回缩已衰弱的单轴延伸结果枝组和培养一些中小型立体结果枝组，以利树势复壮和延长树体寿命。

（2）切忌修剪过度：过度修剪会严重削弱根系生长，造成树势迅速衰退，必须防止。同时要注意保护伤口，加强病虫害防治工作。

（3）适当多留花芽：苹果花期常遇低温、大风及晚霜危害，影响正常授粉坐果，故花前复剪时应多留些花芽，等坐果后再根据植株的负载能力疏果。

（4）及时修整剪口芽：苹果树的主侧延长枝及枝组带头枝的剪口芽，常因气候不良、机械碰撞等原因造成损伤。因此，复剪时应对剪口芽的位置、方向进行检查，有不符合要求的应短截到适宜芽位。剪口芽上方不必留桩，直接剪在芽基稍上一点即可，冬剪时留桩过长的也要剪去，以利于愈合。误将腋花芽作剪口芽的，应短截成叶芽。剪除冬剪时剪锯口处多余的萌蘖，以节约营养，保证树体通风透光。

（5）适当拉枝开角：春季苹果树液开始流动后，枝条变得柔软，不易劈裂，且固定较快。角度小及方向不对的枝，应于此期用拉、撑等方法打开角度、转变方向。

（6）必须配合良好的肥培管理：可结合施春肥，恰当增施以速效氮肥为主的肥料或进行根外追肥（喷0.2%的磷酸二氢钾加0.3%的尿素溶液，进行树冠喷施）。山地果园还要注意做好防旱、抗旱工作。

三、花期授粉

苹果是典型的异花授粉植物，大多数苹果品种需要异花授粉才能结实，能够自花结实者很少。为了确保坐果和高产、优质、高效，在有授粉树的条件下，也不能完全依靠自然传粉，而应采用昆虫（壁蜂、蜜蜂等）授粉或人工辅助授粉。

1. 昆虫授粉

目前，利用昆虫授粉（花期果园释放壁蜂或蜜蜂传粉）已经成为我国苹果授粉的常规技术措施。与人工授粉相比，昆虫授粉不仅可以提高授粉效率、节约人工，而且授粉效果好，可以显著提高苹果的坐果率，促进果实生长发育和提高品质。但是，昆虫授粉受天气条件的影响较大，花期遇到不良天气的年份还需要进行人工辅助授粉。

（1）蜜蜂授粉[59]：蜜蜂是开花植物的主要授粉昆虫，在苹果上应用蜜蜂授粉技术是山西、北京、河北等果树产区果树生产的重要配套措施之一。目前，用于苹果授粉的蜜蜂品种主要为中华蜜蜂和意大利蜂。中华蜜蜂又称中华蜂、中蜂、土蜂，是东方蜜蜂的一个亚种，是我国独有的蜜蜂当家品种，是以杂木树为主的森林群落及传统农业的主要传粉昆虫，可以有效地为果树授粉；意大利蜂是西方蜜蜂的一个品种，由于意大利蜂群体大、喙长和易于管理，是国内外利用的主要授粉蜂种。

①蜂群获得。租赁：果农与养蜂场（或授粉公司）签订授粉租赁合同，租赁蜂群进行授粉活动。租赁合同中应明确付款方式、授粉蜂群的数量和质量、蜂群进场时间、种植园（户）的饲喂方法和用药管理等事项，以维护双方权益。

购买：果农购买蜂群自行授粉时，应挑选性情温顺、采集力强、蜂王健壮，无白垩病、蜂螨和爬蜂等病虫害的强群。

②运输。运输蜂群时，注意汽车等运输工具清洁无农药污染，蜂群饲料充足，固定好蜂箱，防止运输过程中挤压蜜蜂，调整好巢门方向（关门运蜂方式巢门朝前，开门运蜂方式巢门横向朝外）。合理安排运蜂时间，开巢门运蜂，应在傍晚蜜蜂归巢后起运；关巢门运蜂，装车后立即起运。运蜂车应在夜晚行驶，宜在第二天中午前到达，并及时卸下蜂群。长途运输第二天不能到达时，应在上午10时以前把蜂车停在阴凉处，停车（或卸车）放蜂，傍晚再继续运输。

③蜜蜂授粉技术。在苹果开花前3～5天，将蜜蜂蜂箱散放于授粉果园中，一般每箱蜜蜂可保证0.5 hm^2果园授粉。果园面积不大时，蜂箱可布置在田地的任何一边；如果果园面积在46.6 hm^2以上，或地块长度在2 000 m以上，应将蜂箱布置在地块中央，减少蜜蜂飞行半径。蜜蜂一般以10～20群为一组，分组摆放，并使相邻组的蜜蜂采集范围相互重叠。蜂箱应放在支架上，支架高度20 cm左右。

蜂群饲喂：苹果蜜粉比较丰富，在蜜蜂授粉期间，不需要专门饲喂花粉和糖浆，只要保证干净的饮水供应即可。可以用喂水器进行喂水，也可在蜂箱前约1 m的地方放置一个碟子，每隔2天换一次水，在碟子里面放置一些草秆或小树枝等，供蜜蜂攀附，以防蜜蜂溺水死亡。

④注意事项。在开花前，不能使用残留期较长的农药如敌敌畏、乐果等。在开花期间，要避免使用毒性较强的杀虫剂，如吡虫啉、毒死蜱等。如果必须用药，应尽量选用生物农药或低毒农药。用药时，一般应将蜂群移入缓冲间，以避免农药对蜂群的危害，在缓冲间隔离一天后原位放回即可。

(2) 壁蜂授粉[60]：目前我国苹果主产区如山东地区，已大面积应用壁蜂授粉。专门为果树授粉的壁蜂有5种：紫壁蜂、凹唇壁蜂、角额壁蜂、叉壁蜂和壮壁蜂，其中凹唇壁蜂和角额壁蜂应用较多。它们属膜翅目、切叶蜂科、壁蜂属，为群聚独栖昆虫，一年1代，以卵、幼虫、蛹、成虫在巢管内越夏越冬，可利用成虫在巢管外活动的约20天时间放蜂传粉。壁蜂的出茧率约为80%，雌雄比约为1∶1.4，以雌蜂进行传粉。壁蜂开始飞翔传粉的气温为12～15℃，一天中以10时至16时飞翔传粉最活跃；传粉较好的飞翔距离为40 m内，一个雌壁蜂是一个蜜蜂（工蜂）传粉能力的80倍左右；其繁殖倍数，角额壁蜂约为3.5倍，紫壁蜂约为5.0倍，凹唇蜂约为6.5倍。具有春季活动早（春季气温9～10℃时越冬成蜂破茧出巢），适应能力强、活跃灵敏，访花频率高，繁育、释放方便等特点。苹果园每亩释放150～250头壁蜂即可满足授粉的需求。

①放蜂前的准备。准备巢管：巢管主要用芦苇管制作，要求芦苇管内径为6.0～6.8 mm；选择内径适宜的芦苇，锯成16～18 cm长，一端留节，一端开口，管口应不留毛刺，芦管无虫孔；也可用旧报纸或牛皮纸，卷成内径6～8 mm的纸管，壁厚1 mm以上，截成15～17 cm长，纸管一端用纸团或泥团封实，一端开口。将管口染成红、绿、黄、白种颜色，各颜色比例为20∶15∶10∶5，混匀后50支一捆扎好，按500～600支/亩准备巢管。

设置巢箱：巢箱用硬纸箱、木板、砖石制作，按25 cm×30 cm×30 cm规格制作，5面封闭，1面开口，以30 cm×30 cm的一面为开口，开口朝南或朝西，上盖遮雨板，留檐长度不少于10 cm，也可选用塑料膜覆盖，放在40 cm左右高的支架上，支架可以用木架或砖制成。一般每亩设置2个巢箱，放在背风向阳处，距地面40～50 cm，在箱内装入巢管250～300支，管口朝外。巢管排列时先在巢箱底部放3捆，其上放一硬纸板，并突出巢管1～2 cm，在硬纸板上再放3捆巢管，上面再放一硬纸板。在巢箱上部的两个内侧面用石块或木条将纸板和巢捆固定在巢箱中，巢管顶部与巢捆间留空隙，供放蜂时安放蜂茧盒用。巢箱附近1～2 m处挖一个长40 cm、宽30 cm、深30 cm的土坑，然后铺上塑料布，再装上一半土、一半水，并经常保持坑内半水半泥状态，供壁蜂采泥封茧用。为解决花粉不足的问题，可在蜂巢周围栽种萝卜等蜜源植物。

备好蜂茧和放茧盒：蜂茧一般选用凹唇壁蜂或角额壁蜂，按果园面积备足蜂茧，0～5℃冷藏备用。放茧盒一般长20 cm、宽10 cm、高3 cm，用硬纸制作，也可以用小药品包装盒，盒四周扎2～3个直径为0.7 cm的小孔，以便于出蜂。

②壁蜂释放。放蜂时间：在苹果开花前3～4天开始放蜂。

放蜂方法：将蜂茧放在放茧盒内，盒内平摊1层蜂茧，不可过满过挤，然后将放茧盒放在巢箱内的巢管上，露出2～3 cm。放蜂5～8天后检查蜂茧，对没有破茧的成虫要在茧突部位割一个小口，以帮助出茧。若壁蜂已经破茧，要在傍晚释放壁蜂，以减少壁蜂遗失。

放蜂数量：盛果期苹果园每亩放蜂量按200～300头准备，初果期的幼龄果园及结果小年放150～200头蜂茧。

③回收及保存。苹果谢花后20天收回巢管，回收过早，花粉团会因水分尚未蒸发而变形，造成卵粒不能孵化或初孵幼虫窒息死亡；回收过晚，蚂蚁、寄生蜂等天敌害虫会进入巢管取食花粉团和壁蜂卵，一旦被带入室内，会危及壁蜂卵、幼虫、蛹和成虫。收回巢管后要捆好，平挂在通风无污染的空屋横梁上。12月初剥巢取茧，每500个蜂茧装一罐头瓶，常温保存，春季放入冰箱中0～4℃保存。

④注意事项。放蜂前后不喷药，放蜂前10～15天喷一次杀虫和杀菌剂，此后及放蜂期间严禁喷任何药剂；巢管材料和规格要合适，不管何种巢管，巢管内径应为7 mm左右；巢箱摆放位置要恰当，巢箱宜摆放在授粉地块中央偏下的风头位置，以前面开阔、后面略显隐蔽的树下为好，巢箱位置摆放好后千万不能移动，以便于壁蜂归巢产卵；在巢箱基座四周涂抹废机油（沥青）或覆盖塑料纸，防止蚂蚁爬到巢箱内危害；预防寄生蜂和蜂螨，剥茧时剔除寄生蜂茧，对多年使用的蜂管，用90～100℃的高温处理20 min，杀灭蜂螨。

2. 人工辅助授粉

人工授粉是苹果最有效、最可靠的授粉方法。在用壁蜂和蜜蜂授粉的果园，花期遇到阴雨、低温、大风及干热风等不良天气时，授粉效果较差，为提高坐果率，需进行人工辅助授粉。在无放蜂条件的果园，更需进行人工辅助授粉，以保证当年产量和优质高效。

（1）花粉制备：在主栽品种开花前3天左右，选择适宜的授粉品种，采集含苞待放的铃铛花带回室内。采回的鲜花立即取花药，将两花相对，互相揉搓，把花药接在光滑的纸上，去除花丝和花瓣等杂物，准备取粉。采集花粉的方法常用的主要有室内阴干取粉法和温箱取粉法等。

①室内阴干法。将花药均匀摊在光滑洁净的硫酸纸上，放在空气相对湿度60%～80%、温度20～25℃的通风房间内，经2天左右花药即可自行开裂，散出黄色的花粉。

②温箱取粉法。在纸箱底部铺一张光洁的纸，摊上花药并平放一支温度计，上面悬挂一个60～100 W的灯泡。调整灯泡高度，使箱底温度保持22～25℃，一天左右即可散粉。干燥好的花粉连同花药壳一起收集在干燥的玻璃瓶中，放在阴凉干燥的地方备用。一般每10 kg鲜花能出1 kg鲜花药，每5 kg鲜花药在阴干后能出1 kg干花粉，可供30～43 hm^2果园授粉用。

③火炕增温取粉。阴天、低温和空气相对湿度较大时，在火炕上垫上厚纸板等物，放上光滑洁净的纸，纸上平放温度计，将花药均匀摊在上面，保持温度在22～25℃，一般1天左右即可。

（2）授粉方法：苹果花开放当天授粉坐果率最高，因此要在初花期，即全树约有25%的花开放时抓紧授粉。授粉要在上午9时至下午4时进行，同时要注意分期授粉，一般于初花期和盛花期授粉两次效果较好。

①人工点授。将花粉装在干净的小玻璃瓶中，用带橡皮的铅笔或毛笔蘸取花粉，向初开放的花朵柱头轻轻一点即可。一次蘸粉可点3～5朵花，一般每个花序授1～2朵。第一批中心花开放15%左右时开始进行人工点授，分批进行，连授2～3次即可满足坐果对授粉的需求。

②花粉袋撒授。将花粉混合50倍的滑石粉填充剂，装入两层的纱布袋中。将纱布袋绑在长杆上，在树冠上方轻轻摇动花粉袋，使花粉均匀撒落在花朵柱头上。

③液体喷授。将花粉过筛，除去花瓣、花药壳等杂物，每千克水加花粉2 g、糖50 g、尿素3 g、硼沙2 g，配成花粉悬浮液，用超低量喷雾器均匀地喷洒于花朵柱头上。每株结果树喷布量为150～250 g，一般要求在全树花朵开放60%左右时喷布，并要喷布均匀周到。注意悬浮液要随配随用。

（3）注意事项：

①取花粉时避免高温，尤其不能在29℃以上的高温环境中，否则花粉会很快丧失活力，失去授粉能力。

②放置花粉时防止日晒，阳光紫外线在很短的时间内就会将花粉细胞杀死。

③花粉长期不用时，必须包装好（最好放入干燥剂中，防止受潮）放入低温冷柜中，使用前两天将花粉从冷柜中取出。待花粉温度跟外界环境温度一致时，再将花粉从干燥剂中取出。

3. 机械授粉

机械授粉就是借助授粉器械，在果树花期进行辅助授粉，是对传统人工授粉方式的一种创新和提高[61]。机械授粉最大的优点是劳动强度低、授粉率高、速度快、操作简便，可在短时间内完成大面积授粉。授粉效率是传统人工点授的十几乃至几十倍，主要适用于面积较大、劳动力短缺的果园，可有效缓解快速增长的人工成本和凸显的花期“农工荒”，具有良好的应用前景。

机械授粉是一项系统工程，包括授粉品种、花粉制备、机械设备等系列子工程。其中，建设专用花粉源基地、提供适宜的优质花粉是机械授粉技术的一个重要内容。

(1)授粉方法：生产上应用较多的授粉器械有气囊式和电动式两种，气囊式授粉器械是一种在气囊张力的作用下，以气流吹动容器内花粉外喷的授粉辅助装置。主要措施包括：气管前端开出气口，并插入粉罐底部，粉罐壁上部开喷孔，气管后端接通前部，气囊后部开进气孔。具备授粉均匀、精度高、节约花粉等特点，能实现随时开花随时授粉，极大地节省了人力，而且操作简单，很容易在果农中间推广。电动式授粉器械由背负式电池供应动力，花粉固定在电池上，通过管子和含花粉的天然羽毛轻触雌株，确保授粉。具有自动供给花粉到授粉羽毛，效率高，花粉无浪费，能确保授粉，轻便，使用简单，减轻疲劳等特点。具体操作是将花粉过筛，除去花瓣、花药壳等杂物，将花粉和淀粉按照1∶8或1∶10的比例配好，搅拌均匀，装入花粉罐内。在全树中心花开放30%时喷授，达到全树均匀周到。

(2)注意事项：

①花粉和淀粉都要置于干燥的地方，注意防潮。

②授粉最佳温度为18～25℃，如果气温达到28℃以上，则不易授粉。

③如果气温偏低，开花缓慢，花期时间较长，授粉应少量多次，效果较好。

4. 专用授粉树应用

苹果专用授粉树具有成花易、花量大、花粉多、花期长、花粉亲和力强、寿命长、授粉效率高、花粉直感效应明显等特点，是花期自然授粉的最好选择[62]。在欧美等发达国家苹果建园时，不考虑主栽和副栽品种的选择和搭配栽植，而是在行内按20∶1的比例配植专用授粉树。

(1)专用授粉树种类：

①凯尔斯海棠。北美品种，观花落叶小乔木，苹果属植物。树冠如苹果树大小，树形圆而开张，干棕红色，新叶红色，密生绒毛，老叶绿色。花期4月中下旬，花粉色，半重瓣，美丽异常。抗病、抗旱，耐瘠薄，是苹果园的良好授粉树。

②火焰海棠。也称福来，小乔木，高4.5～6.0 m，冠幅4.5 m，树皮黄绿色。叶椭圆形，叶片先端渐尖，叶缘有细锯齿。花蕾粉红色，开后白色，直径3.0～3.5 cm，花期4月中下旬，着花密，每序4朵花。花萼绿色，先端尖细长，密被毛。花瓣5枚，卵圆形，基部被毛。果熟期8月，果实深红色，直径2.4 cm，尖嘴。本品种由美国明尼苏达大学培育，果实宿存，耐寒，挂果期长，适合在我国北方推广。

③绚丽海棠。北美品种，观花落叶小乔木，苹果属植物。树冠如苹果树大小，树形紧密，干棕红色，小枝暗紫色。花期4月下旬，花深粉色，繁而艳。果亮红色，鲜艳夺目，6月就红艳如火，直到隆冬。抗病、抗旱，耐瘠薄，是苹果园的良好授粉树。

④红丽海棠。树势强，树姿直立半开张，主干黄绿色，树皮呈块状剥落，枝条密。萌芽期3月上旬，萌芽率高，成枝力强，腋花芽多；新梢停长期晚，落叶期晚，营养生长期长；伞形花序，花4～5朵，初花期4月7日，盛花期4月17日，终花期4月24日。单性结实无，自花结实率较高，连续结实力强。花朵坐果率85.4%，大小年程度轻。该品种抗逆性强，果实着色早且鲜艳，宿存，综合观赏价值较高。

⑤钻石海棠。树形水平开展，干红色，高4.5 m，冠幅6 m。新叶紫红色，长椭圆形，锯齿浅，先端急尖。花期4月中下旬，玫瑰红色；每序4朵花，花瓣5枚，直径4 cm，萼筒密被柔毛，花梗毛较稀，长2.5 cm，直立，着花繁密。果实深红色，球形，直径1.3 cm，果柄长2.6 cm，果熟期6月至10月，果萼多宿存。开花极为繁茂，花色艳丽，非常适应我国干燥的北方环境。

⑥红绣球。山东省小草沟园艺场从荷兰韩氏公司引进的海棠类新品种，树体健壮，生长紧凑，占用空间小，叶片长椭圆，浅绿色。在莱州地区，4月上旬进入初花期，盛花期在4月20日前后，持续盛开4～5天后进入终花期，花期持续2周以上，盛花期基本与红富士、嘎拉、新红星、王林等栽培品种一致，雄蕊数量多，果实小，为较适宜的苹果专用授粉品种。

⑦雪球海棠。也称雪坠，北美品种，观花落叶小乔木，苹果属植物。树冠如苹果树大小，树形整齐。花期4月下旬，花苞粉色，繁而亮丽，花白色，状如雪片，姿态优美。果熟期8月，宿存。抗病、抗旱，耐瘠薄，是苹果园的良好授粉树。

(2)专用授粉树选配：根据花期特点、亲和性和花粉直感效应等，各品种的专用授粉树选配如下：早熟品种如嘎拉、珊夏、藤木一号等，可选凯尔斯和火焰；中熟品种如元帅、金冠、乔纳金、红将军等，可选绚丽、红丽和钻石；晚熟品种如红富士、粉红女士、澳洲青苹等，可选雪球和红绣球。主栽品种与授粉树的配置距离应根据昆虫的活动范围、授粉树花粉量的大小以及果树的栽植方式而定。在建新小型果园中，果树正方形栽植时，用中心式栽植，即一株授粉品种周围栽8株主栽品种。中型园(20～30亩)可采用8∶1的正方形配置授粉树，也可以在路边栽植适量的专用授粉树，既能节约空间，又能满足授粉需要。在较大型果园(30～50亩)中配置授粉树时，可以在路边以及每行的两头配置专用授粉树。授粉树采用行头配置，主栽品种与授粉品种配置比例为20∶1。在大型果园(50亩以上)应当沿着小区的长边方向，按行列式间作整行栽植，通常3～4行主栽品种配置1行授粉品种。在生长条件不很适合的情况下，例如有大风危害的地方，尤其是在高山区，授粉树和授粉品种间隔的行数最好少些。而在该果树的生态最适带，特别是栽植花量较大的专用授粉树品种，间隔的行数可以多些。如果是已建成的1～3年生新果园没有配置授粉树，要按比例补栽专用授粉树大苗。4年以上的果园没有配置授粉树，可用高接的方式补接授粉枝，采用每株或隔株，只在树冠顶部改接2～3个主枝（或大辅养枝）为授粉品种，保证全园的授粉树或授粉品种的大枝占全园树或大枝的15%～20%。

四、保花保果和提高坐果率技术

苹果园保花保果是针对落花落果而采取的一项技术措施，其技术水平的高低直接决定当年果园的经济效益。因此，必须加强保花保果技术措施的实施，以确保稳产高效。苹果落花落果的主要原因之一是树体贮藏营养不足。保花保果措施除了之前提到的优质花芽培育、花前复剪、花期授粉这三节的内容外，还可以通过花前补肥、花期环剥（割）以及花后使用植物生长调节剂等技术来减轻生理落果，显著提高坐果率。

1.加强果园土肥水综合管理

（1）土壤管理：

①深翻熟化。深翻熟化是果园土壤管理的基本方法，具有改善土壤结构和理化性状、促进土壤团粒结构形成、提高蓄水和保肥能力、增强透气性等多种作用，可显著提高根系的吸收能力，并促进地上部生长发育和增强光合作用。

时期：果园深翻一年四季均可进行，但秋季深翻最为常见。此时树体地上部分生长较慢或基本停止，养分开始回流和积累，又值根系再次生长高峰，根系伤口易愈合，易发新根。深翻结合灌水，使土粒与根系迅速密接，以利于根系生长，深翻还有利于土壤风化和积雪保墒。

方式：一是深翻扩穴，幼树定植几年后，每年或隔年向外深翻扩大栽植穴，直到全园株行间全部翻遍为止。这种方式用工量少，深翻的范围小，但需3～4次才能完成全园深翻，且伤根较多。二是隔行深翻，即隔1行深翻1行，分两次完成，每次只伤一侧根系，对果树影响较小，这种行间深翻便于机械作业。三是对边深翻，自定植穴边缘起，逐年以相对两面轮流向外扩展深翻，直至全园翻完。此种方式伤根很少，对果树影响小，用工量少，适合劳动力不足的果园深翻。四是全园深翻，将栽植穴以外的土壤一次深翻完毕。此种方式范围大，只伤一次根，翻后便于平整园地和耕作，但用工量多。

深度：以比果树根系集中分布层稍深为度，还应考虑土壤结构、质地、树龄等。如山地土层薄，下部为半风化的岩石，或耕层下有砾石层或黏土层，一般深翻80～100 cm；如果土层深厚，沙质壤土，则深度可适当浅些。

注意事项：深翻与施肥、灌水相结合，促进土壤团粒结构的形成，变生土为熟土。在墒情不好的干旱地区，深翻一定结合灌水，防止旱、冻、吊根等现象发生。深翻时表土与底土分别堆放，表土回填时应填在根系分布层。有黏土层的沙土深翻要打破黏土层，并把沙土和黏土拌均匀后回填。尽量少伤根、断根，特别是1 cm以上较粗大的根，不可断根过多，对粗大的根宜剪平断口，回填后要浇水，使根与土密接。

②秋耕。秋耕即果实采收后及时将园地耕翻20～30 cm。此时根系生长正处于高峰期，及时耕翻可产生新根，有利于根系愈合，且控制秋梢及时停长，促使枝条成熟，利于养分积累和安全越冬，还可接纳大量秋雨，满足果树来年生长需要。同时，耕翻铲除了多年生宿根杂草，消灭了入土越冬害虫。旱地和风大的地区，耕翻后要及时耙耱整平，以减少水分散失。

③覆盖保墒。覆盖是现代果园园地管理的重要手段之一，不但可减少蒸发，保持土壤稳定，改善土壤理化性状，增加养分，还可以防止杂草生长，减轻落果损失等。覆盖常用的材料有作物秸秆和地膜。

(2)肥水管理：树体的营养水平是决定落花落果的重要因素，加强肥水管理可提高坐果率。

①早施基肥。基肥应及早施入，早采果树可在9月下旬至10月上旬进行，施肥量为斤果斤肥，基肥种类以优质有机肥为主，包括饼肥、人畜禽粪等，配合三元复合肥，可显著增加树体贮藏营养，为来年开花坐果做准备。

②花前追肥。在萌芽期到开花前追施一次速效氮肥，以尿素为主。施肥量：初果树0.4～0.5 kg/株，盛果树1.0～1.5 kg/株。

③叶面喷肥。在初花期至盛花期上午8～10时喷布0.3%～0.5%尿素溶液+0.1%～0.3%硼沙溶液，或喷500～1 000 mg/kg的稀土微肥；盛花期或幼果期喷2～3次0.2%～0.8%的钼酸钠溶液；谢花后至套袋前喷3～4次硼肥和钙肥；套袋后喷3～4次0.2%～0.3%磷酸二氢钾溶液；采果后全园喷3%～5%尿素溶液+5%硫酸锌溶液+微量元素，有利于保护叶片，维持健壮稳定的树体生长势，提高树体的营养水平。

④水分管理。

时期：一是萌芽期灌水。春季苹果树萌芽抽梢，孕育花蕾，需水较多。此时常有春旱发生，及时灌溉可促进春梢生长，增大叶片，提高开花势，还能不同程度地减轻春寒和晚霜的危害。但灌溉时期不能太早，否则效果不明显。二是花期前后灌水。土壤过分干旱会使苹果花期提前，而且集中到来，开花势弱，坐果率低下。因此，花期前适量灌溉，使花期有良好的土壤水分，能明显提高坐果率；落花后浇水有助于细胞分裂，可减少落果、促进新梢生长和花芽形成。由于正值需水临界期，灌水量可稍大一些。

灌水量：苹果树的适宜灌水量，要根据树龄、树势、树冠大小和品种特性，并参考土壤实际含水量等确定。一般幼树灌水量少，成龄树灌水量大；旺树和坐果率低的品种，灌水量宜少；弱树和坐果率高的品种，灌水量可相对较多。在漫灌条件下，幼树每株灌水100～150 kg，初果期树每株灌水150～250 kg，盛果期树每株灌水400～750 kg。

注意事项：灌水必须注意水质，雨（雪）水、地面径流水、河水是最好的灌溉用水，含有害物质的工业废水和城市污水绝不能作灌溉用水。灌水必须与果树生长节奏相吻合，突出一个“巧”字，盲目灌水会事倍功半，得不偿失。灌溉必须与施肥相结合才能相得益彰，相互促进。

2. 合理配置授粉品种

苹果为异花授粉植物，要保证坐果，必须在建园时搭配合适的授粉品种。授粉品种需适应当地的气候条件，与主栽品种的开花期、始果年龄、树体寿命等方面相近，要求质量好、花粉量大，可与主栽品种相互授粉。

（1）授粉品种搭配：

①富士系品种，适宜授粉品种有新红星系、王林、津轻、千秋等。

②乔纳金，适宜授粉品种有新红星系、富士系、王林、津轻、嘎拉等。

③国光，适宜授粉品种有新红星系、王林、金矮生、津轻等。

④王林，适宜授粉品种有新红星系、嘎拉、千秋等。

⑤嘎拉，适宜授粉品种有新红星系、津轻、王林、北之幸、千秋等。

（2）授粉品种比例及配置方式：一般主栽品种与授粉树的比例为4∶1或5∶1，主栽品种与授粉品种之间的距离在20 m以内。授粉树配置方式有如下4种：

①中心式。在1株授粉树周围栽植8株主栽品种。

②少量式。授粉树沿果园小区长边方向成行栽植，每隔3～4行主栽品种栽1行授粉树，以便于田间操作。

③对等式。两个品种互为授粉树，相间成行栽植，各占全园总株数的50%。

④复合式。两个品种不能相互授粉或花期不遇时，需栽第3个品种进行授粉，第3个品种占全园总株数的20%左右。

3. 防止花期和幼果期霜冻

在萌芽后至开花前果园灌水或多次树体喷水，可降低地温和树温，延迟果树萌芽开花，避免晚霜危害。根据天气预报，在霜冻出现前果园灌水或向果树树体上喷水，可稳定果园温度，增加湿度，减轻冻害。当霜冻将要来临，果园气温接近0℃时，用烟雾剂或人工制造烟雾，可获得良好的防霜效果。人工制造烟雾时，在迎风面每亩堆放10个烟堆熏烟，可提高气温1～2℃。烟雾剂采用20%硝酸铵、70%锯末和10%废柴油混合制成，装在铁桶内点燃，并根据当时的风向，携带铁桶来回走动放烟。每亩果园约需烟雾剂2.5 kg，烟雾能维持1 h左右。烟雾剂使用方便，烟量大，防霜效果好。

4. 调控枝势

环剥即环状剥皮，就是将枝干上的皮层剥去一圈；环割即环状割伤，是在枝干上横割一道或数道圆环，深至木质部。环剥、环割暂时割断了树体上、下部正常的营养交流，阻止养分向下运输，能暂时增加环剥、环割口以上部位碳水化合物的积累，并使生长素含量下降，从而抑制当年新梢营养生长，促进生殖生长，有利于提高坐果率。花期（春季开花前至花后10天）在旺枝、徒长枝基部环剥、环割，旺长新梢摘心，可集中养分供应，显著提高坐果率。

5. 应用生长调节剂

（1）萘乙酸：元帅苹果在盛花期和落花期用30～35 mg/kg的浓度喷洒，能提高坐果率。沙土地果园，盛花期以35 mg/kg或落花期间以30 mg/kg浓度喷洒，可提高坐果率2%～15%；黏性土果园，在落花期间以35 mg/kg喷洒，能提高坐果率2%～17%。

（2）复硝酚钠：在苹果花芽分化期与幼果期各喷施2次6 mg/kg药液，可提高坐果率15%～20%，增加叶片、果实内的矿物质元素。

（3）胺鲜酯：在始花期、坐果后、果实膨大期用8～15 mg/kg药液各喷一次，可保花保果、提高坐果率，使果实大小均匀，增加产量。

（4）赤霉素：用10 mg/kg赤霉素在花期喷施，能提高苹果的坐果率。

（5）丁酰肼：在苹果盛花后21天以1 000～2 000 mg/kg浓度叶面喷施丁酰肼，每隔10天喷一次，连喷3次，能抑制新枝生长，提高坐果率。

（6）芸苔素内酯：芸苔素内酯能提高苹果树叶片中的叶绿素含量，增强光合作用，提高苹果的坐果率、产量和品质，以0.03 mg/kg浓度的效果最好。

（7）乙烯利：在新梢旺盛生长期喷2次125 mg/kg乙烯利和1 000 mg/kg丁酰肼混合液，有利于翌年坐果率的提高。

（8）细胞分裂素：花后10天喷50～100 mg/kg的细胞分裂素，可显著提高坐果率。

6. 其他农艺措施

（1）提早疏花，保留中心花结果：从花蕾分离期即开始疏花，争取在花朵开放前疏完，以便节约养分，供应幼果发育。中心花坐果率高，可以充分利用。

（2）果台枝摘心：5月上旬至6月下旬对旺盛的果台副梢保留8～10叶片摘心，可抑制新梢旺长，节省养分，提高坐果率并促进幼果发育。

(3)叶面肥：于红富士苹果现蕾期、盛花期和落花后分别叶面喷施0.2%、0.3%和0.4%的天达-2116液体生物制剂，花序坐果率和花朵坐果率分别比对照增加9.99%~15.02%和5.66%~7.88%。

五、疏花疏果

苹果进入盛果期后，任其自然结果，常会出现大、小年结果现象。大年时，由于结果多、树体负载量大，尽管产量高一些，但果品质量差，不仅降低了经济效益，而且造成树体衰弱，甚至未老先衰，大量感病，直至树体死亡。因此，苹果管理只有严格实施疏花疏果，才能获得高产、稳产和优质。

1. 人工疏花疏果[63]

人工疏花疏果就是为了获得优质果品，保证果树能够持续丰产，人工除去多余的花或者是幼果。

(1)疏花：

①时间。人工疏花，疏花时间宜早，应在露蕾后至盛花期进行。疏花愈早，节约贮藏营养的效果愈好，有利于坐果和幼果发育，也有利于提高果实品质。从好操作的角度分析，疏花最好的时期是花序分离期。

②方法。人工疏花具有高度的灵活性和准确性，可根据品种特性、花量大小、树势强弱等，间隔一定距离留一个花序，其余花序全部疏除。一般大型果远些，如富士要间隔20~25 cm，小型果可近些，如嘎拉可间隔15~20 cm；树势强旺的可近些，树势衰弱的可远些。在所留的花序上，保留中心花，留边花的数量视当地的具体情况确定，易发生冻害的地块可多留，温暖的地块可少留。一般大型果留1~2朵边花，小型果留2~3朵边花；坐果率高的留1~2朵边花，坐果率低的留2~3朵边花。如新红星等元帅系短枝型品种，虽然为大型果，但其坐果率较低，可每个花序留2~3朵边花。这样疏花后，留下的花朵花器分化良好，花粉质量和胚的可孕性提高，开花比较整齐，花期缩短2~3天。人工疏花的顺序为先上后下，由里及外，防止损伤果枝；先弱枝花、梢头花，再长、中、短枝花，尽量保留短枝花；先疏花序，再疏花朵。

③注意事项。在晚霜危害轻、春季雨水较多的地区，提倡以疏花为主，疏果为辅。及时收看天气预报，如果花期遇到连续阴雨、寒流等不良天气，会影响开花坐果，花前仅进行疏花序，并适当多留，花后再按照疏花疏果原则严格、细致地疏果定果。

(2)疏果：

①时间。一般分两次进行，第1次在花后1周，疏边果留中心果，疏小果留大果，疏

扁圆果留长圆果，疏畸形果、病虫果留好果。第2次在花后4周进行，在第1次疏果的基础上，根据确定的留果量以树定产留果，5月底生理落果结束时完成。

②方法。叶果比法：按每株树上的总叶片数与总果数之比确定留果量。对于同一品种，在良好的管理条件下，叶果比是相对稳定的，如苹果乔砧树、大型果品种叶果比为40～60∶1，矮砧树、中小型果品种叶果比为20～40∶1。根据叶果比来确定负载量，是相对准确的方法。但在生产实践中，由于疏果时叶幕尚未完全形成，叶果比的应用有一定困难，可参考枝果比、果间距及经验灵活运用。

枝果比法：按1年生枝的数量与果实总个数的比值来确定留果数量，是苹果确定留果量普遍参考的指标之一。枝果比通常有两种表示方法，一种是修剪后留枝量与留果量的比值，即通常所说的枝果比；另一种是结果当年新梢量与留果量的比值，又叫梢果比。梢果比一般比枝果比大1/3～1/4。枝果比与叶果比在一定花围内是基本对应的，因此用枝果比确定留果量时可参考叶果比指标。据调查，树势稳定的盛果期苹果树，当梢果比为3∶1时，叶果比为（39～45）∶1；梢果比为5∶1时，叶果比为（65～75）∶1。在当前的生产条件下，小果型品种梢果比（3～4）∶1，大果型品种梢果比（5～6）∶1。枝果比因树种、品种、砧木、树势以及立地条件和管理水平不同而异，因此在确定留果量时应综合考虑，灵活运用。

空间距离法：简称间距法，即按照一定的距离留果。有经验的果农多用此法，较易掌握。根据品种、树势和栽培条件确定留果距离和留果量，壮树壮枝间距小些，一般20 cm左右；弱树弱枝间距稍大，一般25 cm。大型果品种如红星、红富士等每20～25 cm 留1个果，中型果品种如嘎拉、华冠等每15～20 cm 留1个果，其余全部疏掉。

干周法：即根据干周确定植株适宜的留果量，由中国农业科学院果树研究所汪景彦在大量调研的基础上提出。计算公式为 $Y=0.025\times C^2$，式中 Y 为中庸树单株留果量（kg），C 为主干中部干周长（cm）。此公式适用于初果期至盛果期管理较好的树，旺树和弱树可在计算结果的基础上适当增减。

主干截面积法：根据主干的截面积来确定留果量，理论基础与干周法一致。计算公式为 $Y=(3\sim4)\times0.08\times C^2\times A$，式中 Y 指单株合理留果量（个）；3～4指每平方厘米主干截面积留3～4个果（按每千克6个果计算）；C 为树干距地面20 cm处的周长（cm）；A 为保险系数，以花定果时取1.20，即多留20%的花量，疏果定果时取1.05，即多留5%的果量。使用时，只要量出距地面20 cm处的干周，代入公式就可以计算出该株适宜的留果个数。为使用方便，可以事先按公式计算出不同干周的留花、留果量，制成表格，使用时量干周查表即可（表5-11）。

表5-11　苹果不同干周适宜的留花、留果量

干周(cm)	留花量(个)	留果量(个)
10	29	25
15	65	57
20	115	101
25	180	158
30	259	227
35	353	309
40	461	403
45	583	510
50	720	630
…	…	…

主枝截面积法：根据主枝截面积来确定各主枝适宜的留果量。以主干截面积法确定留花留果量，在幼树上容易做到，而在成龄结果树上，总负载量在各主枝上如何分担就不容易掌握。因此，山东省果树研究所提出，以主枝截面积法确定各主枝的适宜留果量。计算公式为 $Y=(3\sim4)\times0.066C^2$，Y 为单株合理留果量，C 为主枝基部的周长(cm)。以上公式在主枝数3~8的范围内都可以应用。

以产定果法：先根据品种、树龄、树势以及栽培管理水平等确定亩产量(也可根据往年产量)，再根据产量和单果重确定每亩留果量。不同负载量、株行距、品种的留果指标可参照表5-12。为保险起见，实际留果量要超出表中理论留果数的15%~20%作为保险系数，待果实套袋时再最后定果[64]。

表5-12　不同负载量、品种及栽植密度的合理留果量

负载量(kg/亩)	品种类型	每亩留果数(个)	不同株行距单株留果数(个)				
			3 m×4 m	3 m×5 m	4 m×5 m	4 m×6 m	5 m×6 m
1 250~1 500	红富士等大型果	15 000~18 000	270~330	340~410	450~550	540~640	680~820
	嘎拉等中型果	20 000~24 000	360~440	460~550	610~730	710~860	910~1 090
1 500~2 000	红富士等大型果	18 000~24 000	330~440	410~550	550~730	640~860	820~1 090
	嘎拉等中型果	24 000~32 000	440~580	550~730	730~970	860~1 070	1 090~1 450

（续表）

负载量（kg/亩）	品种类型	每亩留果数（个）	不同株行距单株留果数（个）				
			3 m×4 m	3 m×5 m	4 m×5 m	4 m×6 m	5 m×6 m
2 000～2 500	红富士等大型果	24 000～30 000	440～550	550～680	730～910	860～1 070	1 090～1 360
	嘎拉等中型果	32 000～40 000	580～730	730～910	970～1 210	1 070～1 430	1 450～1 820

③注意事项。疏果时，要注意先疏除个小、畸形及病虫果，留下个大、萼片闭合（或直立）的果。树冠内及下部要少疏多留，上部和外围多疏少留。

(2)化学疏花疏果技术：及时且适当地疏花疏果可以提高优质果比例，保持健壮的树势，是商品果生产中非常重要的环节。然而，由于疏花疏果季节性强，传统的人工疏花疏果方法费工费时，在短时间内完成需要大量的劳动力，单户经营面积较大的果园时，很难做到。在发达国家，化学疏花疏果以省工省时、节约成本等优点几乎取代了人工疏花疏果。

疏花疏果剂的种类很多，有西维因、石硫合剂、钙化合物、植物油、萘乙酸、乙烯利等。当前国际国内对疏花疏果剂的研发主要集中在两个方面，一是根据果品安全和有机生产发展的需求，研发和筛选高效低成本新型花果疏除剂，如矿物类、内源激素合剂等；二是由单一疏花或疏果模式向疏花＋疏果复合模式发展[65]。

①疏花疏果剂种类。

西维因：一种杀虫剂，在苹果上应用较多。适宜时期为盛花期至盛花后2周，适宜浓度为1.0～2.5 g/L，不同品种适用浓度稍有差异，金冠、红星、国光等品种效果明显。多数品种疏除效果在施用后7～10天开始出现，富士的落果高峰在施用后3～4周。优点是比较安全，对人畜毒性很低，不易在体内积累，对果实发育无不良影响，没有发生药害和疏除过多的危险，有效喷施期和适宜浓度范围比较宽，效果比较稳定，在疏果的同时兼治虫害。缺点是西维因对富士品种疏除效果不理想，也影响花期昆虫授粉。

石硫合剂：石硫合剂使用浓度范围较大，0.2～1.5波美度都有效果。自己熬制的石硫合剂，配成0.5～1.0波美度；45%晶体石硫合剂，配成150～200倍药液，盛花期及盛花后10天连喷两次效果稳定。优点是药效稳定且安全，兼有防病治虫的作用。缺点是疏花的效应反应缓慢，再就是影响蜜蜂或者壁蜂的授粉质量。

萘乙酸及其同类物质：萘乙酸应用于化学疏花疏果，一定要严格掌握施药时期和浓度。作为苹果疏果剂，喷施时期在盛花后10～21天。喷施浓度，萘乙酸为0.005～0.02 g/L，萘乙酰胺是0.025～0.05 g/L。优点是疏果作用较强，缺点是易引起严重的叶片偏向上生长、畸形等后遗症。

敌百虫：敌百虫是一种广谱性有机磷杀虫剂，适宜时期为盛花后10天至14天，浓度为1.0～1.5 g/L。优点是在疏果的同时可以杀虫，缺点是存在农药残留和污染环境等问题，应用在逐步减少，进而被淘汰。

6-BA：最有效的施用时间是花后25～29天，施用浓度为0.1～0.20 g/L。优点是不仅具有疏果作用，同时还增大果个，提高果形指数，增加翌年花量，减少果锈，且对果实贮藏品质没有影响。缺点是最佳使用期较晚，效果表达迟。

乙烯利：施用的浓度一般为0.3～0.5 g/L，盛花期或落花后10天左右喷施均可。对不同苹果品种效应不一致，如对金冠、国光的疏果作用不如旭、红星明显。优点是有效疏除期长，既能疏花又能疏果。缺点是高浓度下疏果作用较强，在高温条件下也有疏除过量的危险。

钙化合物：一种较新型苹果疏花剂。山东省果树研究所研究的有机钙疏花剂，合适的浓度范围是150～250倍，在盛花期及盛花后3天各喷一次，可选择性疏花，保留中心花坐果，疏除侧花和腋花，对果实生长发育无不利影响，同时可起到补充钙素的作用。

植物油：植物油这种天然产物，近年来也备受研究者青睐。菜油、向日葵油、豆油、花生油、橄榄油都有效果，适宜浓度为30～50 g/L，适宜时期为始花期至盛花期。

②注意事项。喷施时要求仔细、周到，有条件果园使用雾化性能好的弥雾型机动喷雾器，在苹果枝干上方20 cm处，顺风飘移喷雾。作业时均匀喷洒，尽量减少喷洒停留时间，减少药液从枝干上滴下，提高效果。喷药天气选择无风的晴天，温度10℃左右，不能低于4℃，温度越低，效果越差；药液随配随用，石硫合剂不能与任何其他农药混喷，否则易产生药害或降低疏除效果；适宜树势健壮的园片，如果树势过于衰弱，应降低喷施浓度，否则会出现疏除过量的危险；配药及喷药时应穿戴保护性衣服，喷药后应清洗全身；发生自然灾害如冻害、花期霜冻、旱涝灾害的果园，慎用或不用化学疏花疏果技术；没有配置授粉树（或授粉品种）的果园、花期风沙大的地区和小年结果的果园，不宜采用化学疏花疏果技术。

六、果实套袋

果实套袋已经成为我国生产绿色无公害果品和优质高档果品的常规技术措施。据调查，山东省苹果套袋比重已经达到95%，陕西省在90%以上，辽宁、河南、河北、山西和甘肃等省份在55%至85%[66]。

1. 套袋的作用

套袋栽培可以保证苹果安全生产，提高果品质量。果实套袋后，纸袋阻隔了果面与外界的接触，病菌侵入的机会大大降低。套袋的最初目的即是防治其他方法不易防治的果实病虫害。实践表明，套袋对在果面及叶片上产卵的蛀果害虫如食心虫类、卷叶虫类、椿象类、梨木虱等，以及各种各样的果实病害如轮纹病、炭疽病、赤星病、黑星病等烂果病有较好的防治效果，全年打药次数可减少2～4次，从而降低了农药残留。经测定，套袋果实农药残留量仅为0.045 mg/kg，而不套袋果为0.24 mg/kg。此外，套袋可防止灰尘、农药等对果面的污染以及防治煤污病等。在生长后期，几乎所有的苹果在接近成熟的时候都会受到鸟类的侵袭、病虫害的危害以及风雨阳光的损伤，因而造成产量减少或质量差异，苹果套袋则解决了这些困扰。因为在纸袋中的苹果不会受到鸟类的侵害，不会受到果蝇细菌的感染，在生长过程中不会被树枝刮伤，避免阳光直接照射，更由于纸袋本身的透气性可产生个别温室效应，使苹果保持适当的湿度、温度，提高水果的甜度，改善苹果的光泽，增加苹果的产量。

2. 套袋前的管理

套袋前的果园管理着重加强整形修剪、疏花疏果、病虫防治等方面的工作。套袋苹果树整形修剪的原则是采用合理的树形，平衡树势，控制骨干枝；调整辅养枝，更新结果枝组，稳定结果能力；精细修剪，枝条稀疏，保持树冠通风透光，亩留枝量7万~9万条。采用人工授粉等保花保果措施，疏花疏果，合理负载。

套袋前果园病虫害防治尤为重要，是关系到套袋成败的关键。采用农业措施，科学合理用药。为减少病源，冬季休眠期彻底清理果园。

套袋前是防治病虫害的关键期，喷布螨死净2 500倍液，或20% 灭扫利乳油2 000～2 500倍液，或灭幼脲3号2 000倍液。喷第一次杀菌剂，可喷复方多菌灵800倍液 +800倍大生 M-45；套袋前1周再喷布第二次杀菌杀虫剂，可喷甲基托布津700倍液（或复方多菌灵800倍液）加2.5% 功夫乳油3 000～3 500倍液。

3. 果袋选择

果袋种类很多，按照层数可分为单层袋、双层袋和三层袋；按照大小可分为大袋和小袋；按照涂布药剂可分为防虫袋、杀菌袋和防虫、杀菌袋三类。双层袋促进着色、防病虫和降低农药残留的效果好于单层袋，但成本较高。选择果袋要根据套袋目的而定，像以金帅为代表的黄色和绿色苹果品种不需着色，套袋的目的主要是促使果面光洁和降低果实中的农药残留，宜选用原色木浆纸袋或复合型单层袋；较易着色的红色品种，如嘎拉、红星、新乔纳金等主要用单层袋，如复合型单层袋和原色木浆纸袋；较难着色的红色苹果品种，如红将军、红富士、乔纳金等主要采用双层袋。不同的气候、环境条件，使用的纸袋也有差异。在海拔高、温差大的地区，较难上色的品种采用单层袋效果不错；高温多雨果区宜选用通气性较好的纸袋；高温少雨果区不宜使用涂蜡袋。

4. 套袋时期与方法

(1) 套袋时期：苹果品种和套袋目的不同，套袋时期也不同。苹果的套袋时期应在生理落果后，结合疏果进行，对中晚熟红色品种如红富士、新乔纳金、新红星等，于6月初进行[67]。为防止产生果锈或使果点变浅，应在果锈发生前，即在落花后10天开始套袋。一般黄绿色品种果锈发生期在落花后10～40天，因此金帅等防果锈越早越好，应在落花后10天内套袋。另外，为防止浪费果袋，金帅在没有完成生理落果前可套小纸袋，待小袋撑裂再套大袋，效果更好，且可以保持果面光洁。

(2) 套袋方法：

①纸袋。在套袋前1～2天将整捆纸袋放于潮湿的地方，使纸袋吸湿返潮、柔韧，以防果袋硬脆擦伤果柄和果皮。套袋时，手托纸袋，先撑开袋口，用一只手插入袋内旋转90°，另一手托起袋底（打一下）或用嘴吹，使袋底两角的通风放水孔张开，袋体膨起。选定幼果后，分开叶果，然后左手食指与中指夹住果柄，右手执袋口下3 cm左右处；从纵向开口处将幼果轻轻放入袋内，使果柄置于纵向开口基部，幼果悬于袋内；再从袋口两侧依次折叠袋口于切口处，将捆扎丝反转90°，扎紧袋口于折叠处。不要将叶片和副梢套入袋内，不要将捆扎丝缠在果柄上。

②塑膜袋。先用嘴吹开袋口和排水口，然后将袋口向中间聚拢，再用玉米皮、棉线或漆包线扎口或火香封口。

(3) 注意事项：①同一园片应在一周内套完。套袋时间最好选择晴天上午10时至下午日落前2个小时。异常高温的中午不宜套袋，否则会发生幼果日烧。

②袋口要扎紧，防止雨水和病虫进入袋内。防止幼果紧贴纸袋造成日烧。

③套袋时，先套树冠上部的果实，后套下部的果实；先套树冠内膛的果实，后套外围的果实。套袋时的用力方向始终向上，以免拉掉幼果。

④保持袋口向下，以免袋口积水引发果绣。每次雨后要及时检查果袋，发现排水孔过小袋内积水时，适当剪大排水孔，以排除积水和利于透气；对被雨水淋烂，粘贴在果面上的袋子，及时清除干净，另套新袋。

⑤我国春季干旱，应在套袋前3～5天灌一次水。否则，当旱情严重时，袋内温度会升高，加大幼果发生日烧的风险。

5. 果实摘袋

摘袋是苹果套袋技术中最后一个关键环节，它决定着套袋能否达到预期效果。

（1）摘袋时期：摘袋时期应依据苹果品种、立地条件、气候特点等因素确定。红色品种新红星、新乔纳金在海洋性气候、内陆果区，一般于采收前15～20天摘袋；在冷凉或温差大的地区，采收前10～15天摘袋比较适宜；在套袋防止果色过浓的地区，可在采收前7～10天摘袋。较难上色的红色品种红富士、乔纳金等，在海洋性气候、内陆果区，采收前25～30天摘袋[68]；在冷凉地区或温差大的地区，采收前15～20天摘袋较适宜。黄绿色品种，在采收时连同纸袋一起摘下，或采收前5～7天摘袋。不同地区的日照强度和时数不一样，苹果各品种的摘袋时期也不一样。日照强度大、日照时数长和晴天多的地区或季节，摘袋时间可距采收期近一些；反之，则应早一些除袋。

摘袋最好在阴天和多云天气进行，应避开日照强烈的晴天，以减少日烧。若在晴天摘袋，为使果实由暗光逐步过渡至散射光，在一天之内，应于上午10～12时去除树冠东部和北部的果袋，下午2～4时去除树冠西部和南部的果袋，防止因光照剧变而引发日烧。

（2）摘袋方法：套塑膜袋的苹果无须摘袋，可带袋采收，直接出售或贮藏。

单层纸袋和内、外层连体袋，在上午12时前和下午4时后，将袋撕成伞形条状罩在果实上，过4～6天后再全去掉。

双层纸袋摘袋时，要根据内袋的颜色决定摘袋顺序。内层为红色的双层纸袋，先去掉外层袋，经过5～7个晴天后，于上午10时至下午4时去掉内层袋，以避免果面温差变化过大。如遇阴雨天，摘除内袋的时间应向后推迟。内层为黑色的双层袋，先将外袋底部撕开，取出内层黑袋，再将外袋撕成条状罩在果实上，经过6～7天后再去掉外袋。纸膜双套的苹果，只摘除外层纸袋，保留内层膜袋，将来带膜袋采收，直至果品销售。

（3）摘袋后的肥水管理：由于苹果套袋后果实含糖量下降，应增加磷、钾肥的施用量。秋施基肥，增施磷、钾肥，基肥的施用量占全年的60%～70%。基肥是套袋苹果树最重要的营养来源，以有机肥为主。注意排水，苹果生长后期的降雨量与果实含糖量呈极显著负相关，特别是9月份以后雨水过多更会明显影响果实着色和糖分增加。一般地，土壤含水量维持在田间最大持水量的70%～75%，果实成熟前1个月降为50%～55%，采后再增加到60%左右。降水量过大时，要设法排水。

（4）注意事项：①摘袋前几天将内膛、背上的徒长枝及严重影响光照的密生无用枝疏除。

②摘袋前2～3天周密细致地喷好杀菌杀虫药剂，摘袋后既无病菌侵染又无害虫危害，同时还能大大降低越冬病虫基数。

③遇干旱天气，应提前浇水，之后再摘袋。

七、提高果实品质

当前，果业发展的方向已经由数量型过渡到了质量型。随着果品市场的日益成熟和完善，市场需求和果品质量竞争的矛盾逐渐突出。从市场角度看，果实品质是决定售价和竞争能力的主要方面，因此提高果品质量显得十分重要。与苹果花果管理相关的提高果实品质技术主要集中于郁闭园改造、秋季修剪、摘叶、转果、铺反光膜、应用果形剂等，以增大果个、端正果形、促进着色。

1. 郁闭园改造

以优质果品生产为目标，从降低植株密度入手，以间伐为基本措施，调减果园群体枝量，调整和优化果园群体结构；以培养高光效树形为出发点，运用改形调冠、疏枝缩冠等技术措施，改造、优化树体结构；以培养优质结果枝组为重点，优化枝类组成、枝组配比与空间分布，提高生产效能。改造完成之后，使果园的通风透光和田间作业条件显著改善，生产效率大幅度增加，实现经济、社会和生态效益全面提升[69]。

（1）主要技术措施：①合理间伐，优化果园群体结构。根据树龄、栽植密度和果园郁闭程度，可以采取一次性间伐和计划性间伐两种模式。

一次性间伐：对树龄15年以上的盛果期果园或高密度（如株行距2 m×3 m、1.5 m×4 m、2 m×4 m、3 m×3 m、2.5 m×4 m、2 m×5 m 等）果园，可采取一次性间伐模式，使植株密度降低一半，行（株）间距离加大，果园通道打开，通风透光条件显著改善。平地和缓坡地果园，宜采取“隔行伐行”或“隔株伐株”的形式实施一次性间伐；山地、梯田果园，可运用“隔行间株”（隔行实施“隔株伐株”）、“梅花式”间伐或选择性间伐（挖除低效、病残植株）方式，降低植株密度。多数高密度园在间伐后5～6年还需进行二次间伐，以解决果园后续郁闭问题。

计划性间伐：树龄10～15年的初盛果期果园或中密度果园（如株行距3 m×5 m、3 m×4 m 等），可采取计划性间伐模式。间伐前先制定隔行或隔株伐除计划，确定永久株和临时株，实行分类修剪。选留的永久植株要注意扩大树冠，培养稳定的树体骨架结构和结果枝组；对临时植株则采取疏枝、缩冠等技术措施实行树体控制，逐年压缩树冠体积，既为永久植株生长“让路”，又保持一定的经济产量。3～5年之后，永久株的树体优化和结构调整基本完成，基本取代了临时株的生产作用，可将临时株伐除。

②改形减枝，优化树体结构。实施间伐后的果园，群体密度和总枝量减少一半左右，剩留植株的生长发育空间扩大。因此，对剩留树的整形修剪方式，也要随之进行相应的改

变。一是树形上要改“小冠形”为“大冠形”；二是整形方式上要改“控冠”为“扩冠”，采取提干、落头、疏枝等技术措施，调减骨干枝（主枝）数量，建立稳定、高效的优化树体结构；三是修剪方法上要改“疏枝、缩剪为主”为“长放、轻剪为主”，尽可能保持较多的留枝量，保证尽快恢复果园产量。

对不适宜间伐的中密度初盛果期郁闭园实施改造，与间伐园在整形修剪方式、方法上有3个明显不同。一是树形不变，维持原有树形；二是整形方式改“扩冠”为“控冠”，采取“缩枝控冠”法，控制树体在一定范围之内：冠径小于行距，树冠高度控制在行距的2/3～3/4，株间交接率小于15%；三是修剪方法，按照先培养后回缩的办法，在主枝延长枝后部选角度适宜、长势好的多年生枝培养为预备枝，再将主枝延长枝回剪到预备枝分枝处，实现主枝延长枝回缩与更新，达到缩枝控冠的目的。

③结果枝组培养与搭配。结果枝组是构成果园生产的根本要素，培养足够数量的优质结果枝组或结果枝组群，是整形修剪的重要内容。间伐、改形后的果园，在优化树体骨架结构、培养高光效树形的基础上，更要注意结果枝组的培养、更新与搭配、分布。

培养优质结果枝组：主要从三个方面着手，一是培养新型结果枝组，充分利用着生在主枝和侧枝两侧的平斜、健壮营养枝，通过放、拿、捋、拉等方法，培养形成大量单轴延伸的下垂状结果枝组或结果枝组群，填补枝组空缺；二是对连续多年结果的老龄枝组，及时回剪到健壮分枝上，实现枝组更新复壮；三是注意树冠内膛直立、平斜、健壮营养枝的改造利用，通过拉枝改变生长角度，使其斜生或下垂，培养形成大、中型结果枝组。

枝组搭配与分布：在结果枝组培养过程中，应注意大、中、小型结果枝组的合理搭配与空间分布。以利用着生在主枝或侧枝两侧的大、中型结果枝组或枝组群为主，小型结果枝组为辅；空间布局上以不交错、不重叠为宜，插空分布。

拉枝：主要用于大、中型长放结果枝组以及平斜生长的营养枝，是培养优质结果枝组的重要措施。一般情况下，对主、侧枝背上直立或斜生的结果枝组及营养枝都应拉成自然下垂状态。拉枝多在春季或秋季进行。

（2）配套措施：①土壤管理。根据果园条件，推广应用起垄覆盖（地膜、草）和行间生草技术（人工种草或自然生草），提高土壤有机质含量，培肥地力，改善果园生态环境。

②肥水管理。实施改造的果园，要加强肥水管理，通过深翻、增施有机肥等措施改良土壤；推广应用土壤局部改良、沃土养根和小沟交替灌溉技术，有条件的果园应用喷灌、滴灌等节水灌溉技术，促进树体生长和树冠恢复，促进果实品质发育。

③花果管理。郁闭果园实施改造的当年或改造后1～2年，都会造成不同程度的产量降低（一般15%～35%不等）。为弥补产量损失，应通过花期辅助授粉、促进果实发育、疏花疏果、果实套袋、适期采收等技术措施，提高果实商品质量与等级。

④病害防控。在郁闭园改形、疏枝、控冠过程中，对形成的剪锯口必须采取保护措施，特别是对大的伤口要及时进行包扎或药物保护，防止或减少腐烂病的发生。

2. 秋季修剪

果实着色期树冠内的相对光照度以20%~30%为宜，为达到这个指标，需要秋剪来改善树体的受光环境。成龄大树秋剪可以缓和树体生长势、增强树体内光照、促进果实着色、复壮内膛枝组、增加营养，为提高果实品质创造良好的条件。秋剪即在果实摘袋后，清除树冠内的徒长枝，疏间外围的竞争枝，以及骨干枝背上直立的旺梢[70]。另外，树冠下部部分裙枝和长结果枝在重力的作用下容易压弯下垂，为了改善下垂枝内果实的光照条件，可采取立枝柱或吊枝等措施。

(1)时期：8月上中旬至10月中下旬，一般秋梢停长早的树早剪，停长晚的树晚剪，应在落叶前20~30天内完成。

(2)方法：

①疏枝。8~10月份进行。

方法：首先，对有中心干的盛果期大树，要疏除严重影响内膛光照、扰乱树体结构的层间大枝，同时压缩所有位于主侧枝背上的强旺高大枝组，打开侧光(俗称“开天窗”)。其次，对初结果枝，要疏除外围的直立枝、竞争枝，内膛过密的徒长发育枝以及剪锯口部位后部萌生的幼嫩秋梢，以补充内光，防止营养消耗。再次，稀疏“裙枝”。要疏缩低位枝组，增强“下光”，改善地表空气流通状况，促进内膛和下部枝叶生长，以利于果实增色。秋雨过多时，内膛细梢不断萌发旺长，还要勤抹芽、常疏枝。

②拉枝。拉枝具有缓和树势、均衡枝芽、增加内膛采光的作用，一般8月份进行。此时拉枝开角，枝条上的所有芽发育均衡、分布合理，可避免春季拉枝造成背上枝旺盛、两侧枝衰以及霜降以后拉枝造成外围枝强而后部枝弱的现象。

角度：将主枝角度(特别是梢角)拉到75°~80°，辅养枝、临时枝拉到90°~100°。立地条件好、树势旺的角度要大一些，而立地条件差、树势弱的角度要小一些。纺锤树形比小冠疏层形的角度可适当大一些。

方法：拉枝前先软化基角，使之达到拉枝的标准，然后将枝条拉到要求的位置和角度。拉枝程度为不成圆、不弯弓、不朝天、不钻地，使枝条成为一条线。

③折枝。8~9月份，对结果期大树上的低位辅养枝折枝。

方法：在直立枝条基部背下用剪或锯截入直径的1/3~2/3后，用力向外侧下方拉引并使其对折，折口处可加入一小块木楔，以固定其角度。

(3)注意事项：

①秋剪要因树而异、主要对旺树进行适当修剪，以免削弱树势。

②秋剪时间不宜太早和太晚，并配合早施基肥。

③秋季雨水多，疏大枝时要涂伤口保护剂，以防感病。

3. 采前摘叶

在果实着色期间，叶片密度过大，距果面过近，甚至贴在果面上时，必然会遮挡果面光照，影响着色，形成果面绿斑，因而需要摘除。在现代集约化栽培的示范果园中，随着短枝型品种大量应用，贴果叶片大量形成，采前摘叶也就显得更为重要了。采前摘叶就是在果实采收前的一段时间，用剪刀将直接遮挡果面、影响果实着色的叶片适量摘除，从而促进果面均匀着色，提高果实外观质量。

(1) 适宜时期：摘叶不能过早，如果摘叶过早，全树叶片减少，必然导致果实有机质含量下降，果面着色缓慢。相反，如果摘叶过晚，遮阴形成的绿斑接受光照的时间过短，形成的花青苷少，影响果实着色质量，从而影响果品在市场上的竞争力。摘叶一般在果实摘袋后3～7天进行，即果实快速着色期。

集约化程度较高的果园，采前摘叶常常分期进行，一般分2～3次。第一次摘叶在9月下旬，摘叶量极少，仅摘除直接影响果面的叶片；10月份进行第二、三次摘叶，摘叶量大，以摘除果台副梢基部叶为主，适当摘除果实附近新梢基部到中部的叶片，总摘叶量可达到总叶量的20%～30%。此时摘叶不影响果实的含糖量，能显著增加全红果率。

(2) 方法：

①全叶摘除。将遮挡果面的叶片从叶柄处摘下，这是采前摘叶操作中最常用的方法。摘全叶时，用右手指甲将叶柄掐断即可，不要从叶柄基部掰下，以免损伤母枝上的芽体。摘叶时尽量摘薄叶、黄叶、小叶、病叶等叶功能低的叶片，保留功能高的好叶片。

②半叶剪除。有些肥大的功能叶仅仅是前端半叶遮阴，如果将整个叶片摘除，树体营养损失较大。因此，可采用半叶剪除的方法，用修枝剪等工具剪除遮挡果面的叶片前端，剩余的半叶仍能进行光合作用。短枝形品种，剪半叶最常用。

③转叶。在采前将直接遮挡果面的叶片扭转到果实侧面或背面，使其不再遮挡果面，以达到果面均匀着色的目的。采前转叶保留了叶片，对树体光合作用的负效应最轻，适宜在叶片密度较小的树上应用。

(3) 注意事项：采前摘叶量应根据土壤肥力情况、树体营养状况和树体的负载量等因素确定。目前我国大部分盛果期果园留果量偏大，有机营养消耗量大，土壤肥力较低，所以采前摘叶不宜过量。否则，不仅果实着色缓慢，色相不正，而且还会导致花芽质量下降、树体营养水平降低。一般来说，摘叶不能过多，摘叶量控制在20%～30%为宜。

4. 采前转果

采前转果是在红色品种成熟前，将果实未着色的阴面部位转向阳面，目的是使整个果实均获得阳光的直射而全面着色。

（1）转果方法：采前转果根据品种特性、果柄长短、着生位置等差异可分为一次转果、二次转果和多次转果三种方法。

①一次转果。将果实按顺时针方向一次转动180°左右，将果实阳面和阴面位置对调。转果时左手握住结果枝，右手轻托果实底部，平缓转动到所需角度，再将果实贴住母枝或邻近的枝叶，以固定转果之后果实的位置。此法适用于果柄较长、对日灼不敏感的品种和树冠下部、内膛的果实。

②二次转果。第一次先将果实朝一个方向转90°～120°，第二次再将果实朝相反方向转180°～200°，两次转果间隔10天左右。两次转果时，果实阴面始终处于侧光位置，避免因阳光直射而引起日灼。二次转果适用于果柄较短、对日灼敏感的品种和树冠上部外围的果实。

③多次转果。将果实沿一个方向或两个方向多次转动，最终使果实阴面全面着色。此法适用于对日灼极敏感的品种，尤其在华北地区及黄土高原产区，干旱少雨时易出现午间高温现象，果实阳面往往出现日灼伤，在树冠中上部及南侧更是如此，多次转果可有效降低日灼伤害。

（2）转果时期：不套袋苹果转果通常在采收前2～3周进行，套袋苹果在摘袋后4～5天开始。转果时期因转果方法、品种及果园条件而异。

①不同方法的转果时期。

一次转果：不套袋果实在采果前12～15天，套袋果实在摘袋后5～7天进行。

二次转果：不套袋果实第一次转果在采前15天左右进行，约10天后进行第二次转果；套袋果实第一次转果在摘袋后4～5天，10天后进行第二次转果。

多次转果：不套袋果实第一次转果在采前15左右天开始，以后每隔3～5天转一次果；套袋果实第一次转果在摘袋后4～5天，以后每隔3～5天转一次果，直至果实全面均匀着色。

②不同品种的转果时期。

易着色品种：如元帅系品种，不套袋果实采前10～15天转果，套袋果实摘袋后7～10天转果。

不易着色品种：如富士系品种，不套袋果实在采前15～20天转果，套袋果实在摘袋后4～5天转果。

③树冠不同部位果实的转果时期。群体密度和个体密度比较大的果园，采取树冠不

同部位的果实分批转果的方法，先转树冠下部及内膛的果实，2～3天后再转树冠上部及外围的果实。

（3）注意事项：

①转果时要戴手套，以免指甲划伤果面，影响果面均匀着色。

②转果时期不可过晚，否则果柄变脆，容易扭掉果实。对于下垂果，因为转果后不容易固定住，可用透明胶带将果实粘贴在附近的枝条上加以固定。

③转果应选在阴天或多云的天气进行，或在晴天早晨和下午进行。避免在中午转果，以防止日灼。

④转果时严防用力过猛，以免扭落果实。

⑤转果的目的是使果实全面着色，为取得良好效果，还需配合其他措施，如疏除遮挡光照的新梢、变换结果枝组的位置，使处在背阴位置的结果枝组也能受到直射光。

5. 铺反光膜

铺反光膜是通过反光膜对阳光的反射，改善整个果园尤其是树冠下部和内膛的光照条件，从而使树冠下部和内膛的果实，尤其是果实不易着色的部位如萼洼处也能受光，提高全红果率和含糖量，进而达到提高果实外观及内在品质的目的。

（1）反光膜的种类与选择：

①反光膜的种类。

果园专用反光膜：多为聚丙烯、聚酯铝箔、聚乙烯材料的纯料双面复合膜，其柔韧性好，反光率高，抗氧化能力强。

普通复合镀铝膜或银灰膜：反光效果和专用膜基本相同，但不防积水，需要人工清除积水。铝层直接与雨水、药水接触，日晒雨淋后铝很快被氧化分解而失去反光作用，使用寿命较短。

普通地膜：也有反光作用，但效果较差。

②反光膜的选择。宜选质量较好的果园专用反光膜，每亩投资400元左右，效果好，使用年限长，可连续使用5年以上。质量较差的反光膜在生产过程中加入了回收料，其抗拉力弱，脆性大，易破裂，反光率低，使用年限最高3年左右。

（2）铺膜时期：套袋果园在内袋摘除后3～5天进行，不套袋果园在采收前30～40天进行。

（3）铺前准备：乔化果园可在铺膜前清除行间杂草，剪除树干周围的根蘖，用耙子将地整平。矮化密植果园可不整地，随地势铺膜。套袋果园在铺膜前先摘袋，并进行适当地摘叶。为了保证效果，还可对果园修剪，回缩树冠下部的拖地裙枝，疏除树冠内膛遮光严重的直立枝、徒长枝，使更多的阳光投射到反光膜上。

(4)铺设方法：顺行向铺在树冠两侧，反光膜的外边与树冠外缘对齐。铺设时将成卷的反光膜放在果园一端，然后倒退着将膜慢慢滚动展开，边展开边用石头、砖块或绳子压膜，防止风吹。铺设时不要将膜拉得太紧，否则气温降低时反光膜冷缩撕裂，影响反射效果和使用寿命。

(5)铺后管理：铺膜后要经常检查和清理，及时扫去膜上的枝叶和尘土，以增加膜的反光效果。尤其在刮风下雨等恶劣天气过后，要及时将风刮起的膜重新铺平，将膜上的泥土、落叶及时打扫干净，保证膜的反光效果。采果前1～2天将将反光膜上的树叶、土块等打扫干净，小心将膜揭起，卷叠起来，再用清水洗净、晾干，在室内无腐蚀性的环境中存放，以便来年再用。

(6)注意事项：

①铺设反光膜时要内高外低，使雨水流向行间，以防膜面积水影响反光效果。

②压膜不宜用土，以免将反光面弄脏影响反光效果。

③铺反光膜应与摘叶、转果、秋季修剪等其他增色技术结合起来，以增加反光膜的使用效果，大幅度提高全红果率和果实品质。

6. 应用生长调节剂和微肥

(1)果形剂：使用苹果果形剂，是提高果实的果形指数、实现果实高桩、显著改善果实外观品质的有效措施，尤其对于表现出元帅系苹果的五棱突起有明显效果。主要在元帅系品种上应用，其中新红星、首红、超红、天汪一号等效果较佳；在富士系品种上也有显著提高果形指数的作用，对金冠等苹果也有类似作用。

配药的水必须是中性，pH应在6.8～7.2之间；喷施浓度不能过大，否则会引起畸形果率升高，并且要随配随用，不能存放，以免降低药效；喷雾器最好选用手提式小型喷雾器，既节省用药，又便于正对中心花花瓣喷药，降低畸形果率；喷药时避免大风天气，以免药粒飘移，喷施不全。

(2)提高果实着色：多年来，增色剂的研究和应用一直是众多科研人员和果树种植者共同关注的热点。

①生长调节剂类。

乙烯利：苹果成熟前10～30天喷200～1 000 mg/kg的乙烯利，可显著促进果实着色。早熟苹果使用时间宜晚，浓度应低，一般在采前10～20天，浓度为200～500 mg/kg；中晚熟品种使用时间宜早，浓度要高，一般在20～30天，浓度为500～1 000 mg/kg。

B_9：不套袋果实在采前45～60天喷2 000 mg/kg的B_9，全红果和半红果可达85%以上。

萘乙酸：在苹果采收前30～40天用30～40 mg/kg的萘乙酸溶液连喷1～2次，可显著提高全红果率。

PBO：喷PBO300倍液，7天可明显看出增色效果。

喷生长调节剂时，要严格控制浓度，以免引起反作用，且药液要喷布均匀。有间作物的果园，作业时尽量避免间作物着药。

②营养元素类。

增红剂：在树势中庸、负载适量的情况下，分别在采前40、30、20天连喷3次1 500~2 000倍液，能使苹果提早7~10天上色，着色指数显著提高。其增红效果在红富士上比秦冠明显，短枝型树比乔化树明显。

氮基酸复合肥：一种高效叶面复合肥。从5月份开始，每隔15天喷一次300倍的氨基酸复合肥稀释液，共喷4次，果实着色率提高40%。

高美施：一种有机腐殖酸活性平衡营养液。在果实成熟前15~20天，用100倍液涂干，能使果实着色面积增加。

天达2116：摘袋后喷一遍600~800倍的天达2116，可显著促进果实着色，果面光亮鲜艳。

(3)提高果实含糖量：果实含糖量和着色呈正相关关系，能促进果实着色的生长调节剂和微肥，也能显著提高果实含糖量。

八、果实适期采收及采后处理

苹果采收及采后处理直接影响果品的贮运损耗、品质保存、贮藏寿命及商品的货架期。如果采收和采后处理技术不当，容易造成大量损失，使农民丰产不丰收。适宜的采后处理技术是改善果品的商品性状、提高果品的价格和信誉的保证，可为生产者和经营者提供稳固的市场和更高的经济效益。

1. 适期采收

果实采收是果树田间生产的最后一个环节，又是其商品处理的最初环节，同时也是影响果品采后处理成败的关键环节。采收的目的是使果品在适当的成熟度时转化成为商品，采收速度要尽可能地快，采收时要力求做到最小的损伤和损失以及最小的花费。果品的适宜采收期、采收成熟度、采收使用的方法，分级、包装处理，冷链物流体系、货架技术在很大程度上影响其产量、品质和商品价值，影响采后处理的效果，直接影响经济效益。

每年由于采收成熟度、田间采收容器、采收方法不当而引起的机械伤损失达8%~10%，从贮运到包装等采后处理过程中缺乏对产品的有效保护。采收的原则是适时、无损、保质、保量和减少损耗，适时就是在符合采后处理要求时采收，无损就是要避免机械伤害，保持完整性，以便充分发挥其特有的特性。

果品一定要在其适宜的成熟度时采收，采收过早或过晚均对果品品质和耐藏性带来不利影响。采收过早，不仅产品的大小和重量达不到标准，影响产量，而且果品的风味、色泽和品质也不好，不能充分显示该品种固有的优良性状和品质，贮藏期间易失水皱缩而失鲜，增加某些病害的发生，达不到鲜食、贮运、加工的要求，耐藏性也差；采收过晚，果品过熟，已经进入衰老进程，不耐贮藏和运输，货架期过短。

在选择果品的采收成熟度、采收时间、采收方法时，应根据采后用途、距离、分级包装加工等处理场所的状况、贮运物流条件、贮藏保鲜时期的长短、贮藏方法和设备条件等因素来确定。一般就地鲜食销售的果品，可以适当晚采；而长期贮藏和远距离运输的果品，则应当适当早采。

(1)采收成熟度及采收期的确定：根据果品的不同成熟程度，可以分为未熟期、适熟期、完熟期、过熟期。

①未熟期。果实在母体上尚未达到可食用时应具有的足够风味，或者对于采收后有后熟过程的果品，即使进行追熟处理也达不到良好风味。

②适熟期。果实在母体上已经达到可食状态，或者具有后熟过程的果品，经追熟可以达到食用要求的风味、品质。

③完熟期。果实在母体上已经达到应具有的最佳食用风味、品质。

④过熟期。果实在母体上味道已经明显变淡，或者已经失去鲜食商品性。

果实在树体上达到完熟时采收，其色泽、品质、风味最佳，但往往不耐贮藏。对于需要中长期贮藏的苹果，要适当早采(呼吸跃变前采收)。

(2)成熟度确定指标[48]：

①果实表面色泽变化。果实在成熟时果皮都会显现出本品种特有的颜色变化。一般未成熟果实的果皮中含有大量叶绿素，随着果实成熟，叶绿素逐渐降解、消退，类胡萝卜素、花青素等色素逐渐合成，逐渐使果实成熟的颜色显现出来。因此，色泽是判断果品成熟度的重要标志。

②果实硬度。通常未成熟的果实硬度较大，达到一定成熟度时才变软。只有掌握合适的硬度，在最佳质地时采收，果品才能够耐贮藏和运输。

③生育期。不同品种的果实由开花到成熟有一定的生长期，各地可以根据当地的气候条件和多年经验得出适合当地采收的平均生长期。如山东省元帅系苹果的生长期为145天，国光苹果的生长期为160天，富士系品种的生长期为200天左右。

④果梗脱离的难易程度。离层形成是果实品质较好的成熟度，应及时采收，否则果实会大量脱落，造成大的经济损失。

⑤主要化学物质的含量。果品在生长、成熟过程中，其主要的化学物质如淀粉、有机酸、可溶性固形物等的含量都在不断发生着变化，它们的含量和变化情况可以作为衡量产品品质和成熟度的标志。可溶性固形物中主要是糖分，其含量高标志着含糖量高、成熟度高。总含糖量与总酸含量的比值称为“糖酸比”，可溶性固形物与总酸含量的比值称为“固酸比”，它们不仅可以衡量果实的风味，也可以用来判断果实的成熟度，如苹果糖酸比为30∶1时采收，果实品质、风味好。随着果品成熟，淀粉不断转化成为糖，使糖的含量增高，因此通过测定果实糖和淀粉的含量，可判断果品的成熟度。不同品种的苹果，成熟过程中淀粉含量的变化不同，可以制作不同品种苹果成熟过程中的淀粉变蓝图谱，作为成熟采收的标准。

单一指标受气候条件和栽培技术影响较大，不稳定，也不可靠，故应结合其他指标进行判断（表5-13）。此外，确定采收适期也要考虑市场需要和当地特殊的气候条件，视具体情况灵活掌握。

表5-13　不同品种适期采收指标

品种	果实生育期（天）	可溶性固形物（%）	可滴定酸（%）	硬度（kg/cm^2）
嘎拉	110～120	≥12.5	≤0.35	6.5～7.0
新红星	135～155	≥11.0	≤0.40	6.5～7.6
金冠	135～150	≥13.5	≤0.60	6.5～6.8
乔纳金	135～150	≥13.5	≤0.50	6.3～6.8
王林	145～165	≥13.5	≤0.35	6.3～6.8
富士	170～185	≥14.0	≤0.40	7.3～8.2

（3）采收方法：果品的采收方法可分为人工采收和机械采收两种。在发达国家，由于劳动力比较昂贵，果品生产中一般用机械的方法代替人工采收作业。

①人工采收。人工采收需要很大的劳动量，特别是劳动力较缺及工资较高的地方，更增加了生产成本。但苹果果皮鲜脆，人工采收可以做到轻拿轻放，避免碰破擦伤。同时，树冠不同部位的果实成熟度不一致，人工采收可做到分期采收。原先采收苹果时，用手掌将果实向上一托自然脱落，带果柄放入采摘容器内；现在为避免果柄划伤果面，采用采果剪，将剪口深入梗洼底部一剪，果柄留在树上，去果柄的苹果放入采摘容器内。

注意事项：采收前15天停止浇水。一天内，采摘时间以气温较低的早晨较好。要用采果袋（篮）、采果梯和盛果筐等采收工具。具体到一株树，采摘时要由下向上、由外向内进行，减少人为的枝叶损伤。采收过程中要轻拿轻放，防止机械损伤。采下的果实要尽快运至包装场，暂时运不走时，要放在树荫下或用草席遮盖，以防止日晒。为提高优质果率，最好分期采收，一般可分2～3次进行。首次主要采收树冠外围及上部果个大、着色好的果实；1周后再采摘树冠内膛和中下部着色较好的果实，最后采下留在树上的所有果实（净树）。分期采摘时，注意不要碰伤或碰掉留在树上的果实，以减少落果损失。

②机械采收。机械采收可以节约大量劳动力，一般使用强风压机械，迫使离层分离脱落，或是用强力机械摇晃主枝，使果实脱落，但树下必须布满柔软的传送带，以承接果实，并自动将果实送入分级包装机内。机械采收效率高、成本低。在美国，与人工采收相比成本降低43%～66%，一棵树仅用7～13 min采收60%～85%的果实。但是，机械采收的果实容易遭受机械损伤，贮藏中腐烂率增加。

2. 果品采后处理

从采收到销售需要以下流程：适期采收→短途运输→挑选（剔除病、虫、次果）→分级→包装→预冷→冷链物流→贮藏→销售→消费者。

用于贮藏的果品，采后一般经过初选后直接包装（贮藏保鲜包装）入贮，贮后上市前再进行其他处理。果品采后处理的核心是分级、预冷、冷链物流及贮藏保鲜[48]。

（1）果品分级：果品在生长发育过程中，由于受多种因素的影响，其大小、形状、色泽、成熟度、病虫伤害、机械损伤等状况差异甚大，即使同一植株上的个体，商品性状也不可能完全一样。因此，只有按照一定的标准进行分级，使其商品标准化或者商品性状大体趋于一致，才有利于果品收购、贮藏及加工、包装、运输、销售。分级是果品商品化生产的必须环节，是提高其商品质量及经济价值的重要措施。

①分级标准。果品分级标准的主要项目因品种不同而稍有差别，一般是在果形、新鲜度、颜色、品质、病虫害、机械伤等方面符合要求的基础上，再按大小进行分级，即根据果实横径最大部分的直径区分为若干等级。

②分级方法。手工分级：目前普遍采用的方法，即根据人的视觉判断将产品分成若干等级。手工分级能减轻伤害，但工作效率低，级别标准易受人心理因素的影响，这种主观意识上的误差往往导致产品的级别标准出现较大偏差。

机械分级：采用机械分级可消除人为因素的影响，重要的是能显著提高工作效率。美国、日本等多采用机械分级，分级原理是根据果实直径大小进行选果，或根据果实重量进行选果。

（2）果品包装：为了保护果品在运输、贮藏、销售中免受伤害，对其进行包装是必不可少的。此外，包装还能起到美化商品和便于贮运、销售的作用。同时，包装容器还能减少果品失水，对保持果品新鲜度和延长贮藏有一定作用。

①包装场所。目前，我国包装场所一般有两种形式，一种是果农或经销商设置的临时性或永久性包装场，规模较小；另一种是商业部门或者经营单位设置的永久性包装场，规模较大，设施齐全。包装场所选址的原则是靠近产地，交通方便，地势高燥，场地开阔，

同时还应远离能够散发刺激性气体或者毒气的工厂等污染源。苹果包装目前多用手工操作。

②包装容器。包装容器兼有容纳和保护商品的作用，其质地应坚固，可以承受重压而不致变形破裂，且无不良气味。其规格大小适当，便于搬运和堆码，容器内部应光滑平整，不致造成损伤，同时能保持清洁。外形必须美观，并配以精美的装潢，增强对顾客的吸引力，特别是外贸出口的园艺产品，这点尤为重要。

纸箱是当前苹果包装的主要容器，具有经济、牢固、美观、实用等优点。塑料箱是果品贮运和周转中使用较广泛的一种容器，可以用多种合成材料制成，最常用的是用高密度聚乙烯制成的多种规格的包装箱。高密度聚乙烯箱强度大、箱体结实，能够承受一定的积压、碰撞压力，能堆码至一定的高度，提高贮运空间的利用率。外表光滑，易于清洗，能够重复使用。

世界各国都制订有本国果品包装容器规格标准，东欧国家采用的包装箱标准一般是600 mm × 400 mm 和500 mm × 300 mm，箱高以给定的容量标准来确定，苹果容量不超过20 kg；美国红星苹果的纸箱规格为500 mm × 302 mm × 322 mm；我国出口的苹果，逐个包纸后装入纸箱，每箱定量80、96、120、140和160个，净重18 kg。

(3)果品预冷：所谓预冷，是指果品在贮藏或者运输之前，迅速散去田间热，把果温降低到规定温度所采取的措施。预冷是果品低温运输和冷藏的一项重要措施，预冷要求尽快降温，必须在收获后24 h之内达到降温要求，而且降温速度愈快效果愈好。有研究指出，苹果在常温下(20℃)延迟1天，相当于缩短冷藏条件下(0℃)7～10天的贮藏寿命。

预冷时应根据果品特性、数量和包装状况决定采用何种方式和设施，一般分为两类。自然预冷效果差，应用少；人工、机械预冷使用较为普遍。

人工预冷有多种，如冷空气、冷水、抽真空等，各种方式都有其优缺点，国内以强制通风冷空气冷却最为通用。

(4)果品运输：果品采收后，除少部分就地销售外，大量果品需要转运到人口集中的城市和贸易集散地加工、贮藏、销售。为了实现异地销售，运输在生产与消费者之间起着桥梁作用。经济、技术发达国家已建立冷链物流体系，果品采后实现了冷链运输。果品从采后的分级、包装、运输、贮藏、货架销售，直至消费者手中的全部过程，均处于适宜的低温条件下，可以最大限度保持果品的新鲜度及风味品质。我国的果品冷链物流系统刚刚起步，急需适合我国国情的冷链物流设施和相应的技术。

为了搞好果品运输，应注意以下几点：

①运输的果品要符合运输质量标准，没有败坏，成熟度和包装符合规定，并且新鲜、完整、清洁，没有损伤和萎蔫失水。

②果品运输前要尽可能进行预冷处理。包装要有保湿功能，以保持果品的新鲜度，防止萎蔫失水。

③承运部门应尽量快运快装，现卸现提，保证产品的质量。装运时堆码要安全稳当，要有支撑和垫条，防止运输中移动或倾倒。堆码不能过高，堆间应留有适当的空间，以利于通风。

④装运果品时应避免撞击、挤压、跌落等现象，轻拿轻放，尽量做到运行快速平稳。装运应简便快捷，尽量缩短采收与交运的时间。

⑤运输时要注意通风。

（5）贮藏保鲜：

①入贮前的准备工作。入贮前20天对制冷设备、电气装置等进行保养和维护。检查机器运转情况、压力、温度指示情况是否正常，控制系统是否准确，有故障要及时排除，保证设备和整个系统正常运转。用冰水混合物标定0℃，调整仪表零点，保证控温精度和准确度。

库房消毒杀菌：入贮前10天应对库房进行全面的清理和打扫，使用过的库房进行彻底灭菌。整个库房消毒前应对设备和货架的金属部分进行保护，用2%～3%安特福尔敏溶液喷刷。库内工具和容器如垫木、架子、托盘等用药剂（0.25%次氯酸钙）浸泡或刷白，起码要放在阳光下暴晒1～2天。库房消毒常用的方法是硫磺薰蒸法和液体药剂喷洒法。

库房预冷：库房的设备、保温设施等经检查合格后，入贮前7～10天正式开机降温，使库房温度降至－1℃。要求将整个库体冷透并保持稳定，有多个冷库单元时应同时降温预冷。

②果品贮藏保鲜技术。果品采收以后脱离了与母体的联系，不能再获得营养和水分，且易受到其自身及外界一系列因素的影响，质量不断下降甚至很快失去商品价值。为了使果品的呼吸、后熟、衰老进程延缓，防止微生物侵染，保持新鲜果品的质量和减少损失，须进行贮藏保鲜。果品采后贮藏保鲜是根据果品的生物学特性及其对温度、相对湿度、气体成分等条件的要求，创造适宜而又经济的贮藏保鲜条件，以维持果实正常的新陈代谢，从而延缓果实品质变化，保持新鲜饱满状态，减少腐烂损失，延长贮藏寿命。

果品的贮藏保鲜方式很多，依据贮藏场所的特点可分为简易贮藏、冷藏、气调贮藏等。

简易贮藏：利用自然环境条件进行沟藏、堆藏、窖藏等。这种贮藏多数是在产地进行，简便易行，贮藏成本低，若遇到某些年份气候条件适宜，贮藏效果较好。但总的来看，受自然气候条件影响较大，贮藏期间温湿度条件不能有效控制，所以贮期较短，贮藏质量较差，损耗较大，有时甚至会出现不同程度的热烂或冻损。简易贮藏的苹果必须先在阴凉通风处散热预冷，白天适当覆盖，夜间揭开降温，待霜降后气温降下时再入贮。贮藏期间应根据外部自然条件的变化，利用通风道、通风口，通过堆码时留有的空隙，在早晚或夜间进行通风降温散热。利用草帘、棉被、秸秆等进行覆盖保温防冻。一般可贮藏至来年3月，主要适用于国光、红富士等晚熟苹果，对金冠、元帅等中熟品种不适宜。

通风库贮藏：通风库贮藏只适宜晚熟苹果，入库时分品种、分等级码垛堆放。堆码时，垛底要垫放枕木（或条石），垛底离地10～20 cm，在各层筐或几层纸箱间用木板、竹篱笆等衬垫，以便于码成高垛。码垛要牢固整齐，码垛不宜太大。为便于通风，一般垛与墙、垛与垛之间应留出30 cm左右空隙，垛顶距库顶50 cm以上，垛距门和通风口（道）1.5 m以上，以利于通风、防冻。贮藏前期，多利用夜间低温来通风降温。有条件的最好在通风口加装轴流风机，并安装温度自动调控装置，以自动调节库温，尽量符合贮藏要求。贮藏中期减少通风，库内应在垛顶、四周适当覆盖，以免受冻。贮藏后期库温会逐步回升，期间需要每天观测记录库内温度、湿度，并经常检查苹果质量，检测果实硬度、糖度、自然损耗和病、烂情况。

冷库贮藏：苹果适宜冷藏，尤其对中熟品种最适合。其中元帅系品种应适时早采，金冠苹果应适时晚采。贮藏时最好单品种分别单库贮藏。采后在产地树下挑选、分级、装箱（筐），避免到库内分级、挑选，重新包装。入冷库前应在走廊（也称穿堂）散热预冷一夜再入库。码垛应注意留有空隙，尽量利用托盘、叉车堆码，以利于堆高，增加库容量。一般库内可利用堆码面积70%左右，折算库内实用面积每平方米可堆码贮藏约1 t苹果。冷库贮藏管理主要是加强温湿度调控；一般在库内中部、冷风柜附近和远离冷风柜一端挂置1/5分度值的棒状水银温度表，挂一支毛发湿度计，每天最少观测记录3次温、湿度。通过制冷系统经常供液、通风循环，调控库温上下幅度最好不超过1℃。最好安装电脑遥测，自动记录库内温度，指导制冷系统及时调节库内温度，力求稳定适宜。冷库贮藏苹果，往往相对湿度偏低，所以应注意及时人工喷水加湿，保持相对湿度在90%～95%。冷库贮藏元帅系苹果可到新年、春节，金冠苹果可到3～4月，国光、红富士等可到4～5月，质量仍较好。若想保持其色泽和硬度少变化，最好是利用聚氯乙烯透气薄膜袋来衬箱装果，并加防腐药物，有利于延迟后熟、保持鲜度、防止腐烂。

气调贮藏：苹果最适宜气调贮藏，尤其是中熟品种金冠、红星、红玉等，控制后熟效果十分明显。气调贮藏比普通贮藏能延长贮藏期约一倍时间，可贮至翌年6～7月，保持质量仍新鲜如初。气调贮藏的苹果要求采后2～3天内完成入贮封帐，并及时调节帐内气体成分，使氧气降至5%以下，以降低其呼吸强度，控制后熟过程。一般气调贮藏苹果，温度在0～1℃，相对湿度95%以上，调控氧气在2%～4%、二氧化碳3%～5%。气调贮藏苹果应整库贮藏、整库出货，中间不便开库检查，一旦解除气调状态，即应尽快调运上市供应。

第八节　病虫害综合防控技术

苹果病虫害防控要坚持“预防为主，综合防治”的原则，按照病虫害发生规律和特点，以农业和物理防治为基础，重视生物防治，科学使用化学防治手段，达到既有效控制病虫危害，又确保果品质量安全的目的。

1. 农业防治

加强土肥水管理和树体管理，改善通风透光条件，增强树体的抗逆能力；落叶后，彻底清除病残枝、落叶、病(僵)果，集中深埋或焚烧，消灭其中的虫源和病源，减少病虫害越冬基数；树干绑草把或诱集带，诱集越冬害虫，早春害虫出蛰前将其解下销毁；冬季封冻前和早春树干涂白，减轻日灼、冻害，兼防天牛和木蠹蛾。

2. 物理防治

春季土壤解冻后，在树盘周围覆盖薄膜，阻隔红蜘蛛和桃小食心虫等越冬害虫出土；每30～50亩果园安装1盏频振式杀虫灯，诱杀桃小食心虫、金纹细蛾、苹小卷叶蛾和金龟子等多种害虫；使用诱蝇器诱杀果蝇，使用捕虫黄板防治蝇类、蚜虫和粉虱类害虫等，悬挂糖醋液罐诱杀金龟子，清晨和傍晚振动树体捕杀害虫。

3. 生物防治

通过果园种草改善果园生态环境，招引、保护、繁殖及利用小花蝽、瓢虫、草青蛉、捕食性蓟马等天敌，达到以虫治虫的目的，保持生态平衡；冬季采用树干基部捆草把或种植越冬作物、园内堆草或挖坑堆草等措施，为蜘蛛、小花蝽、食螨瓢虫等提供良好的栖息环境，增加越冬量。人工释放赤眼蜂、瓢虫、草蛉等天敌，防治害螨类、蚜虫类、梨小食心虫等害虫。利用性诱剂扰乱昆虫的交配信息，减少繁衍，减少昆虫的虫口密度。在果园周围种植忌避或共生植物，达到驱赶害虫的目的。应用生物源和矿物源农药防治害虫，常用的主要有：植物源杀虫剂苦参碱、印楝素、烟碱等，昆虫生长调节剂灭幼脲、杀铃脲、捕虱灵等，农抗类杀虫剂阿维菌素、浏阳霉素、多杀菌素、华光霉素，农抗类杀菌剂多抗霉素、中生菌素、农抗120，阿米西达、农用链霉素等，矿物源农药敌死虫乳油、机油乳油、波尔多液、石硫合剂、硫悬浮剂等。

4. 化学防治

根据当地的病虫害预测预报，有针对性地进行防治，合理选择农药，优先选用生物源、矿物源农药和低毒高效化学农药、有限制地使用中毒性农药，严禁使用高毒、高残留农药，做到适时用药，交替用药、提高喷药质量，保证防治效果。

5. 果园主要病虫害

苹果园主要病害有苹果轮纹病、干腐病、炭疽病、腐烂病、锈病、褐斑病、炭疽叶枯病等，主要虫害有苹果红蜘蛛、白蜘蛛、金纹细蛾、蚜虫、绿盲蝽、康氏粉蚧、苹果绵蚜以及食心虫等[48]。下面介绍几种主要病虫害的防治方法。

(1) 苹果轮纹病、干腐病：以前这两种病害被认为是两种不同菌源引起的病害，经过国家苹果产业技术体系病虫害防控研究室岗位专家多年的研究，认为苹果轮纹病和干腐病是一种真菌引起的病害，在不同的环境条件下表现出不同的症状。在湿润的气候条件下表现为轮纹病，在水分胁迫条件下表现为干腐病。轮纹病菌既危害枝干，也危害果实，多雨年份发病重。侵染枝干造成枝干瘤状突起，使树干表皮不光滑，显得十分粗糙；侵染果实造成烂果。病菌在树干上的病瘤内越冬，有潜伏侵染的特性。病菌在幼果期侵入，在果实生长发育后期发病。幼果期如果有降雨，病菌即可侵染幼果。病菌的侵染时期从5月下旬至9月上旬，侵染高峰期集中在6月上旬至8月中旬，此间每遇降雨，必有病菌侵染果实。干腐病主要危害衰老的弱树和定植后管理不善的幼树，干旱年份发病重。定植的幼树如果管理不好，长时间不发芽，就会在枝干上形成暗褐色至黑褐色病斑，病斑沿树干逐渐扩大，严重时幼树枯干死亡。大树受害，多在枝干上散生表面湿润、不规则的暗褐色病斑，病部溢出浓茶色黏液。随着病势发展，病斑不断扩大，被害部分逐渐失水，成为明显凹陷的黑褐色干斑。当温、湿度适宜时，病菌分生孢子器产生大量分生孢子随风雨传播，侵染枝干形成干腐病斑或轮纹病瘤，侵染果实造成烂果。干腐病病斑上的分生孢子器产生分生孢子的数量远远大于轮纹病瘤上的产孢量。

对苹果轮纹病和干腐病的防治要采取综合措施。

①物理防治。一是选用抗轮纹病砧木。烟台市农业科学院选育的烟砧1号砧木，枝干光滑，皮孔稀、小，伤口愈合快，高抗苹果轮纹病。用烟砧1号作高干中间砧的12年生红富士苹果树干光滑，很少长瘤，不用刮树皮。二是强壮树体。轮纹病菌是一种寄生性较弱的寄生菌，树势衰弱，病菌容易入侵，弱树最易感病。因此，生产中应采取各种措施强壮树势，提高树体抗病力。果园增施有机肥，尤其生物有机肥，能有效增加土壤有益微生物，提高土壤有机质含量，改善根系生存环境，提高根系吸收能力。合理施用无机肥料，注重中微量元素的施入，配合活力素灌根，做到均衡施肥，避免单施三元素复合肥。果园适时灌水，防止土壤特别干旱引起叶片萎蔫。三是减少环剥环割。环剥虽然有利于成花、坐果，但每年枝干环剥，易使树势衰弱，抗病性降低。因此，生产中尽量轻环剥，逐步做到

不环剥。四是减少病原。冬春季节，及时刮除轮纹病瘤和干腐病斑，带出果园集中烧毁。修剪时，彻底剪除干腐病枝。夏季修剪时，剪除的枝条不要留在果园内，因为枝条在干枯失水过程中易感染干腐病菌，产生大量孢子在果园中传播。尽量不要用新鲜的苹果枝作开角支棍，以防支棍干枯失水过程中染上干腐病菌，形成新的侵染源。五是调理土壤。土壤酸化条件下，游离态的锰离子含量高，根系因吸收锰离子过量而造成锰中毒，锰中毒的苹果树更容易感染轮纹病；土壤板结，透气性差，根系缺氧，生长不良，滋生真菌性、细菌性根部病害，造成烂根，从而导致地上部生长势减弱，轮纹病、干腐病等病害危害加重。因此，酸化土壤要多施有机肥，少施化肥，特别是少施氮肥，施用硅钙镁肥料（土壤调理剂）调节土壤酸碱度。六是养成良好的修剪习惯。修剪时，剪口要低、平，不要留橛。剪口下的橛在干枯失水过程中，很易受干腐病菌侵染，形成新的菌源。

②化学防治。全树细致喷药，杀死致病菌源。轮纹病菌来自枝干，6～8月是传播和侵染的高峰。因此，不仅要在休眠期全树枝干喷药，生长季也要全树枝干喷药，以杀死枝干上的轮纹病菌或干腐病菌。轮纹病菌是弱寄生菌，果树枝干受冻后更容易侵入树体。因此，防止果树冻害发生，有利于轮纹病的防控。对幼旺树，于11月下旬进行树干涂白，预防冻害。涂白剂的配制比例为生石灰10 kg、硫磺粉1 kg、食盐0.2 kg，加水调成糊状，涂抹树干。

（2）苹果锈病：近几年，苹果锈病在烟台一些苹果主产区发生严重，主要危害苹果叶片，也危害叶柄和果实。病菌是一种转主寄生菌，在苹果树上形成性孢子和锈孢子，在桧柏上形成冬孢子。危害严重的园片一片叶子上有十几个病斑，严重影响叶片的功能，甚至造成落叶。4月份的温度和降雨是病害流行的重要条件。

防治方法：铲除苹果园附近的桧柏树。如不能铲除，应于冬季剪除桧柏上的菌瘿，集中烧毁；3月上中旬在桧柏上喷3波美度的石硫合剂，抑制冬孢子萌发。抓住苹果花前和花后两个关键时期喷药防治，药剂选择43%戊唑醇4 000倍液、10%苯醚甲环唑2 000倍液。

（3）苹果炭疽叶枯病：苹果炭疽叶枯病是由炭疽病菌引起的病害，主要侵染叶片和果实，导致叶片大面积坏死干枯，果实表面出现大量红色坏死斑点。发病初期叶片出现黑色坏死病斑，病斑边缘模糊，在高温、高湿条件下，病斑扩展迅速，1～2天可蔓延至整个叶片，整个叶片变黑坏死。发病叶片失水后呈焦枯状，随后脱落。当环境条件不适宜时，病斑停止扩展，在叶片上形成大小不等的枯死斑，病斑周围的健康组织随后变黄，病重叶片很快脱落。当病斑较小、较多时，病叶的症状酷似褐斑病。果实发病仅形成直径2～3 mm的圆形坏死斑，病斑凹陷，周围有红色晕圈。病菌以菌丝体在落叶上越冬，也可以在被害枝条上越冬，5月份降雨后开始产生孢子，通过风雨传播。6～7月高温多雨季节是炭疽叶枯病大量发生的季节。树势强发病轻，树势弱发病重，树冠内膛重外围轻。发病速度快，短时间内造成果树大量落叶，落叶严重的果园当年形成二次花，次年绝产。

苹果炭疽叶枯病的防治，仅用化学药剂，很难达到预期的目的，要坚持预防为主、综合防治的方针。

①农业措施。冬季或早春彻底清园，清理病虫枝果及落叶，刮除树干上的各种病原物，集中烧毁。追施有机肥，强化树体管理，提高对病害的抵御能力；在做好冬剪的同时，加强夏季修剪，以改善光照、合理负载为前提，及时疏除有碍通风透光的枝条，使田间通风透光良好；修整灌排水设施，保证能及时灌水或排水，防止旱期或雨期对果树造成生理危害。病害发生后要及时清除落叶和病果，带出果园外做灭菌处理。

②化学防治。根据青岛农业大学李保华教授的研究结果，叶枯炭疽菌孢子的传播和侵染都离不雨水，降雨是病原侵染的必要条件，而且病菌孢子以直接侵染为主，侵染量大。在所试验的内吸杀菌剂中，只有吡唑醚菌酯和咪鲜胺在病菌侵染早期有一定的防治效果，但最高的防治效果仅67.8%。叶枯炭疽菌的潜育期很短，在适宜条件下接种48 h后就能发病，绝大多数病斑在4天内显示症状。病原菌侵染后，既没有用药的时间，也没有理想的防治药剂。因此，炭疽叶枯病不适合采用在病原菌侵染后内吸治疗的防治措施，只能采取雨前喷药保护或定期喷药保护的措施。根据近几年的试验结果，对炭疽叶枯病的防治，应该从苹果落花后20天就开始，直到9月中旬气温明显下降后结束。防治药剂以波尔多液为主，采用以波尔多液与吡唑醚菌酯为主要有效成分的药剂，与肟菌・戊唑醇等药剂交替使用，一般情况下每10～15天一次，保证每次降雨前都有药剂保护叶片和枝条。同时，波尔多液不能用有机铜制剂替代。

（4）红蜘蛛：包括苹果红蜘蛛、山楂红蜘蛛，是危害苹果树的主要害螨，每年都有发生，如果防治不及时，就会造成果树提前落叶。苹果红蜘蛛以卵在枝干和芽鳞痕上越冬，山楂红蜘蛛以雌成螨在树干上越冬。果树发芽后，山楂红蜘蛛越冬雌成螨开始出蛰，在果树展叶后开始产卵。苹果红蜘蛛在苹果萌芽期，日平均气温在10℃以上时越冬卵开始孵化。4月下旬苹果开花期是越冬卵孵化盛期，5月上旬苹果谢花期是越冬代成虫发生盛期，5月上中旬苹果谢花后1周左右是第1代卵孵化盛期。因此，苹果开花前和谢花后是药剂防治苹果红蜘蛛的关键时机。高温干旱有利于害螨的发生，应抓住早期防治，控制虫口数量，不让害螨有快速繁殖的基础。

防治红蜘蛛要抓住两个关键时期，一是越冬成螨出蛰期和越冬卵孵化盛期（果树花芽萌动期），防治效果较好的杀螨剂有20%螨死净悬浮剂2 000倍液和15%哒螨灵乳油2 000倍液。二是麦收前害螨数量增长期，这个时期可用15%哒螨灵乳剂2 000倍液和1.8%阿维菌素乳油4 000倍液。

（5）二斑叶螨：因体色为黄白色，又叫白蜘蛛。以雌成螨在树体根颈处、翘皮裂缝处、杂草根部、落叶和覆草下越冬。寄主范围广，食性杂，能为害各种果树、农作物、蔬菜以及杂草。繁殖速度快，平均单雌产卵量100粒，最高可达900粒。温度越高，繁殖周期越短，因此高温干旱年份容易爆发。抗药性强，一般杀红蜘蛛的药剂对二斑叶螨防效不好。3月下旬至4月中旬越冬雌成螨开始出蛰，7月螨量急剧上升，进入大量发生期，发生高峰为8月中旬至9月中旬。

防治方法：二斑叶螨越冬前，在根颈处覆草，并于次年3月上旬将覆草或根颈周围20 cm范围内的杂草收集，烧毁，可大大降低越冬基数。刮除树干上的老翘皮和粗皮，消灭其中的越冬雌成螨，药剂选用1.8%齐螨素4 000倍液，与杀卵药剂如20%螨死净2 000倍液配合使用效果更好。

(6)绿盲蝽：若虫和成虫以刺吸式口器为害果树的幼叶、嫩梢和花果。为害幼果，以刺吸孔为中心，果面凹凸不平，周围果肉木栓化，似果点爆裂。随果实膨大，果面上形成2～3 cm^2锈疤和瘤子，严重影响果实的外观质量。绿盲蝽在烟台地区每年发生4～5代，以卵在果树顶芽鳞片内和果园杂草等含水分较高的组织内越冬，翌年3月下旬至4月上旬越冬卵开始孵化，先为害果树的嫩叶，4月中下旬是若虫盛发期，是防治的关键时期。

防治方法：冬前或3月上旬清除果园的杂草，消灭越冬卵。3月下旬至4月上旬越冬卵孵化期、4月中下旬若虫生发期、5月上旬谢花后三个时期，结合防治其他害虫喷药防治，药剂可选择48%毒死蜱乳油1 500倍液、2.5%功夫乳油2 000倍液。

(7)金纹细蛾：金纹细蛾是严重为害苹果叶片的潜叶蛾类害虫，主要以幼虫潜于叶内取食叶肉。被害叶片上形成椭圆形虫斑，表皮皱缩，呈筛网状，叶面拱起。严重时虫斑布满整个叶片，可使叶片丧失功能，容易引起苹果树提早落叶。金纹细蛾1年发生5代，以蛹在被害叶片中越冬。翌年开春苹果发芽时成虫羽化，各代成虫发生盛期，第1代在5月下旬到6月上旬，第2代在7月上旬，第3代在8月上旬，第4代在9月中下旬。后期世代重叠，最后一代幼虫于10月下旬在被害叶的虫斑内化蛹越冬。以上5个时期是防治金纹细蛾的关键期。

防治方法：①人工防治。清除枯枝落叶，消灭在此越冬的蛹，减少翌年的发生数量。②化学防治。化学防治的关键时期是各代幼虫孵化期，以防治第二代和第三代幼虫为主，常用药剂有25%灭幼脲悬浮剂1 000～2 000倍液、50%蛾螨灵乳油1 500～2 000倍液、50%辛脲乳油1 500～2 000倍液。

(8)苹果苦痘病：苹果苦痘病主要是由树体生理性缺钙引起的，修剪过重、偏施或晚施氮肥、树体过旺及肥水不良的果园发病重。果实生长期降雨量大，浇水过多，都易加重病害发生。症状在果实近成熟时开始出现，贮藏期继续发展。病斑多发生在近果顶处，即靠近萼洼的部分，而靠近果肩处则较少发生。病部果皮下的果肉先发生病变，而后果皮出现以皮孔为中心的圆形斑点，这种斑点在绿色或黄色品种上呈浓绿色，在红色品种上则呈暗红色，而且病斑稍凹陷。后期病部果肉干缩，表皮坏死，出现凹陷的褐斑，深达果肉2～3 mm，有苦味。轻病果上一般有3～5个病斑，重的60～80个，遍布果面。

防治方法：①增施有机肥，提高土壤有机质含量，改善土壤结构，增加土壤透气性和保水、保肥能力，为根系生长发育提供良好的环境，提高根系对钙的吸收能力。②改良酸化土壤。土壤酸化影响根系生长和对钙的吸收，利用土壤调节剂改良土壤的酸碱度，促进根系对钙的吸收。③土壤补钙。3月份根系第一次生长高峰前，每亩施用硝酸钙20～25 kg。④叶面补钙。苹果套袋前、摘袋后叶面喷施钙肥。⑤合理负载，避免果实过大。若果实膨大期雨水大、果实膨大过快，应适当补充钙肥，减轻苦痘病发生。

第九节 防灾减灾技术

一、灾害预警

苹果是多年生木本植物，具有树体高大、结构复杂、生命周期长等特点。苹果的生命周期，一般十几年甚至几十年。苹果园是一个复杂的人工生态系统，易受自然地理、生态环境、气候条件的影响，除了生长期内各气象因子必须满足以外，还要求年周期特别是生育关键时期和越冬气候条件适宜，整个生命周期必须连年满足。这就决定了苹果产业是一个生产程序复杂、生产周期长、更新换代慢的产业，也是一个容易遭受自然灾害、防灾抗灾困难、灾后恢复生产缓慢的产业。同时，我国苹果栽培分布广泛，苹果产业发展建立在千家万户经营管理模式的基础之上，经济基础薄弱、生产设施条件简陋、技术集成配套程度低，苹果产业防范和抵抗各种自然灾害的能力非常有限。因此，我国苹果产业经常面临着各种各样的突发性自然灾害的威胁，只有做好灾害预报、预警、组织宣传，实施好防范和抵御各种自然灾害的技术措施，才能做到未雨绸缪、有备防患，做好防灾、抗灾、减灾和灾后恢复生产的各项工作。

建立自然灾害预报、预警机制，建设自然灾害生态防控体系，集成开发和应用防灾、抗灾、减灾综合技术措施，加强和完善果园基础设施、生产装备条件建设，是保障苹果产业安全和应对各种自然灾害的四大关键要素。围绕这四大关键要素，积极采取近期和长期、短效和长效相结合的应对措施与实施机制，通过科学规划、合理布局和向优势产区集中，通过加大基础设施投入和防灾减灾新技术，发动千家万户做好应对各种各样突发性自然灾害的思想、技术、物资准备工作，是保障苹果产业安全的根本所在。

1. 预警项目的设定

(1) 预警项目设定的依据：我国幅员辽阔，具有自然地理、生态环境和气候条件复杂、多样化特点，是各种气象灾害频发的国家之一。自然地理条件和生态环境是相对稳定的，而气候条件对于苹果生产的影响则重要、复杂和敏感得多。将不同地区的自然地理、生态环境、气候等因素进行综合分析与考量，将各项因素的相互作用，特别是气候（气象）要素的变化达到或超过一定阈值时，可能对于苹果产业造成的灾害性影响作为备选的预警项目。

我国是世界第一苹果生产大国，面积和总产量均居世界首位。苹果是我国第一大水果，也是我国十一大优势农产品之一。我国苹果栽培分布广泛，全国所有省（市）、自治区均有苹果栽培。根据苹果产业的技术构成、生产规模、主要品种和砧木组成，以及自然地理、生态环境、气候等条件的特点，大致可概括为环渤海湾产区、西北黄土高原产区、黄河故道产区、西南冷凉高地产区、东北小苹果产区和江南暖地产区。从面积和产量分布看，我国苹果生产主要集中在渤海湾、西北黄土高原、黄河故道和西南冷凉高地四大产区，其面积和产量分别占全国总面积和总产量的94%和95%。但是，我国苹果生产方式总体上较为传统、落后，生产水平极不平衡，生产设施、装备比较简陋，生产条件一般较差，对我国苹果生产可能造成一定范围、一定规模、一定危害程度的自然地理、生态环境、气候条件等因素作为备选的预警项目。

国家或地方颁布的一般性或突发性气象灾害预警项目和预警信号体系，以及各种气象灾害对苹果生产可能造成的影响和危害特征、强度等。

(2) 预警项目的设定与说明：根据预警项目设定的依据，参照国家或地方颁布的一般性或突发性气象灾害预警项目和预警信号级别，以及气象灾害对苹果生产可能造成的危害特征、强度，确定我国苹果产业重大突发性气象（自然）灾害预警项目，主要包括霜冻灾害、寒潮灾害、冰雹灾害、雨涝灾害、暴雪灾害、大风灾害、干旱灾害、冻害灾害[71]。

①霜冻灾害（Frost Damage）。冬初、春末比较温暖的时期，由于寒流或辐射冷却，土壤、植物表面以及近地面气温短时间内骤降（0℃或0℃以下），造成苹果树或某些组织器官（花、芽、幼果、枝条、皮层、树干等）遭受冻害或树株死亡等低温天气危害。霜冻常常造成苹果生产大幅度减产甚至绝产，是我国苹果产业最重要的自然灾害之一。

②寒潮灾害（Cold Wave Damage）。由于北方强冷空气大规模向南入侵，造成剧烈的大风降温、雨雪及冰冻天气，引发苹果树体或组织器官（花、芽、幼果、枝条、皮层、树干等）遭受冻害甚至死树等危害。

③冰雹灾害(Hail Damage)。由于冰雹袭击，苹果树体及枝、叶、果实遭受不同程度的砸伤、折断、脱落等机械损害，使苹果大幅度减产甚至绝产；或者降雹后土温、气温骤降，使苹果树遭受不同程度的冻害。

④雨涝灾害(Waterlog Damage)。长时间连续阴雨和大量降雨，或短时间内突降暴雨，造成苹果园不同程度的积水、淹水涝害，引起苹果树根系缺氧和腐烂，导致树体倾倒、落叶、落果、生长发育不良，造成大幅度减产甚至绝产、死树等危害。

⑤暴雪灾害(Snowstorm Damage)。连续大量降雪或短时间内突降暴雪，导致果园被较厚的积雪覆盖、外部交通中断、通信受阻、供电不畅，不能进行正常的生产活动，苹果树体或组织器官不同程度遭受冻害。

⑥大风灾害(Gale Damage)。由于强烈的空气对流，风力达到足以使树体正常生长发育受到阻碍和损害的程度，造成苹果花期授粉受精不良、植株倒伏、树体偏冠，枝条折断、落叶、落花、落果等危害。

⑦干旱灾害(Drought Damage)。连续长时间无雨或少雨，造成空气、土壤缺水，使果树正常的生长发育受到不同程度的抑制或损害，导致树体衰弱、抽枝困难、落果、落叶、大幅度减产甚至绝产死树等严重危害。

⑧冻害(Freezing Injury)。在越冬期间，遭遇极端低温、长时间持续低温(气温远低于正常年份)或大幅度降温影响，造成苹果树体和组织器官(花芽、枝条、根系、皮层、树干等)受到不同程度损害甚至死树等严重危害。

二、霜冻灾害

1. 霜冻的概念

霜冻是指在温暖时期，气温在短时间内下降到足以使作物遭受伤害或者死亡的低温天气，属生物学现象。霜冻和霜是两个不同的概念，霜是指近地面物体或地面温度降到0℃时，空气中的水汽直接凝结在物体上的白色结晶，属天气现象。发生霜冻时可能有霜，也可能无霜，有霜时的霜冻叫白霜，无霜时的霜冻叫黑霜。

2. 霜冻的类型及发生规律[72]

(1)霜冻的类型：根据霜冻的发生时期，分为早霜冻和晚霜冻(也叫秋霜冻和春霜冻)；按霜冻形成的原因可分为平流霜冻、辐射霜冻和平流辐射霜冻。平流霜冻是由强冷空气引起剧烈降温而形成的，气温比地面温度还低，称为风霜，该种霜冻危害面积大。辐射霜冻是由于夜间晴朗无云、无风，地面或物体表面辐射降温而形成的，越靠近地面，温度越低，地面温度比气温还低，故称为地霜。此类霜冻持续时间短，危害较轻。平流辐射霜冻是在冷平流和辐射降温的共同作用下形成的霜冻。这类霜冻出现的次数多，影响范围大，并可发生在日平均气温较高的暖和天气之后，所以对果树生产较重危害。

（2）霜冻的发生规律和特点：霜冻的发生、持续时间及程度与各地天气条件和自然环境息息相关。

①天气条件。在晴朗、无风、低湿的条件下容易发生霜冻。因为晴空少云的天气有利于地面辐射冷却，无风则减弱了空气的混合，夜间高层较暖气流不易沉到下层，低湿避免了凝结潜热的释放，加强了空气的冷却程度，故有利于辐射霜冻的形成。

雨少时霜冻严重，雨多时霜冻则轻，这是由水体的增温效应造成的。

②地形、地势。洼地、山谷和山坡下部霜冻严重，因为这些部位地势低洼、地形闭塞，冷空气极易下沉积聚。对于山坡来说，迎风坡比背风坡霜冻重，山脚比山顶霜冻重，山坡中段霜冻最轻，南坡比北坡霜冻轻，西坡及西南坡比东坡及东南坡霜冻轻，陡坡比缓坡霜冻轻。

③下垫面性质。干松的沙土导热不良，深层的热量不易上传，夜间温度可能降得很低，霜冻可能较重。坚实而湿润的黏土等，因导热性更好，霜冻危害较轻。

3. 霜冻对苹果可能造成的危害

对果树影响较大的是晚霜冻（春霜冻），对果树开花及坐果危害甚大。严冬过后，果树已解除休眠，逐渐进入生长发育期，各器官抵御寒害的能力锐减，特别当异常升温3～5天后突然遇到强寒流袭击，更易受害。果树花器官抗寒力较差，在花芽期和花芽膨大期遇到剧烈降温，会导致开花延迟或雌雄蕊发育不正常，影响受精和坐果。霜冻严重时，花芽基部形成离层而脱落。花期发生霜冻时，轻者表现为花瓣组织结冰变硬，回暖后花瓣变成灰褐色，逐渐干枯、脱落；受冻稍重者花丝、花药和雌蕊变成褐色和黑色，最后干缩；重者子房受冻，变成淡褐色，横切面的中央、心室和胚珠变成黑色，严重者整个子房皱缩，花梗基部产生离层而脱落。幼果期遇霜冻后，轻者果面留下冻痕，虽然果实能膨大，但往往变成畸形小果；重者幼果停止膨大，变成僵果；严重者果柄冻伤而落果。有些高寒地区，果实采收前也会发生霜冻，即早霜冻危害。轻者能够恢复，对品质影响不大；重者整个果实冻结，融化后呈水渍状，失去商品价值[73]。

4. 防御霜冻灾害的基本措施

防御霜冻灾害，一是培育抗霜冻力强的品种，二是阻止环境温度急剧下降，推迟果树开花期。

（1）培育抗霜品种：宁夏选育的“宁红”短枝型苹果新品种，抗霜冻能力明显强于元帅和新红星等品种[74]。这些抗霜力强的品种，从某种程度上能避免晚霜造成的危害。

（2）延迟发芽，减轻霜冻危害：

①早春树干涂白或喷白。早春对树干、骨干枝进行涂白，涂白剂的配方是：生石灰10份、食盐1～2份、水35～40份，再加1～2份生豆汁，以增加黏着力。也可以用10～20倍的石灰水喷布树冠，以反射光照，减少树体对热能的吸收，降低冠层与枝芽的温度，这样做可推迟开花3～5天。

②春季灌水或喷水。果树发芽后至开花前灌水或喷水1～2次，减缓地温上升的速度，可显著降低果园地温，推迟花期2～3天。

（3）改善果园小气候：

①加热法。加热防霜是现代防霜较先进而有效的方法。在果园内每隔一定距离放置一台加热器，在发生霜冻前点火加温，使下层空气变暖而上升，上层原来温度较高的空气下降，在果树周围形成暖气层，一般可提高温度1～2℃。

②熏烟法。根据天气预报，当园内气温接近0℃时，在迎风面每亩堆放10个烟堆熏烟，可提高气温1～2℃。近年来，采用硝酸铵、锯末、柴油混合制成的烟雾剂代替烟堆熏烟，使用方便，烟量大，防霜效果好。也可用自制烟雾弹防霜，选30%硝酸铵、30%沥青和40%锯沫为原料，先将锯沫和硝酸铵晒干、压碎、过筛，然后将三种材料混合拌匀，包成筒状药管，中间插上药捻或导火线。在来霜之前放置在地里，放置数量根据地块大小而定，在晚霜来临前1 h左右点燃，可放出大量浓烟。

③树盘覆草。早春用杂草覆盖树盘，厚度20～30 cm，可使树盘升温缓慢，限制根系的早期活动，从而延迟开花。结合灌水，效果更好。

④其他措施。据国外报道，在果园上空使用大功率鼓风机搅动空气，可吹散凝集的冷空气，有预防霜冻的效果。

（4）喷营养液或化学药剂防霜：

①喷防霜剂。研究表明，果树上的很多冰核是由冰核细菌产生的，它们能提高植物体内水分的冷却点，从而使植物在0℃以下低温时发生霜冻。因此，除去已存在的冰核，杀死产生冰核的细菌，能够降低果树体内水分结冰的温度，从而减轻或避免霜冻危害。

②喷果树防冻剂。在冻害发生前1～2天，喷果树防冻液加PBO液50～100倍液，防冻效果极佳。也可喷自制防冻液，配制方法：琼脂8份、甘油3份、葡萄糖43份、蔗糖45份、其他营养素（包括肥料、植物激素等）2份，清水5 000～10 000份，先将琼脂用少量水浸泡2 h，然后加热溶解，再将其余成分加入，混合均匀后即可使用。

③喷可杀得。在发生霜冻前一天喷布可杀得400倍液，效果不错。

④喷营养液。强冷空气来临前，果园喷布芸苔素481、天达2116，可以有效缓和果园温度剧降、调节细胞膜透性，能较好地预防霜冻。

5. 霜冻预警

(1)预警根据：

①各级气象台站的天气预报与分析。

②各级政府有关部门的相关文件和通知。

③各级政府及其他有关部门的预警与通报。

④本行业、本部门、本单位进行的观测与所了解的实际情况。

(2)预警级别与应急预案：霜冻预警采用三级预警系统，分别为蓝色预警、黄色预警和橙色预警。蓝色预警的预警级别较低，橙色预警的预警级别较高。预警级别划分的根据是霜冻可能到来的时间、强度，霜冻可能造成的灾害程度和破坏程度。

①蓝色预警。48 h内最低气温将要下降到0℃以下(春秋季4℃以下)，对农林业将产生影响；或者已经降到0℃以下(春秋季4℃以下)，对农林业已经产生影响，并可能持续。

政府和行业主管部门按照职责做好防霜冻准备工作，农村基层组织、果农协会、果业合作社、苹果生产企业和果农要关注当地霜冻预警信息，以便采取措施加强防护。

②黄色预警。24 h内最低气温将要下降到 −3℃以下(春秋季2℃以下)，对农林业将产生严重影响；或者已经降到 −3℃以下(春秋季2℃以下)，对农林业已经产生严重影响，并可能持续。

政府及行业主管部门按照职责做好防霜冻应急工作，农村基层组织、果农协会、果业合作社等要广泛发动苹果生产企业和果农防灾抗灾，积极采取田间灌溉、熏烟、覆盖、喷洒防冻液等防霜冻、冰冻措施，减轻冻害，尽量减少损失。

③橙色预警。24 h内最低气温将要下降到 −5℃以下(春秋季0℃以下)，对农林业将产生严重影响，或者已经降到 −5℃以下(春秋季0℃以下)，对农林业已经产生严重影响，并将持续。

政府及行业主管部门按照职责做好防霜冻应急工作，农村基层组织、果农协会、果业合作社等要广泛发动苹果生产企业和果农防灾抗灾，积极采取田间灌溉、熏烟、覆盖、喷洒防冻液等防霜冻、冰冻应对措施，减轻冻害，尽量减少损失。

6. 灾后应急工作

(1)霜冻过后，应迅速组织对产区果园树体健康状况的全面检查，针对实际受灾情况提出具体应对方案。

(2)全面评估霜冻对果树组织、器官所产生的各方面影响、灾害程度，并实施积极的应对措施，尽可能将灾害损失降至最小。

(3)加强病虫害防治：果树遭受晚霜冻害后，树体衰弱，抵抗力差，容易发生病虫害。因此，要注意加强病虫害综合防治，尽量减少因病虫害造成的产量和经济损失。

7. 霜冻灾害的救护[75]

(1)保花保果，促进坐果：霜冻发生后及时对树冠喷水，可有效降低地温和树温，从而有效缓解霜冻的危害。如果花未开完，可立即进行人工授粉。从适宜的授粉树上采花制粉，然后用人工点授法对花序中留下的每个花朵逐一授粉，最好在整个花期重复进行2～3次，以提高坐果率。花期受冻后，在花托未受害的情况下，喷布天达2116或芸苔素481等，可提高坐果率，能弥补一定的产量损失。

(2)加强土肥水综合管理，促进果实发育：霜冻发生后及时灌水，以利于根系对水分的吸收，从而达到养根壮树的目的，使树体尽快恢复生长。及时施用复合肥、硅钙镁钾肥、土壤调理肥、腐殖酸肥等，促进果实发育，增加单果重，挽回产量。加强土壤管理，促进根系和果实生长发育，以减轻灾害损失。

另外，苹果树遭受冻害后，抗性降低，易感染枝干病害，尤其是粗皮病、干腐病和腐烂。因此，要及时喷多抗霉素、甲基托布津、大生M-45等药剂防控。

三、寒潮灾害

1. 寒潮的概念

寒潮习惯上称为寒流，是指北方强冷空气大规模向南侵袭，且在其经过的地区出现大风降温、雨雪和冰冻等天气。中央气象台制订的全国性寒潮标准为：一次冷空气侵入后，长江中下游及其以北的地区，在48 h以内，最低气温下降10℃以上，长江中下游最低气温达4℃或以下，陆上有3个大行政区出现5～7级大风，沿海有3个海区出现7级以上大风，称为寒潮。如果在48 h内最低气温下降14℃以上，陆上有3～4个大行政区有5～7级大风，沿海所有海区出现7级以上大风，称为强寒潮。

2. 寒潮发生的规律和特点

(1)寒潮发生的规律：按寒潮发生时间可分为秋末冬初、深冬、冬末春初3个阶段。

①秋末冬初阶段。发生时间以冬初为主，个别年份、个别地区可提前至10月上中旬或拖后至12月中旬。其特点是降温迅猛，适逢北方果树刚进入越冬锻炼时期，剧烈降温很容易造成果树寒害，给生产造成重大损失。1981年10月上旬，甘肃河西走廊遭受30年罕见的强寒潮，10月8日最低气温降至 -6.6℃，持续3～4天，使大量未进入正常采收期的苹果受冻，损失惨重，这次寒潮还引起宁夏中卫县3年生金冠苹果75%主干受冻。1981年

11月上旬，辽宁西部地区遭受强寒潮侵袭，旬平均气温比历年平均低6℃，旬平均最低气温达 -11℃，降温之剧烈为历年所罕见。这次冻害使辽西苹果主产县绥中苹果幼树冻死20.4%，锦县（现凌海市）幼树冻死74.7%，损失严重[76]。

②深冬阶段。发生时间大致在12月中旬至翌年2月上旬，主要特点是低温强度大，持续时间长，容易造成树体枝干冻害。2001年1月，黑龙江省牡丹江市遭受强寒潮侵袭，据牡丹江市气象台记载，牡丹江市区1月份最低气温为 -41.2℃，维持2天，-30℃以下持续的天数为39天。由此引起的冻害造成牡丹江市区寒富苹果绝大部分冻死，几乎达到毁园的程度，平地果园金红和龙冠苹果也有死树现象，山地高接3年生的金红、K_9和龙冠等苹果均有3～4级冻害。宁安市四方村的一些果园也出现金红和龙冠苹果局部枝条冻死现象。

③冬末春初阶段。发生时间多在3月底至4月份，俗称倒春寒，主要特点是气温变化剧烈。春季气温快速回升后，又快速下降，尤其是在日平均气温稳定通过0℃以后，再出现较长时间日最低气温低于 -3℃或 -5℃的天气，极易造成果树冻害，以果树花器官受冻为主。例如山东沂源，1993年至2006年间，共有6个年份遭受大的寒潮侵袭，均发生在每年的3、4月份，因寒潮造成的果树花芽冻死、授粉不良、嫩叶幼果受冻等近15万亩，直接经济损失上亿元，给果农带来了极大的经济损失。（表5-14）

表5-14　1993～2006年山东沂源苹果冻害发生情况

年份	寒潮出现时间	受冻总损失面积 / 万亩
1994	4月7日	2.5
1998	3月31日	1
2001	4月15日	4.7
2002	4月23日	4
2003	4月8日	1.8
2005	3月30日	0.7

（2）寒潮源地、路径及特点：

①入侵中国的寒潮源地。源地主要有新地岛以东的寒冷洋面和新地岛以西的寒冷洋面，都属于冰洋气团。第三个源地是欧亚大陆，属于极地大陆气团。当冰洋气团或极地大陆气团产生时，在源地形成的寒冷空气积聚堆积。当积聚到一定程度时，在适当的环流条件下，如同潮水一般突然爆发，向南侵袭。

②寒潮路径。入侵中国的寒潮路径大致可分为三路，即东路、中路和西路。

东路：来自西伯利亚东部海岸一带，经日本再向西偏南方向进入中国的东海和南海一带。这路寒潮只影响东南沿海地区（苏、浙、闽、赣、台）。

中路：来自西伯利亚中部向南偏东，经贝加尔湖和蒙古东部边缘，至中国东北地区和内蒙古，到华北平原后遇泰山阻挡分为两支。一支由山东半岛北部入渤海和黄海，再沿海岸线南移；另一支由鲁、豫向南推进，受大别山和桐柏山阻碍分为两个分支，一支向东南到长江三角洲，再向南被沿海丘陵地阻挡转入东海，经台湾走向低纬度地带；另一支继续向南进入汉水流域，由此经洞庭湖往南达广东和广西。

中路寒潮的源地是严寒区域，经过中国陆地时多为平原地带，无山体阻挡，所以速度快，冷气团强烈，温度低，而且增温变性小，对中国东北、华北平原（晋、冀、鲁）、中南（豫、鄂、湘）和华南（粤、桂）影响最大。

西路：从西伯利亚和中亚细亚向东南，自新疆准噶尔盆地或蒙古西部侵入，经甘肃河西走廊或黄河河套地区到达陕西渭河谷底或华北平原。到华北平原的一支又分成两支，一支经晋、冀入渤海；另一支继续向南推进，越过秦岭，再向东南，经河南的南阳盆地到汉水流域，侵入洞庭湖盆地。受地形影响，又分为两部分，一部分向南经秦岭隘道到达广东，另一部分向西南过湘桂低谷到达广西。到达渭河谷地的一支有一部分越过秦岭隘道，循嘉陵江侵入四川；另一部分由渭河谷地向东侵入黄淮平原，再继续向长江下游推进，遇东南沿海丘陵地障碍东移入海。此路寒潮主要影响西北、华北和长江流域一带，沿途受山脉阻挡，冷空气变性较大，因此强度较小。

3. 寒潮对苹果可能造成的危害

寒潮可引起苹果寒害，即因剧烈降温，树体全部或局部温度在0℃以下或接近0℃（某一时段或瞬间），以致组织受损，生长发育受阻甚至死亡，影响苹果产量和质量的现象。

（1）寒潮可使苹果遭受冻害：越冬期间气温或低温低于苹果树某器官或某部位所能忍受的温度下限值，引起冷冻伤害或死亡的现象，称为冻害。根据气象学概念，冻害主要包括两大类，一类发生在越冬期间，是因强烈降温或持续低温所造成的冻害，主要表现为树体枝干、根系和果实冻害，其中枝干冻害对生产威胁最大，影响范围最广。另一类是秋冬或冬春季节交替时，由于剧烈降温引起的霜冻，前者称为秋霜冻，后者称为春霜冻。根据冻害发生的部位和时期，结合气象因子，将其分为枝干冻害、花和幼果冻害、根系冻害和果实冻害四大类[77]。

①枝干冻害。

根颈和干基冻害：苹果树的根颈部位是指树干地上部分与根系部分的连接处，一般包括嫁接口附近的一段树干。发生冻害后表现为皮层变黑死亡，轻者只在局部发生，重者形成黑环，环绕树干一周，全树死亡。根颈是树干最容易受冻的部位，主要原因是它进入休眠期最晚，解除休眠期最早。另外，它处于地表处，冬初和冬末春初气温变化剧烈时，该部位温度变幅最大，经常有冻融交替现象，因此最易受冻。干基冻害是连接根颈的树干基部发生冻害，一般指在地表面至距地面15 cm处发生的冻害，表现为该处皮层变褐，多数呈环状。

树干冻害与丫权冻害：树干冻害是指树干各主枝以下、干基以上部位发生的冻害现象，受害部位大致是距地表15 cm以上、1.5 m以下。主要表现为皮层的形成层变褐，严重时木质部和髓部都变褐。丫杈又名枝杈，即分枝交叉处。丫杈冻害是指树体枝杈部位的冻害，大骨干枝丫杈处常发生这种冻害，表现为皮层下陷或开裂，内部变成黑色，组织死亡，严重时大枝死亡。树干冻害、丫杈冻害多发生在秋末冬初或深冬季节。

枝条冻害：1年生枝条，尤其是一些生长较晚、发育不成熟的嫩枝，在冬季特别是冬初很容易受冻。表现症状是枝条先变褐，然后逐渐干枯死亡。枝条冻害在高接树上更为常见，主要原因是高接部位1年生嫩枝和徒长枝生长较晚，组织不充实，保护组织不发达，抵抗力弱。枝条冻害多发生在秋末冬初，由于气温骤变和低温持续期太长而引起。

芽体冻害：一般花芽容易受冻，花芽冻害较轻时，髓部、鳞片基部变褐，严重时花芽干枯死亡。花芽前期受冻表现为花原基整体或部分受冻，花芽后期冻害表现为雌蕊受冻，柱头变黑、干枯，有时幼胚或花托受冻。苹果花芽冻害多发生在冬末春初。

②花和幼果冻害。花器官和幼果是植株最不耐寒的部位，春季骤然降温极易引起花器官和幼果发生冻害。花器官冻害首先表现在柱头和花柱上，其次是子房和胚珠，最后是雄蕊和雌蕊。轻者柱头或花柱变为黄褐色至褐色，呈水渍状，多数花柱萎缩变短；重者柱头和花柱枯萎，子房和胚珠变褐。雄蕊受冻，轻者长短不齐，或仅存数根花丝，花药小，花粉少；重者枯萎，不见花蕊，着生雌雄蕊处变成黑色圆盘，子房破裂，胚珠干缩。花朵受冻，表现为花冠皱缩不展、花冠较小、花瓣早落、花柄变短等。开花期受冻，通常表现为授粉不良，柱头干枯死亡，花丝或子房变褐。

幼果冻害一般表现为胚珠和幼胚部分变褐，发育不良或中途停止，最终引起幼果脱落，这是造成生理落果或前期落果的主要原因。

③根系冻害。根系冻害发生极少，原因是冬季土壤温度日变化较小，而且砧木多用耐寒力较强的品种，如山荆子。

④果实冻害。果实冻害多发生在秋末冬初，果实尚未采收明，因突遇强寒潮侵袭且降温剧烈（降至0℃以下）所致。在苹果上也极少发生，有报道的是1981年10月，在甘肃河西地区和宁夏发生过一次果实大冻害，受冻果实呈冻结状态，消冻后呈烫煮状态，无法食用，损失惨重。

(2)寒潮可使苹果遭受雪害：寒潮可引起降雪，当降雪造成苹果树冻害和机械损伤时即成雪害。雪害多发生在秋末冬初，深冬和冬末春初极少。雪害有两种，一种是地面积雪层在融化过程中吸收近地面气层（地表1 m以下）大量热量，使果园近地面气层气温比裸露地面气温低3～7℃，这种低温加剧了冻害程度；另一种是树冠部分因积雪的沉降作用和雪的重量，使枝干折断和劈裂，造成机械损伤。

（3）寒潮可致苹果树越冬抽条：越冬抽条是一种生理干旱现象，是由于冬末春初天气变暖，树体上部解除休眠，而根系土层仍然处于冻结或低温状态，根系所吸收的水分不能满足树体上部蒸腾的需要，表现为枝干皱皮、干缩甚至死亡。越冬抽条首先表现在新梢上，由新梢顶端往下逐渐干缩，轻者1年生枝及多年生枝抽干致死，重者主干干枯死亡，严重影响树冠扩大和正常投产，是造成苹果树适龄不结果及树冠残缺不全的主要原因之一。

越冬抽条不同于冻害，前者表现为枝条和树干皱皮、干缩，皮层仍为绿色，而冻害发生时皮层组织明显变褐。

4. 防御寒潮灾害的基本措施

寒潮是中国苹果生产中最严重的天气灾害，几乎每年都有一些地区发生，造成不同程度的寒害，给生产带来不同程度的损失。因此，必须采取有效的防御措施，逐步提高抵御寒害的能力。

防御寒潮大致可从两方面入手，一是提高果园管理水平，改进栽培技术，增强果树对低温和干旱的抵抗能力，这是基础性也是关键性技术。首先是选择良种、良砧。其次是采取一系列调控生长势的肥水管理、植保和修剪技术，以促进春夏季生长发育，控制秋季生长量，增加越冬前的营养贮备水平，增强抗寒力。第二是改变果树的生态环境因子，或称农业气象条件，即温度、水分条件，以避免或减轻发生寒害期间不利的温度和水分因子造成的危害。主要是适地适栽，根据苹果避冻区划，在适栽地区选栽适宜良种，利用局部地域的气候、小气候和土壤条件等，避免或减轻寒害。

从时间概念上划分，防寒措施大致可分为四类。第一类是果树越冬前至越冬期间采用的防寒技术，以栽培管理和增强抗寒力为主，包括适地适栽、果园地址的选择、加强肥水管理、控制后期生长、促进发育成熟等。第二类是果树越冬前后直接保护果树树体，改善果树的温度和水分条件，提高御寒力。通过特殊技术对树体进行包扎、遮盖、覆盖，直接或间接改善树体的温度和水分状况，改变果园的小气候或微域气候条件，以达到抗御寒害的目的。例如根部培土覆盖、枝干涂白、涂各种油脂类、喷涂抑蒸保温剂或生长调节剂、灌封冻水等。第三类是冬季寒害来临时或来临前短时期内采用的应急防御技术，这类技术只要认真细致和及时，也可收到良好效果。例如，霜冻来临期间熏烟、灌水或喷水，能直接改善温度和水分条件，直接保护树体避免或减轻寒害。第四类是寒害发生后的补救技术，这类技术有助于减轻寒害程度和恢复正常生长发育，包括灌水、追肥、喷肥、树体包扎、绑缚、修复、调节负载量等。

根据我国国情和发展“两高一优”农业的要求，苹果防寒措施主要有以下几点变化：一是采用抗寒良种，我国北方有相当广阔的地区生态条件不太适宜种植苹果，通过育种与选种，逐步选育和推广抗寒优良品种，苹果适栽区向北推移。二是尽量采用低成本、节省劳力和高效益的防寒技术。近年来，我国农村劳动力市场价格越来越高，人们迫切要求节省劳力、高效益、低成本的防寒技术。三是尽量采用高新技术。四是随着天气预报水平的提高、网络的普及，灾害性天气信息得到较快传递，使我们有可能尽量根据天气预做好寒害前的应急工作，以避免或减轻寒害的损失。

鉴于果树寒害防御在生产上的重要性，必须在逐步增加农业投入的同时，把防御寒害当作一项重要的投入列入生产议事日程，努力增强抗御寒害的能力。

（1）适地适栽，合理利用避冻区划：选择气候较优越的地区，尤其是能避免寒害发生的地区种植苹果异常重要，笔者将种植区划中的这一部分称之为“避冻区划”。

我国的苹果种植区划，是根据周远明等[78]提出的中国苹果经济栽培北限的划分原则确定的，是以我国苹果寒害（尤其是冻害）发生规律为主要依据而划定的。把不容易发生冻害的地区，即冬季气温低于 -20℃ 的日数少于24天的保证率大于80% 的地区作为经济栽植区（含适栽区和次适栽区），该区北部则是冻害较严重或冻害频繁的不适宜种植区。上述北限位置东起丹东北，经鞍山北、沈阳南、黑山、阜新、朝阳、承德北、张家口、大同、榆林北、乌审旗南、噔口、河西走廊北侧、哈密北、吐鲁番，西至伊宁北。

（2）利用局地气候：在生产实践中，利用局地气候和农田小气候是防御寒害的重要技术。

①地形气候。主要包括海拔、地形地势、坡向地貌和逆温层的利用。利用山体直接阻挡冷空气侵入，达到增温的目的。利用地形特点，使强烈的冷空气不容易在果园聚积、滞留，提高果园中的气温。如选择东、西、南三面开阔的地形，利用逆温层原理选择山坡中部建园。利用热扩散原理，选择温差小的地形果园。

②水域气候。海岸气候：在靠近海岸的地方，受海洋影响，有比较明显的海洋性气候特点，有利于苹果越冬。

岛屿气候：四面环水的岛屿，气温受水面的影响极大。在严寒的冬季，岛屿的气温较邻近的陆地明显偏高，并且气温变化小，可明显减轻寒害。

湖泊气候：湖泊是面积较大的水域，对小气候的影响较大，尤其在冬季寒潮侵袭期间，有明显的增温效应，可使骤变的气温缓和，对防御寒害有重要作用。

水库气候：水库是水体面积较小的水域，可看作小的湖泊，在冬季有较好的防冻作用。

河流气候：大的河流是流动性大的水体或水域，在冬季有明显的增温和缓和气温骤变的作用，因此对防御寒害有明显的效果。

(3)加强果园管理：

①加强田间管理，改进栽培技术。选用抗寒优良品种和砧木：主要抗寒良种有寒富、龙冠、龙丰、龙红、嫩光、东光1号、新光、新冠、新苹1号、新苹4号等，抗寒砧木有山荆子、海棠果、八棱海棠。

以增施磷钾肥为中心，提高越冬前树体营养水平：多采用夏季(6月底前)追肥、叶面喷肥、秋季(9～11月)施基肥的方式增加磷、钾素营养。夏季追肥应占全年施肥量的1/3左右，以亩产2 000 kg苹果计算，全年每亩应施纯磷(按五氧化二磷折算)、纯钾(按氧化钾折算)各30 kg，夏季追肥各10 kg。7～8月合理施用磷、钾肥是苹果常用的栽培技术，有利于促进枝叶生长，提高树体的越冬抗寒性。常用的肥料种类有多元复合肥、果树专用复合肥等。为使树体在越冬前生长充实、健壮，发育正常，必须适当控制秋季的肥水供给，使枝叶在越冬前正常停止生长，进入越冬休眠期。据甘肃报道，对苹果幼树，6月底停止施用氮肥，7月上旬停止灌水，是控制秋季肥水的成功经验。

合理修剪，应用生长抑制剂，抑制后期生长：搞好夏季修剪，控制后期生长。秋末适时适量摘心和合理修剪(拉枝开角、捋枝、别枝等)，以控制秋季后期生长，使当年新梢生长充实，这是提高抗寒力的有效措施。苹果幼树通常在9月上旬前后进行秋季摘心，摘除当年秋梢顶端3～5片叶。喷生长抑制剂，控制秋季生长，常用的生长抑制剂有矮壮素、萘乙酸等。苹果多在7月下旬至9月上旬喷0.5%～1.5%矮壮素3次，每次间隔15天左右，有利于安全越冬。把冬季修剪提前到刚进入休眠期的12月中下旬，疏除部分徒长枝、过密枝、嫩枝，可减少冬末春初树体的蒸腾量，对预防抽条有效。也可采用人工辅助落叶的措施(一般在10月下旬至11月上旬进行)，使树体提早进入休眠期，有利于越冬。

防治病虫害：及时防治各种病虫害，保证枝叶生长发育正常，生长健壮。

②营造果园防风林带。苹果园的防风林带要注意方向、带长、带宽和树种搭配。林带走向以防御冬季盛行的偏北风和西北风为主要目的，为此防风林应以东西向或东北、西南走向为主，即与当地冬季盛行风向垂直。一般带长200～300 m、带宽10～12 m为宜。栽植4～5行主栽树种和2行搭配树种或2～3行灌木，主栽树种多用高大的杨树(加拿大杨或美国白杨)，搭配树种多用较矮小的小叶杨、毛白杨、洋槐、皂角、枫杨等，灌木树种多用常绿树种女贞、冬青、枳、侧柏等。主栽树种株行距均为2 m，搭配树种行距2 m，株距可稍密，灌木树种的株行距更密。整个林带由主栽树种、搭配树种和灌木树种形成高、中、矮三种高度。

③合理密植。通过改变树体群体结构的方式减缓果园内的风速，以稳定果园内的温湿度，避免或减轻果园温度骤变造成的寒害。苹果乔砧品种适宜密度是每亩55~110株（行距3~4 m，株距2~3 m），矮砧品种每亩110~220株。

（4）保护树体，改善温度和水分条件：

①树体覆盖。树体包扎与覆盖：枝干涂白或涂抹凡士林油加动物油脂、泥浆等，还可以在树体枝干上缠裹塑料薄膜。

培土与根系覆盖：根颈部培土切勿过高，以20 cm为宜。11月中下旬在苹果幼树树干北侧培月牙形土埂，高60 cm左右，长120~150 cm，距离树干50~100 cm。夏秋季覆盖麦草、秸秆和杂草等，厚度10~20 cm。地膜覆盖方法简单，效果明显。

②灌水和喷水。灌封冻水的做法，在苹果产区已经广泛应用。霜冻来临前连续喷水，可降低芽温，延迟开花。

③应用抑蒸保温剂和生长调节剂。抑蒸保温剂的应用，包括喷羧甲基纤维素、京防1号、长风3号、高脂膜和蜡乳液等；生长调节剂的应用，包括喷乙烯利、萘乙酸、马来酰肼等。

5. 寒潮预警

（1）预警根据：

①各级气象台站的天气预报与分析。

②各级政府有关部门的相关文件和通知。

③各级政府及其他有关部门的预警与通报。

④本行业、本部门、本单位进行的观测与所了解的实际情况。

（2）预警级别与应急预案：寒潮预警采用四级预警系统，分别为蓝色预警、黄色预警、橙色预警和红色预警。蓝色预警的预警级别较低，红色预警的预警级别较高。预警级别划分的根据是寒潮可能到来的时间、强度，可能对农业生产造成的灾害程度和破坏程度。

①蓝色预警。24 h内最低气温将要下降8℃以上，最低气温低于或等于4℃，平均风力超过6级，或阵风7级以上；或已经下降8℃以上，最低气温低于或等于4℃，平均风力达6级以上，或阵风7级以上，并可能持续。

政府和行业主管部门按照职责做好防寒潮准备工作，农村基层组织、果农协会、果业合作社、苹果生产企业和果农要关注当地寒潮预警信息，以便采取措施加强防范，做好防风准备工作。

②黄色预警。24 h内最低气温将要下降12℃以上，最低气温低于或等于4℃，平均风

力可达6级以上，或阵风7级以上；或已经下降12℃以上，最低气温低于或等于4℃，平均风力达6级以上，或阵风7级以上，并可能持续。

政府和行业主管部门按照职责做好防寒潮工作，农村基层组织、果农协会、果业合作社、苹果生产企业和果农要密切关注当地寒潮预警信息，采取防寒措施，做好防风工作。

③橙色预警。24 h内最低气温将要下降12℃以上，最低气温低于或等于0℃，陆地平均风力可达6级以上；或者已经下降12℃以上，最低气温低于或等于0℃，平均风力达6级以上，并可持续。

政府和行业主管部门按照职责做好防寒潮应急工作，农村基层组织、果农协会、果业合作社、苹果生产企业和果农等要积极采取防霜冻和冰冻等措施，尽量减少损失，做好防风工作。

④红色预警。24 h内最低气温将要下降16℃以上，最低气温低于或等于0℃，陆地平均风力可达6级以上；或者已经下降16℃以上，最低气温低于或等于0℃，平均风力达6级以上，并可持续。

政府和行业主管部门按照职责做好防寒潮应急工作和抗灾救灾准备工作，农村基层组织、果农协会、果业合作社、苹果生产企业和果农等要积极采取防霜冻和冰冻等措施，尽量减少损失，做好防风工作。

6. 灾后应急工作

(1) 寒潮过后，应迅速组织对产区果园树体健康状况的全面检查和调研，针对实际受灾情况提出具体应对方案。

(2) 全面评估寒潮对果树组织和器官所产生的各方面影响、危害程度，并组织实施积极应对措施，尽可能将灾害损失降至最小。

(3) 加强病虫害防治：果树遭受寒潮危害后，树体衰弱，抵抗力差，容易发生病虫害。因此，要注意加强病虫害综合防治，尽量减少因病虫害造成的产量和经济损失。

7. 寒潮的救护[79]

(1) 树体管理：

①枝干保护。密切注意气温变化，气温降至 -20℃以下时，可能会对枝干造成伤害，应积极采取枝干保护措施。用废旧棉絮、布条、作物秸秆、草等将主干、主枝包裹，用废旧农膜、编织袋绑缚扎紧，有条件的可加喷薄膜型植物蒸腾抑制剂，可有效防止或减轻苹果幼树越冬抽条。枝干受冻后皮层剥离的，应尽快用钉子钉在原处，保持形成层细胞有一定的湿度；皮层已明显冻死的部分可切除，春季用桥接法保持养分运输畅通。

②芽体保护。对于受害芽体，主要采取药剂保护措施，休眠期和萌芽前喷布防冻剂和

保护剂，防止芽体冻害进一步加重；开花前和谢花后喷施天达2116、云苔素481等叶面肥，有利于芽体正常发育。苹果树在遭受寒潮侵袭、花器官遭受冻害后，应控制负载量，尽快使树体恢复生长，促进损伤部分愈合。大龄树受害后合理疏花疏果，控制产量；幼龄树通过加强春夏田间管理（包括肥水和夏剪），使其健壮生长。

③保护伤口。对于寒害造成的伤口，要及时检查防治。面积较小时，可刮去死皮，用843康复剂、强力轮纹净或树康愈合剂等涂抹伤口；面积较大时，可将皮层纵向划几刀，然后用843康复剂或强力轮纹净涂抹。一般在锯口、剪口涂抹油漆保护，或涂抹3～5波美度石硫合剂。

④延迟修剪。遭受寒害的果树一般发芽较晚，应推迟到发芽后修剪。根据受冻程度和恢复情况决定剪截部位，同时要轻剪，切忌大拉大砍，否则伤疤太多，加重树势衰弱。

（2）加强土肥水管理：

①灌水。寒害后灌水很重要，至少需要3次，萌芽、开花前及幼果膨大期各一次。此外，每次施肥后要及时灌水。

②施肥。萌芽前施腐殖酸复合肥，每株200～500 g；开花前后各喷一次500倍的云大120加氨基酸螯合肥或叶面宝和惠满丰等；5月底至6月上中旬，结果树每株追施磷酸二铵0.5～0.8 kg，以提高树体营养水平，加快伤口愈合速度，保证花芽分化正常进行，减少冻害影响。

10月份施基肥，同时施入总施肥量5%的速效氮、磷肥。

③土壤管理。生长季要多次中耕，以锄灭杂草，防止水分蒸发。一般降雨或灌溉后均要及时中耕，并特别重视麦收前后的中耕除草工作，防止草荒。

有条件的果园采用生草和覆盖的土壤管理模式，改良土壤结构，提高土壤肥力，改善果园生态环境。

（3）寒潮容易引发的病害防控：苹果树遭受寒害后常诱发多种枝干病害，如腐烂病、干腐病等，应及时防治。对于腐烂病，要及时检查、刮治病疤，刮后用治腐灵、农抗120或菌毒清涂抹伤口。对于腐烂病疤，春秋两季涂抹防治腐烂病的相关药剂（3%甲基硫菌灵、果康宝、金力士、腐烂立克、施纳宁等）。同时，萌芽后缩剪冻死枝条，严防冻害后苹果腐烂病暴发和流行。个别果园容易发生早期落叶病和锈病，建议结合果实套袋前的病虫害防治，使用如下药剂防治：①杜邦易保1 500倍液加康庄灭幼脲1 200～1 500倍液加艾孚氨基酸钙500～600倍液；②杜邦福星8 000～10 000倍液加蛾螨灵1 500～2 000倍液加济农腐殖酸有机液肥500～800倍液；③世高2 000～3 000倍液加康庄灭幼脲1 500倍液加杨康生态液肥500倍液；④农歌800～1 000倍液加康庄灭幼脲1 500倍液加艾孚氨基酸钙。⑤10%多抗霉素1 000倍液加甲氰菊酯3 000倍液加CA2000钙宝500倍液。

四、冰雹灾害

1. 冰雹的概念

冰雹是从发展旺盛的积雨云中降落到地面上的固体降水物，系圆球形、圆锥形或不规则的冰球或冰块，由透明层和不透明层相间组成，直径一般为5～50 mm，大者有时可达10 cm以上，又称雹或雹块。冰雹常砸坏庄稼，威胁人畜安全，是一种严重的自然灾害。

2. 冰雹发生的规律和特点

冰雹多发生在春末夏初季节交替时，这个时期暖空气逐渐活跃，带来大量水汽，而冷空气活动仍很频繁，这是冰雹形成的有利条件。在夏秋之交冰雹也常发生，冬季很少降雹。降雹的日变化一般比较规律，我国大部分地区降雹多出现在午后14：00～17：00这段时间内，这是因为这时候近地层中对流最旺盛。但湖南西部、湖北西南部、重庆、贵州东部等地区降雹多发生在夜间，这可能是因为上述地区白天多云，地表太阳辐射增温少，对流较弱，而夜间云顶辐射冷却使上下对流加强。冰雹云的范围不大，多数不到20 km，移动速度可达50 km/h。所以降雹的持续时间比较短，一般5～15 min，有时长达1 h以上，但极少。我国冰雹的地理分布特点是：山地多于平原，高原多于盆地，中纬度多于高纬度和低纬度地区，内陆多于沿海，北方多于南方。全国有三个多雹区，即青藏高原、北方和南方多雹区。易发生冰雹的地形是：山脉的向阳坡、迎风坡，山麓和平原交界地带，山谷、山间盆地、马蹄形地形区。

3. 冰雹对果树可能造成的危害[80]

（1）砸伤果树：果树的叶片、枝条、果实、树体受到冰雹袭击，会因损叶、折枝和落果而减产。果树在开花坐果时遭受冰雹灾害，会形成严重的落花落果现象而导致大幅度减产。被冰雹打伤的幼果，有的可以发育成熟，但带有雹伤的果实商品价值会大幅度降低。果实成熟期遭受雹灾，果实容易腐烂，也不耐贮存，常带来无法弥补的经济损失。

（2）冷冻影响：降雹之前，常有高温闷热天气出现，降雹后气温骤降，前后温差多达7～10℃。剧烈的降温使正在生长的果树遭受不同程度的冷害，被砸伤的果树伤口组织坏死，伤口愈合缓慢。少数降雹过程伴有局部洪水灾害等。

（3）表土板结：由于雨拍和雹块降落，土壤表层板结，不利于果树根系生长和幼苗出土。特别是春、夏降雹天气过后，常有干旱天气出现，使板结层更加干硬，给果树生长发育造成严重影响。

4. 防御冰雹灾害的基本措施[81]

(1) 注重农业区划：冰雹形成于具备一定气象条件的积雨云中。由于可形成冰雹的积雨云区比较狭窄，并常沿山脉、河谷移动，故降雹地区往往呈狭小的带状分布，一般宽几千米或更窄，长则可达几千米至几十千米，甚至更长，具有明显的路径，即“雹打一条线”。促使冰雹形成的冷锋来自北方、西北方向的最多，冰雹路径与其一致。冰雹的发生还与地形地貌有关，一般表现为山区多平原少、秃山多林地少、迎风坡多背风坡少、内陆多沿海少。果树是多年生植物，具有相对长期的固定生长地点，各地在发展果树生产时，应在对冰雹发生特点、当地地形地貌和冰雹路径充分了解的基础上进行区划，尽量避开冰雹地带。冰雹区应减少中熟品种的比例，以早熟、晚熟品种为主，避开降雹高峰期。

(2) 加强降雹预报：雹灾具有偶发性，因而进行预防有一定难度。但冰雹的形成又有明显的气象特点，所以进行预防是可能的。要有效地防雹减灾，必须注意降雹预报，注意降雹发生征兆的研究。应积极创造条件，采用现代仪器设备识别冰雹云，提高降雹预报的及时性和准确率。雹灾对果实的危害，果实越大危害越重。因此，在果实膨大后应特别注意预报，以便及时采取防雹减灾措施。

(3) 人工防雹：

①爆炸法。过去防雹的主要工具是土炮，炮中装几两火药，没有炮弹。近年来，各地普遍采用和推广了空炸炮和土追击炮，可发射至300～1 000 m高度。这种炮造价低、爆炸力强，深受群众欢迎。有些地区制造了各种类型的火箭，甚至使用了高射炮，可射到几千米高空。爆炸为什么能防雹呢？有人认为爆炸时产生的冲击波能影响冰雹云的气流，或使冰雹云改变移动方向；有的人认为爆炸冲击波使过冷的水滴冻结，从而抑制冰粒增长，而小冰雹很容易化为雨，这样就收到了防雹效果。

②化学催化法。利用火箭或高射炮把带有催化剂（碘化银）的弹头射入冰雹云的过冷却区，药物微粒起了冰核作用。过多的冰核分食过冷水，不让雹粒增大或拖延冰雹的增长时间。

(4) 果实套袋：果实套袋是优质果品生产的一项重要措施，也是减轻雹灾损失的有效方法。据调查，在雹灾严重到好果率为零的情况下，套袋与不套袋相比，残果率低9.9个百分点，仍有5%好果，明显减轻了损失。在易发生雹灾的地区，疏果定果时应留有余地，修剪时也要适当多保留些枝叶。适度增加枝叶密度，可相对减轻雹灾。

(5) 植树造林：植树造林可减轻午后的增温作用，降低风速，防止或减轻冰雹危害。应于建园的同时在果园四周植树营造防护林。

(6) 使用防雹网：防雹网是在果园上方和周边架设专用的尼龙网或铅丝网，阻挡冰雹冲击，从而起到保护果树的作用[82]。

5. 冰雹预警

（1）预警根据：

①各级气象台站的天气预报与分析。

②各级政府有关部门的相关文件和通知。

③各级政府及其他有关部门的预警与通报。

④本行业、本部门、本单位进行的观测与所了解的实际情况。

（2）预警级别与应急预案：冰雹预警采用二级预警系统，分别为橙色预警和红色预警。橙色预警的预警级别较低，红色预警的预警级别较高。预警级别划分的根据是冰雹可能到来的时间紧迫性、强度，可能造成的灾害程度和破坏程度。

①橙色预警。6 h内可能出现冰雹伴随雷电天气，并可能造成雹灾。

政府及相关部门按照职责做好防冰雹应急工作；气象部门做好人工防雹作业准备，并择机进行作业；农村基层组织、果农协会、果业合作社、苹果生产企业和果农要密切关注当地冰雹预警信息，积极采取有效措施防范冰雹灾害，尽量减少雹灾损失。注意防御冰雹天气伴随的雷电灾害。

②红色预警。2 h内出现冰雹伴随雷电天气的可能性极大，并可能造成重大雹灾。

政府及相关部门按照职责做好防冰雹应急工作和抗灾减灾准备工作；气象部门适时开展人工防雹作业；农村基层组织、果农协会、果业合作社、苹果生产企业和果农要高度关注当地冰雹预警信息，积极采取有效措施防范冰雹灾害，尽量减少雹灾损失。注意防御冰雹天气伴随的雷电灾害。

6. 灾后的应急工作

（1）雹灾过后，应迅速组织对产区果园树体健康状况的全面检查，针对实际受灾情况提出具体应对方案。

（2）全面评估雹灾对果树组织、器官所产生的各方面影响、灾害程度，并实施积极应对措施，尽可能将灾害损失降至最小。

（3）加强病虫害防治：果树遭受雹灾后，树体、枝干损伤，叶片、果实受伤或脱落，容易发生病虫害。因此，要注意加强病虫害综合防治，尽量减少因病虫害造成的产量和经济损失。

7. 冰雹灾害的救护

（1）果园管理：

①清理果园，减少病原。雹灾发生后，及时清理果园内沉积的冰雹、残枝落叶及落果等，并清洗果树枝干、叶片上的淤泥。对于雹灾过后有淤泥积水的果园，应及时排出积水，

清除淤泥，露出果树枝干，否则泥水淤积时间过长，会使果树根系得不到氧气。此外，应喷2～3次杀菌剂，每隔10～15天喷一次，以减少病原，预防病菌侵入，施用的药剂有菌毒清300倍液、杀菌王500倍液、菌必清600倍液、25%多菌灵600倍液。

②疏松土壤，养根壮树。雹灾发生后应连续翻刨土2～3次，不仅可散发土壤中过多的水分，改善土壤的通透性，还可恢复和促进根系的生理活动，达到养根壮树的目的。

③追肥补水，恢复树势。由于枝叶受伤甚至被打落，果树得不到合成的有机养分而停止生长，造成树势衰弱。因此，应及时给树体追肥。首先是叶面喷肥，每隔10天喷一次0.3%磷酸二氢钾，连喷2～3次，可及时解决树体营养不足问题；其次是地下追施氮磷钾复合肥，每株0.5～1.0 kg。在果树恢复生机后，为保证树体营养、果实成熟和安全越冬，要注意施肥管理。施肥以农家肥为主，并配合适量化肥，做到适时适量。干旱时，结合施肥进行灌水。

(2)树体管理：

①伤口保护。果树主干、主枝和一些较大侧枝的皮层被冰雹打伤后，应及时剪除翘起的烂皮，涂抹843康复剂或治腐灵等药剂，提高伤口的愈合能力。对一些较大的主枝，雹伤面积在1 cm^2以上时，在涂抹药剂的同时，用塑料袋包扎伤口，以加速伤口愈合。

②整形修剪。修剪枝条：雹灾过后，及时剪除折断的枝条。雹伤密度大、破皮重、无法恢复的枝条，要从基部或完好处剪掉，多留雹伤轻的发育枝或枝组。尽量做到剪口少而小，避免造成大伤口。剪过后剪口要涂封油脂，防止干腐病发生。

合理留枝：由于树体伤口较多，伤口下的叶芽会迅速萌发。应根据树形需要适当保留新萌发的枝条，以补断枝的空缺，其他扰乱树形的萌条和树基部的萌条全部疏除。

科学冬剪：冬季修剪尽量早，以减少蒸发和养分消耗。若不能辨认枝条死活，也可延迟到春季再修剪，以免误剪。修剪宜轻，多留枝，以丰满树冠，恢复树势。

③树体保护。新建的1～2年生果园，受害较轻时，在清淤的同时将倒树扶正并培土。受污严重的枝干用清水冲刷，并涂白，以防日灼和病害侵染。受害严重者，进行低接换头，更新品种。结果树及时扶正，绑扶风折枝，剪除劈裂枝，摘除受伤的叶、果，深埋或烧毁。仔细检查枝干上的伤口，认真消毒和包扎，促其愈合。

(3)花果管理：

①疏果。灾后及时疏除雹伤严重的残次果，以节省养分，尽快恢复树势。

②套袋。由于梢叶被打断打落，一部分果实直接裸露于烈日下，果实极易发生日灼，应进行套袋，以提高果实品质，减少灾年损失。

(4)冰雹容易引发的病害防控：苹果受灾后树势较弱，抗病能力降低，要特别注意喷药保护。一般用药时期和用药种类如下：萌芽前喷布5波美度石硫合剂或5%柴油乳剂，花后喷70%甲基托布津1 000倍液加20%杀灭菊酯2 000～5 000倍液；套袋前喷50%多菌灵800倍液加25%双甲脒1 200～15 00倍液；套袋后交替喷洒240～260倍的波尔多液、50%退菌特400～500倍液加20%环丰收菊酯2 000～2 500倍液、70%甲基托布津800～1 000倍液等。要加强病虫害测报工作，做到适时防治。

五、暴雪灾害

1. 暴雪的概念

雪灾是由于长时间大量降雪造成大范围积雪，对交通、工农业生产和人民生活等造成影响的灾害。降雪量大于等于10 mm 为暴雪。

2. 暴雪发生的规律和特点

暴雪的出现往往伴随着大风、降温等天气，给交通和冬季农业生产带来影响。暴雪主要发生在东北、内蒙古大兴安岭以西和阴山以北、祁连山、新疆部分山区、藏北高原至青南高原一带、川南高原的西部等地区。暴雪发生的时段一般集中在10月至翌年4月。危害较重的，一般是秋末冬初形成的所谓的“坐冬雪”。暴雪发生的地区和频率与降水分布有密切关系。在内蒙古，暴雪主要发生在内蒙古中部的巴彦淖尔市、乌兰察布市、锡林郭勒盟和通辽市的北部一带，发生频率在30%以上，其中阴山地区暴雪最重最频繁；西部因冬季异常干燥，几乎无暴雪发生。在新疆，暴雪主要集中在北疆准噶尔盆地四周降水多的地区，南疆除西部山区外，其余地区暴雪很少发生。在青海，暴雪主要集中在南部的海南、果洛、玉树、黄南和海西5个冬季降水较多的州。在西藏，暴雪主要集中在藏北唐古拉山附近的那曲市和藏南的日喀则市[83]。

3. 暴雪对果树可能造成的危害

（1）暴雪引起降温，可使果树遭受冻害：研究资料表明，苹果树越冬冻害的界限温度10月下旬为 −5℃，11月上旬为 −7℃，11月中旬为 −10℃，11月下旬为 −12℃，12月上旬为 −15℃，12月中旬为 −20℃，12月下旬至翌年2月上旬为 −23～−25℃，2月中下旬分别为 −22℃、−17℃，3月各旬分别为 −14℃、−12℃和 −8℃。在这些时期内如遇暴雪，降温至界限温度以下，均可对树体造成不同程度冻害。尤其在初冬时节，树体缺乏抗寒锻炼，如果遇到暴雪气温骤降，即使近似上述界限温度，也会发生较强冻害。

（2）加重病害发生：在冰雪消融期，由于融冻交替、冷热不均，果树枝干部位阴阳面受热不均，昼夜温差较大，因而在枝干阴阳交界处容易造成树体爆裂，从而来年腐烂病、粗皮病和干腐病严重发生。同时，暴雪对未进行保护的剪锯口也会造成不同程度的冻害，加剧腐烂病的发生。未清理的果园，残枝落叶被暴雪覆盖，温度高、湿度大，很容易导致来年以褐斑病为主的早期落叶病严重发生。

(3)害虫危害加重：秋末冬初地面尚未冻结，突降暴雪可使地温偏高，有利于地下越冬害虫安全越冬，以致来年虫害严重。

(4)影响来年产量和品质：秋末冬初气温偏高，若突遇暴雪，气温随之大降，则冷热天气急剧变化不利于苹果花芽进一步分化形成，对来年苹果的产量和品质会有影响。

(5)严重影响苹果运输和销售：暴雪造成交通枢纽中断，导致大量苹果从产区无法正常运出，严重影响苹果前期出口和内销。另外，运输成本增加，导致前期苹果市场价格上涨，直接影响苹果销售。后期交通运输恢复后，苹果的销售压力骤增，有可能造成苹果降价，直接损害广大果农的利益。

4.防御暴雪灾害的基本措施

暴雪是伴随寒潮或冷空气侵袭而产生的，虽然目前人类尚无法控制，但是减轻或避免危害还是可实现的。

(1)适地适树：从树种看，苹果一般不易发生暴雪灾害，但特殊情况例外。所以，在发展果树生产时，应根据当地温度条件，选择适宜的树种、品种建园，要在适宜区种植，尽量不要在次适宜区种植。

(2)加强果园管理：管理精细、施肥水平高、修剪及时、无病虫害、树体内养分积累多、树势强健的果树，抗暴雪灾害的能力强。因此，在果树栽培中要始终做到精细管理，在生长后期控制氮肥用量，控水、摘心，多施磷、钾肥，促使其早停长，及时修剪，使树体枝条充分成熟，以提高抗害能力。

(3)营造防风林带：实践证明，营造防风林带可有效减小风力，缓冲降温速度，其效果随着防护林树龄的增长而增加。有防护林保护的果园，其产量和质量比无护林高。

(4)设防寒屏障，架设暖棚：可在果园和苗圃的迎风面设立防寒屏障，以阻挡寒冷气流侵袭。有条件的可架设暖棚，支架北低南高，向阳面挂草帘，昼除夜覆，必要时应整天覆盖。

(5)根际培土、树干包扎及树盘覆盖：冬季在树干基部培土，能减少土壤水分蒸发，提高土温，保护根系和根颈不受害；用稻草包扎树干、覆盖树盘或用薄膜覆盖树盘，可有效减轻暴雪冻害。

(6)喷布抑蒸保温剂：在树冠上喷布石蜡类有机化合物，能有效地在树叶表面形成保护膜，减少叶片水分蒸发，提高叶内组织生命活动力，提高树体自身的抗寒防冻能力。

5. 暴雪预警

（1）预警根据：

①各级气象台站的天气预报与分析。

②各级政府有关部门的相关文件和通知。

③各级政府及其他有关部门的预警与通报。

④本行业、本部门、本单位进行的观测与所了解的实际情况。

（2）预警级别与应急预案：暴雪预警采用四级预警系统，分别为蓝色预警、黄色预警、橙色预警和红色预警。蓝色预警的预警级别较低，红色预警的预警级别较高。预警级别划分的根据是降雪强度，以及可能对交通、铁路、电力、通信、农业生产和人们生活造成的灾害程度和破坏程度。

①蓝色预警。12 h 内降雪量将超过 4 mm，或者已达 4 mm 以上，且降雪持续，可能对交通及农牧业有影响。

政府及有关部门按照职责做好防雪灾和防冻害准备工作；交通、铁路、电力、通信等部门应进行道路、铁路、线路巡查维护，做好道路清扫和融雪工作；农村基层组织、果农协会、果业合作社、苹果生产企业和果农要密切关注当地雪灾预警信息，做好防雪灾和防冻害准备工作。

②黄色预警。12 h 内降雪量将达 6 mm 以上，或已达 6 mm 以上，且降雪持续，可能对交通及农牧业有影响。

政府及相关部门按照职责落实防雪灾和防冻害措施；交通、铁路、电力、通信等部门应当加强道路、铁路、线路巡查维护，做好道路清扫和融雪工作；农村基层组织、果农协会、果业合作社、苹果生产企业和果农要密切关注当地雪灾预警信息，做好防雪灾和防冻害准备工作。

③橙色预警。6 h 内降雪量将达 10 mm 以上，或者已达 10 mm 以上，且降雪持续，可能或已经对交通及农牧业有较大影响。

政府及相关部门按照职责做好防雪灾和防冻害应急工作；交通、铁路、电力、通信等部门应当加强道路、铁路、线路巡查维护，做好道路清扫和融雪工作；农村基础组织、果农协会果业合作社、苹果生产企业和果农等要高度关注当地雪灾预警信息，积极采取防雪灾和冰冻等措施，尽量减少损失。

④红色预警。6 h 内降雪量将达 15 mm 以上，或者已达 15 mm 以上，且降雪持续，可能或已经对交通及农牧业有较大影响。

政府及相关部门按照职责做好防雪灾、防冻害应急工作和抗灾减灾准备工作；农村基层组织、果农协会、果业合作社、苹果生产企业和果农等要积极采取防雪灾和冰冻等措施，尽量减少损失。做好抗灾、救灾、减灾等工作。

6. 灾后应急工作

(1)暴雪过后，应迅速组织对产区果园树体健康状况和受害情况的全面检查，针对实际受灾情况提出具体应对方案。

(2)全面评估暴雪灾害对果树组织、器官所产生的各方面影响、危害程度，并实施积极的应对措施，尽可能将灾害损失降至最小。

(3)加强病虫害防治。果树遭受雪灾后，树体、枝干遭受不同程度的伤害，容易发生病虫害。因此，要注意加强病虫害综合防治，尽量减少因病虫害造成的产量和经济损失。

7. 暴雪灾害的救护[84]

(1)果园管理：尽快采取措施清除树枝上、枝杈间的积雪，防止积雪压劈压断树枝，避免昼夜气温剧变和冰雪消融使枝干发生冻害，加重受害程度和腐烂病的发生。在清理积雪时，要注意避免对树体造成二次损伤。有条件时，在清除树体、树盘的积雪后，尽快用稻草包扎树干、覆盖树盘来保温。尚未采摘的晚熟果，要及时清除果面上的积雪和薄冰，防止果面冻伤，并尽快组织人力采收，减轻损失。

(2)树体管理：

①树体保护。密切注意气温变化，若气温降至 -20℃以下，可能会对树体造成冻害，应及时用废旧棉絮、布条、作物秸秆、稻草等物品将主干、主枝包裹，用废旧农膜、编织袋绑缚扎紧。有条件的可加喷薄膜型植物蒸腾抑制剂，可有效防止和减轻苹果幼树越冬抽条。被撕裂但未断的枝干，不宜轻易剪除，应视断裂程度，先用支柱撑起，恢复原状后，再用绳索捆绑固定，使其愈合，恢复生长；已被压折断裂的枝干，应结合春季修剪，选留生长位置适当的新梢作为主枝、副主枝或其他骨干枝的预备枝加以培养。

②伤口保护。暴雪造成的树体伤口和修剪留下的剪锯口，要及时涂抹波尔多液、石硫合剂或剪口油进行伤口保护。

③延迟修剪。应适当推迟修剪时间，避免产生新的伤口，有利于分清、区别冻伤芽和冻伤枝，最大限度保证产量和树体长势。气温稳定回升后，及时修剪受冻枝干。轻者适度短截纤弱枝，剪除树冠内的枯枝和病虫枝；重者，除剪除受冻枝干外，还应锯除枯枝，适当进行树冠改造。修剪留下的伤口应当削平，涂抹波尔多液或3～5波美度石硫合剂等保护剂，以免伤口感染。

(3)加强栽培管理，提高产量和品质：

①加强授粉，促进坐果。花芽受冻的苹果树，在树势允许的情况下，要利用壁蜂授粉和人工辅助授粉，以提高坐果率，增加产量。

②叶面喷肥，提高坐果率。受害果树在开花前和谢花后喷施天达2116、云苔素481等叶面肥，以补充营养，提高坐果率。

③精细疏果，控制结果量。受灾果树一般树势减弱，应精准疏果，严格把握负载量，以利于树势尽快恢复。春季开花前剪除部分果枝，减少花量。根据受冻程度合理确定当年产量，冻害较轻的果园，在加强管理的基础上，可将结果量控制在正常年份的1/2；冻害严重的果树，要严格进行疏果，以促使树势恢复。疏果宜早不宜迟。

④加强肥水管理，提高产量和品质。苹果树遭受雪灾受冻后，为尽快恢复树势，应加强肥水管理，补充树体营养。当气温稳定在10℃以上时，要及早施肥，主要以氮肥为主。每株成年树，采用环状沟施肥法施0.5～1.0 kg尿素，兑50 kg水灌施；幼树施肥量酌减，可喷施0.2%～0.3%尿素和0.2%～0.3%磷酸二氢钾混合液。

(4)雪灾容易引发的病害防控：暴雪易导致果树发生程度不一的冻害，致使树势减弱，从而加重苹果腐烂病、轮纹病和干腐病的发生。另外，降雪加大了土壤水分和空气湿度，会导致以褐斑病为主的早期落叶病严重发生。因此，应特别注意灾后病害防控。

针对腐烂病、轮纹病和干腐病，重点做好早春喷药保护，可在萌芽前对树体枝干进行喷药，药剂可选用45%施纳宁水剂、3%甲基硫菌灵、果康宝、金力士和腐烂立克等。修剪伤口可用菌灭利膏剂涂抹保护。

针对以褐斑病为主的早期落叶病，应在5月底和6月初对树体进行喷药保护，药剂可选用大生M-45、必得利、甲基硫菌灵、多菌灵、苯醚甲环唑、己唑醇等。

六、大风灾害

1. 大风的概念

大风是指风力达到足以危害农业生产及其他经济建设的风。因为不同地区栽培的农作物种类不同，所以农作物受害指标也不一样。中央气象台以平均风力达6级或以上，作为发布大风预报的标准。

2. 大风发生的规律和特点

大风是在一定的环流和天气形势下形成的，根据大风形成的原因，可把大风分为冷锋后的偏北大风、高压后部的偏南大风和温带气旋(东北低压、江淮气旋等)发展时的大风。大风春季出现最多，夏季最少。从地理分布看，沿海多于内陆，北方多于南方。松辽平原、内蒙古平原、辽东半岛、青藏高原、华北平原以及台湾海峡一带是经常出现大风的地区。

3. 大风对果树可能造成的危害[85]

(1)影响授粉受精和产量：如果花期遇上大风，风速过大，易使空气相对湿度降低，苹果花器的柱头干燥，影响授粉受精；同时大风还会妨碍许多昆虫的飞翔活动，影响花期传粉，降低坐果率。风力过大时，不仅能吹落大量花朵，还容易引起温度陡降，发生平流冻霜，造成大量减产。

(2)影响树形和丰产稳产：苹果新梢旺长期遇上大风天气，幼嫩的新梢经强风连续吹拂，会逐渐向一边倾倒，致使树体形成偏冠形，习惯上称为"旗形树"。这样的树修剪困难，光照不易调整，影响丰产稳产。

(3)影响果实生长：生长季遇大风，会使枝条来回摇曳，叶片蒸腾量增大，叶温降低，严重时可使叶片气孔关闭，降低光合作用，不利于生长、结实；雨后大风容易吹歪树冠，甚至使树体倾倒；风速过大还会抽伤叶片，使叶片残破不全，既影响当年产量，又妨碍翌年花芽的形成。秋季大风还容易引起落果，苹果果实长至一定大小以后，遇风极易脱落。对于采前落果较重的品种，这种危害是极严重的，有时可使优质果品产量减少60%以上。大风还可加重果实在树上的碰伤，降低优质果率。

(4)造成越冬抽条：冬季大风是引起苹果树"抽条"的重要原因。枝条在经过较长时间干寒风的吹袭之后，会因水分过度损失而逐渐皱缩、干枯，这对树体生长发育和成花结实极为不利。

(5)引起土壤养分流失：在清耕的果园，大风能吹走地表细土，通常称为"风蚀"。在季风显著的园片，风蚀常常是引起土壤养分流失、逐渐变瘠的重要原因之一。

4. 防御大风灾害的基本措施[86]

(1)营造防风林带：营造防风林带是避免和减轻风害的有效措施，防风林带应建成林网状。除营造主林带外，还应规划副林带及与主林带相垂直的折风带。林带宜为乔、灌木结合的透风林，并需一定的厚度，以增强防风效果。

(2)科学规划，合理布局：在果园品种布局方面，由于果园边缘及接近道路两边和风口处易受大风侵袭，宜安排种植早熟品种或果形较小、抗风力较强的品种。在果园规划方面，应合理密植，或宽行密植、双行密植(即宽窄行种植)，以增强群体的抗风能力。采用深沟高畦种植，加强排水，注意深施基肥，深翻扩穴，促使根系向深层发展，增强树体的固定支持能力。施肥时还应增施磷、钾肥，以增强机械组织，使树体强健，避免徒长。夏秋季树冠下面覆草，避免地表裸露，可防止落果破碎及被泥土污染；还可缓冲大风、暴雨对土壤的冲刷，减少径流引起的表土流失，防止根系裸露和摇动；同时还有利于稳定土温，保持土壤水分，促进根系生长发育[87]。

(3)整形：采用低干矮冠树形，降低树冠高度和重心。第一主枝宜选留在东面(迎风面)，并注意加强培养，使树冠上层的受风面减小，全树重心平衡，从而增强抗风能力。加大主、侧枝的着生角度，特别要加大基角，以增强大枝基部的接合能力，防止大枝劈裂。注意大枝均匀分布，防止树冠偏歪。注意调整好主、侧枝间的从属关系，加大侧枝的伸展角度，使树冠下部大、上部小，降低树冠重心。主、侧枝的延长枝要适度短截，不应过分长放，并注意“弯曲延伸”，即每2～3年回缩换头一次；生长强旺的幼树，宜用中庸枝作延长枝，以加大骨干枝的尖削度，并使整个大枝呈现一定的曲折。整形阶段的幼树要适当多留辅养枝及预备枝，并注意绑缚。芽苗定植时，接芽要面向东南面(迎风面)，以减轻风害损失。

(4)修剪：树冠形成后，通过主、侧枝回缩修剪，使株行间保持适当的间距，避免树冠密接及大枝相互摩擦。结果枝组要及时回缩更新，使枝组紧凑并尽量靠近大枝，减少枝组间的交叉摩擦。注意疏剪树冠顶部及外围的徒长枝和过多的结果枝，促进树冠中部和内膛果枝生长发育，达到立体结果，避免外围结果而加重风害损失。大风来临前，及时疏剪徒长枝、无用枝及过密枝，避免“招风”。结果过多的树和老、弱树，应及时做好顶吊、支撑和立支柱绑缚等保护工作。

(5)栽培管理：选择优良砧木并注重良种良砧结合，防止发生“小脚”和浅根现象及嫁接部位愈合不良。大树高接换种时，要在大枝断面两侧都接上枝条，或一个大枝上同时接三四个枝条，以促进断面愈合，增强新枝的抗风能力，并有利于树冠迅速恢复。在生长旺盛阶段，高接的新枝应适时摘心，以降低发枝部位，增加分枝级数，促进枝条增粗，增强抗风能力。嫁接成活后(包括育苗及高接换种)，应于接穗旺盛生长前适时解除绑扎物，以利于愈合组织发育及枝条增粗，否则极易折断。主干及主、侧枝不宜环剥及绞缢等，若必须进行，须严格掌握好时期和宽度，并加强伤口保护，使其及时愈合。用铁丝绞缢处理时，要适时将铁丝除去，否则易造成折断。

(6)病虫害防治：加强枝干病虫害的防治，特别是天牛、木蠹蛾、吉丁虫及干腐病和木腐病等。因为这类病虫害对木质部破坏极大，极易引起风折。苗木定植时，要严格剔除根瘤病苗。此外，根部的白绢病、纹羽病等也应加强防治。对于大枝上因修剪或病虫害等原因造成的较大伤口，要消毒及保护，防止被木腐病菌、天牛、木蠹蛾等寄生。锯除枯死或无用的大枝时，不留残桩，并尽量缩小断面的横截面；大枝缩剪要在剪口处留有良好的枝组或带头枝；过粗的大枝，宜分年逐步疏除，使伤口面积相对缩小，利于伤口愈合，以防木质部腐烂。

此外，还应根据天气预报，掌握大风动向，抓紧在大风来临前抢摘成熟和即将成熟的果实，并及时组织销售，以减少损失。

5. 大风预警

(1)预警根据:

①各级气象台站的天气预报与分析。

②各级政府有关部门的相关文件和通知。

③各级政府及其他有关部门的预警与通报。

④本行业、本部门、本单位进行的观测与所了解的实际情况。

(2)预警级别与应急预案:大风预警采用四级预警系统,分别为蓝色预警、黄色预警、橙色预警和红色预警。蓝色预警的预警级别较低,红色预警的预警级别较高。预警级别划分的根据是大风可能到来的时间和强度,以及可能对交通、铁路、电力、通信、农业生产和人们生活造成的灾害程度和破坏程度。

①蓝色预警。24 h内可能受大风影响,平均风力可达6级以上,或阵风7级以上;或已受大风影响,平均风力6~7级,或阵风7~8级,并可能持续。

政府及相关部门按照职责做好防御大风的准备工作;农村基层组织、果农协会、果业合作社、苹果生产企业和果农要密切关注大风预警信息,做好防风灾准备工作。

②黄色预警。12 h内可能受大风影响,平均风力可达8级以上,或阵风9级以上;或已经受大风影响,平均风力8~9级,或阵风9~10级,并可能持续。

政府及相关部门按照职责做好防大风的准备工作;农村基层组织、果农协会、果业合作社、苹果生产企业和果农要高度关注大风预警信息,做好防风灾准备工作;注意果园防火。

③橙色预警。6 h内可能受大风影响,平均风力可达10级以上,或阵风11级以上;或已经受大风影响,平均风力10~11级,或阵风11~12级,并可能持续。

政府及相关部门按照职责做好防大风应急工作;农村基层组织、果农协会、果业合作社、苹果生产企业和果农等要高度关注大风灾害预警信息,采取积极有效措施防风灾,尽力减少风灾损失。做好抗灾减灾准备工作;注意果园防火。

④红色预警。6 h内可能受大风影响,平均风力可达12级以上,或阵风13级以上;或已经受大风影响,平均风力超过12级,或阵风13级以上,并可能持续。

政府及相关部门按照职责做好防大风应急和抗灾减灾准备工作;农村基层组织、果农协会、果业合作社、苹果生产企业和果农等,要采取积极有效措施防风灾,尽力减少风灾损失。做好抗灾减灾准备工作;注意果园防火。

6. 灾后应急工作

(1)大风过后,应迅速组织对产区果园树体健康状况和受害情况的全面检查,针对实际受灾情况提出具体应对方案。

(2)全面评估大风灾害对果树组织、器官所产生的各方面影响、危害程度，并实施积极的应对措施，尽可能将灾害损失降至最小。

(3)加强病虫害防治。果树遭受大风灾害后，果树树体、枝叶及果实上伤口多，田间湿度大，容易诱发病害。因此，要注意加强病虫害综合防治，及时喷药保护，预防发病，尽量减少因病虫害造成的产量和经济损失。

七、雨涝灾害

1. 雨涝的概念

雨涝是湿(渍)、涝和洪害的总称，是我国主要的农业气象灾害之一。按照水分多少，雨涝可分为湿害或渍害，涝害和洪害。连阴雨时间过长，雨水过多，或洪水、涝害之后，排水不良，长期积水，土壤水分长时间处于饱和状态，使作物根系因缺氧而发生伤害，称为湿害或渍害；雨水过多，地面积水长期不退，使农作物受淹，称为涝害；雨量过大或过于集中，江河泛滥成灾，称为洪害。

按照涝灾发生的季节，雨涝还可分为春涝、夏涝和秋涝。(1)春涝：春季主要是湿害，涝害其次，局部地区也有洪水。江淮地区春季常有连阴雨，易发生大面积湿害。三江平原冬季降雪量过大的年份，早春迅速回暖，积雪融化，土壤尚未化通时雪水下渗受阻，易发生湿害甚至涝害。冬季封冻的河流，当春季上游反常回暖，河冰部分融化时，水和冰块一起向下游流去，在河床上堆积，形成冰坝，堵住流水，致使河水漫溢，淹没农田，发生洪涝害。在华南地区，雨水过多的春天也可能发生洪涝害。(2)夏涝：夏季主要是洪水，涝害其次，局部地区有湿害。中国绝大部分农业区降水量集中于夏季，从大兴安岭到雅鲁藏布江下游河谷以东的广大地区，7月份降水量均超过100 mm，常因降水频繁或短时连降暴雨，总雨量过大而发生洪害或涝害。北方平原旱作地区，有些地方地势低洼，排水不良，降水稍多，土壤水分处于饱和状态而发生湿害。(3)秋涝：入秋后雨量迅速减少，涝害比较少，局部地区的大雨和暴雨可引起小范围的积水而发生涝害。连阴雨持续时间过长及雨量过大，可能发生大面积湿害。

2. 雨涝发生的规律和特点[88]

雨涝的成因很复杂，与气候异常、地理条件、水利设施、土壤结构、农作物种类及不同生育期耐涝能力等均有关，但一个地区雨量过于集中是形成雨涝的主要因素。

中国是季风显著的国家，由于每年冬、夏季风强弱不同，进退的日期和持续长短有很大差别，降水量不稳定。冷暖气流交界面长期在一个地区徘徊、停滞，会使降水过于集中，易形成雨涝。在季风环流反常的年份，若夏季风势很弱，则雨带长期停留在华南或江南丘陵，常使这些地区发生涝灾。据不完全统计，从公元前206年到1949年，中国发生过较大的水灾1 092次，大约每2年就发生1次。据1950～2003年统计，中国受洪涝灾害的农田面积平均每年为956.1万公顷；严重雨涝年份，农田受灾面积可达1 500万公顷以上。1954年是20世纪洪涝灾害最严重的年份之一，该年全国雨涝面积达1 600万公顷，其中仅长江流域就有317万公顷耕地被淹没，3.3万人丧生。20世纪60年代后半期与70年代洪涝较少，但1963年全国雨涝面积达1 400万公顷，仅海河流域就有407万公顷受灾，粮食减产30多亿千克，房屋倒塌1 450万间。1980年代洪涝灾害频率增加，尤其是90年代，长江及长江以南地区降水量和极端降水量都趋于增加，其中1991年和1998年洪涝面积分别达到了2 460万公顷和2 229万公顷。进入21世纪后，洪涝灾害略有下降，但2003年淮河、黄河流域再次发生严重洪涝灾害。暴雨洪涝使2亿人（次）受灾，因灾死亡1 400多人，农作物受灾面积1 900多万公顷，其中成灾1 200多万公顷，绝收400多万公顷，房屋倒塌240多万间，直接经济损失达1 100多亿元。雨涝，尤其是洪涝已成为仅次于干旱的严重气象灾害。

雨涝的发生受地理位置、地形、降水量、植被、土壤等多种条件制约，还与各地雨季来临的时间、长短、降水集中时段以及台风活动等密切相关。中国幅员辽阔，地形复杂，季风气候显著，雨涝的分布有明显的地域性和时间性。

（1）中国雨涝出现的频次：据有关研究，雨涝的长期变化有一定的规律性。雨涝的准周期性变化特点较明显，尤其是周期长度，主要有2～3年、11年左右、22年左右、30～40年以及80～90年等，其中10～11年的周期比较明显。这种周期性变化与太阳活动的周期性变化及大气环流形势的变化有密切关系。中国幅员辽阔、各地气候不同，每年都有一些地区要遭到雨涝危害。在1951～1980年的30年间，就全国总体而言，60年代受涝范围较大的年份占多数，50年代次之。就地区而言，华南地区平均每3年受涝1～2次；湘北、赣北地区和东部沿海地区，平均每二三年受涝一次；淮河和海河流域，平均每三年受涝一次；江南南部、武夷山地区、汉水流域、长江中游至淮河南岸之间及四川盆地部分地区，平均3～5年一次；黄河下游地区，平均5年1～2次；辽河流域，平均四五年一次；黄河中游、东北平原，平均15年1～2次。

（2）雨涝发生的季节：

①春涝及春夏涝。主要发生在南岭及长江中下游一带，多由连阴雨造成。

②夏涝。黄淮海地区、东北、长江中下游、华南等地发生较多，多由暴雨或连日大雨造成。

③秋涝和春秋涝。西南地区发生最多，其次是华南沿海及长江中下游地区，再次是江淮及华北，多由暴雨和连阴雨造成。

近30年中国各地雨涝的季节分布总的特点是南部早，北部晚。华南地区从4月份即可出现雨涝，到11月仍可遭到台风雨涝危害，主要集中在5～7月，雨涝占全年的70%～80%；长江中下游地区主要是江南，6月是梅雨时期，大部分地区受涝次数占全年的25%～35%，5～7月受涝次数占全年的70%～90%；黄淮海地区，7～8月受涝次数占全年的60%～80%；东北地区，雨涝集中在7～8月；三江平原秋冬季雨雪多，可出现渍涝；云南、四川盆地集中在夏季；西北黄土高原苹果产区除个别山洪外，很少出现雨涝。

(3)雨涝的地理分布：雨涝的分布有明显的地域性，一般是东部多，西部少；沿海多，内陆少；平原湖区多，高原山地少；山脉东、南坡多，西、北坡少。根据1951～2000年近50年洪涝发生的次数，可将全国大致分为多涝区、次多涝区、少涝区和基本无涝区四种类型。

多涝区主要包括：东南沿海地区，是全国涝害次数最多、范围最大的地区，雨涝主要发生在4～11月份，5～9月最多，1951～2000年共受涝20～36次，其中广东沿海为多涝中心，受涝30～40次；湘赣地区，雨涝主要集中于5～7月，1951～2000年共受涝20～25次；淮河流域，雨涝主要集中于6～7月，1951～2000年共受涝20～25次。

次多涝区主要包括：长江中下游地区，5～7月雨涝最多，1951～2000年共受涝15～20次；南岭、武夷山地区，5～7月雨涝最多，1951～2000年共受涝10～15次；海河和黄河下游地区，6～8月雨涝最多，1951～2000年共受涝10～15次；四川盆地，7～9月雨涝最多，1951～2000年共受涝8～13次；辽河、松花江地区，包括辽宁大部、黑龙江南部等地，6～8月雨涝最多，1951～2000年共受涝8～13次。

少涝区主要包括：云贵高原地区，包括云、贵两省大部及川南、桂西等地，1951～2000年共受涝3～8次；黄土高原地区，包括陕西、山西、宁夏三省区大部及冀北、陇东、豫西、内蒙古河套等地，1951～2000年共受涝3～6次；东北地区，包括黑龙江、吉林两省大部及内蒙古、大兴安岭一带，1951～2000年共受涝3～6次。

基本无涝区主要包括西北大部、青藏高原及内蒙古大部份地区。这些地区50年中未出现过较大范围的洪涝灾害，即使出现洪涝，也是局地性的，且次数少，是全国基本无洪涝的地区。

3. 雨涝对果树可能造成的危害

果树对水的需求是有一定限度的，水分过多或过少都对果树不利。土壤水分亏缺产生旱害，抑制植物生长；土壤水分过多产生涝害或湿害，高温、高湿的环境造成病害猖獗，早期落叶和果实病害（烂果）严重。雨多营养生长旺盛，花芽分化不良，影响第二年产量。若雨多沥涝，则土壤中氧气匮乏，果树缺铁（黄叶病）症状突出，严重时烂根，造成死树[89]。

（1）湿害：当土壤过湿，水分处于饱和状态，土壤含水量超过田间最大持水量时，根系完全生长在沼泽化泥浆中，这种涝害叫湿害。湿害能使作物生育不良，原因是：第一，土壤全部空隙充满水分，根部呼吸困难，根系吸水吸肥受到抑制。第二，由于土壤缺乏氧气，土壤中的好气性细菌（如氨化细菌、硝化细菌和硫细菌等）正常活动受阻，影响矿质供应；而嫌气性细菌（如丁酸细菌等）特别活跃，使土壤溶液的酸度增加，影响植物对矿质的吸收。与此同时，还产生一些有毒的还原产物，如硫化氢和氨等，能直接毒害根部。湿害虽不是典型的涝害，但也是涝害的一种类型。

（2）涝害：土壤水分过多对植物产生的伤害称为涝害。水分过多的危害并不在于水分本身，而是由于水分过多引起缺氧，从而产生一系列危害。在低湿地、沼泽地和河湖边，发生洪水或暴雨后，常有涝害发生。广义的涝害包括湿害，指土壤过湿，土壤含水量超过田间最大持水量时植物受到的伤害；狭义的涝害指地面积水，淹没了作物的一部分或全部，使其受到伤害。

涝害会影响植物生长发育，尤其是旱生植物在水涝情况下，其形态、生理都会受到严重影响。大部分维管植物在淹水环境中均表现出明显的伤害，甚至死亡。涝害对植物的危害并不在于水分自身，而是由于水分过多所诱导的次生胁迫危害。这些危害包括对植物细胞膜的损害、对物质代谢的影响、对呼吸作用的抑制、对矿质营养元素吸收的减少以及根际缺氧对植物激素合成、代谢平衡的影响等。

4. 预防雨涝灾害的基本措施[90]

（1）加大水利设施投入：因地制宜修建各类水利设施，治理河道，健全排水系统，及时排除积水，是防止雨涝的根本措施。

果园可采用明沟排水法，即果园周围修排水沟，并与坑塘、沟渠连通。当果园积水时，水由园中的渠道流入排水沟，再顺排水沟流入坑塘等。山地果园需在最上面一道梯田之上修建拦水沟，每道梯田里边修建竹节沟，梯田两端的路旁修建排水沟，使沟沟相通。水少时积存在竹节沟内，水多时顺沟流下山，不至冲垮梯田和道路。无排水沟的果园可人工排水，即在果园周围筑起田埂，用小型抽水机把水抽出园外，或用人工提水的方法把园中的水排除。平地果园提倡起垄栽培，即把果树植在事先筑起的高垄上，两行树中间呈浅沟状。

（2）健全雨涝灾害监测预警系统及服务体系：为减轻雨涝灾害的影响和损失，建立雨涝灾害实时监测、预警系统是非常必要的。在洪涝发生之前进行预测、预警，在洪涝发生过程中，不断实时监测雨涝的强度、发展态势以及对人民生活生产的影响，及时向有关部门提供洪涝可能发生的区域、时间和危害程度，以及防汛减灾的对策措施，为防灾减灾服务。

（3）采取积极有效的农业技术措施是防止雨涝危害的重要途径：起垄栽培、果园生草、中耕松土、晾晒树根、叶面喷肥等是防止雨涝危害的重要农业措施。果园生草可减轻雨涝对果树的危害，生草果园雨后地表积水较少，而且草被的蒸腾作用可加快雨水散发，起垄栽培可增加土层厚度，增加土壤通透性，扩大根系活动范围，有利于提高果树地下新根的数量和比例。起垄栽培的果园，暴雨后地表水能迅速从垄沟排出，避免田间渍水，降低田间湿度，预防渍害和病害。

果园受涝，排出水分后，应及时将根颈和粗根周围的土壤扒开，晾晒树根，可使水分尽快蒸发，经历3个晴好天气后再覆土。烂根较重的果树，应清除已溃烂的树根。外露树干和树枝用1∶10的石灰水刷白，并用稻草、麦草包扎，以免太阳暴晒，造成树皮开裂。果树受灾后，树体长势减弱，急需补充大量营养。因此，必须加强肥水管理，加大施肥量，多喷叶面肥，补充果树养分，使树势尽快恢复。先追施尿素、果树专用肥、磷酸二铵等，施肥量依树体大小而定，但要较常规施肥量多，做到少量多次。8月上旬喷施以0.3%尿素液为主的叶面肥，以后喷施以0.3%磷酸二氢钾液为主的叶面肥。同时将果园内的过密枝和徒长枝疏除，适当回缩部分过长枝。摘除部分小果，以减轻负载量。高温多湿的气候环境有利于白粉病、早期落叶病等多种病害发生和蔓延，且受灾后整个树体生命力降低，应在天晴时喷药防止病害发生，尽可能降低雨涝造成的损失。

5. 暴雨预警

（1）预警根据：

①各级气象台站的天气预报与分析。

②各级政府有关部门的相关文件和通知。

③各级政府及其他有关部门的预警与通报。

④本行业、本部门、本单位进行的观测与所了解的实际情况。

（2）预警级别与应急预案：暴雨预警采用四级预警系统，分别为蓝色预警、黄色预警、橙色预警和红色预警。蓝色预警的预警级别较低，红色预警的预警级别较高。预警级别划分的根据是暴雨可能到来的时间和强度，以及可能对交通、铁路、电力、通信、农业生产和人们生活造成的灾害程度和破坏程度。

①蓝色预警。12 h内降雨量将达50 mm以上，或者已达50 mm以上，且降雨可能持续。

政府及相关部门按照职责做好防暴雨准备工作；农村基层组织、果农协会、果业合作社、苹果生产企业和果农要密切关注暴雨灾害预警信息，做好排涝准备工作。

②黄色预警。6 h内降雨量将达50 mm以上，或者已达50 mm以上，且降雨可能持续。

政府及相关部门按照职责做好防暴雨工作；农村基层组织、果农协会、果业合作社、苹果生产企业和果农要密切关注暴雨灾害预警信息，积极采取必要的排涝措施。

③橙色预警信号。3 h内降雨量将达50 mm以上，或者已达50 mm以上，且降雨可能持续。

政府及相关部门按照职责做好防暴雨应急工作；农村基层组织、果农协会、果业合作社、苹果生产企业和果农要对果园采取积极必要的排涝措施；注意防范可能引发的洪涝灾害。

④红色预警。3 h内降雨量将达100 mm以上，或者已达100 mm以上，且降雨可能持续。

政府及相关部门按照职责做好防暴雨应急工作和抗灾减灾工作；农村基层组织、果农协会、果业合作社、苹果生产企业和果农要采取积极必要的排涝防灾措施；注意防御可能引发的洪涝灾害。

6. 灾后应急工作

(1)暴雨过后，应迅速组织对产区果园树体健康状况和受害情况的全面检查和调研，第一时间将受灾基本情况上报上一级救灾应急部门，为救灾决策提供依据；加强灾害信息收集和灾情分析，针对实际受灾情况提出具体应对方案，并发放相应资料给受灾农户。

(2)全面评估暴雨灾害对果树组织、器官所产生的各方面影响和损失、危害程度，并实施积极的应对措施，及时组织灾后果园管理、抗灾减灾，尽可能将灾害损失降至最小。

(3)加强病虫害防治：果树遭受暴雨灾害后，树体、枝干遭受不同程度的伤害，容易发生病虫害。因此，要注意加强病虫害综合防治，尽量减少因病虫害造成的产量和经济损失。

7. 雨涝灾害的救护[91]

(1)加强果园管理：

①紧急修整果园周边的排水系统，排涝清淤。水淹较轻的果园，雨后要及时疏通渠道，排出果园积水，并将树盘周围1 m内的淤泥清理出园，以保持树体正常的呼吸代谢。水淹严重的果园，要及时修剪果树，去叶去果，减少蒸腾量，并清除果园内的落叶落果。水淹较重、短时间内又不能及时清理淤泥的果园，要在果树行间挖排水沟，以降低地下水位，使果园土壤保持最大程度的通气状态。预防病害发生，促进植株快速恢复生长。壅土固根，填补雨水冲刷造成的沟、坑。平地果园，要加紧修整和加固排水沟渠系统，保证完

善畅通；山地果园，要把果园四周的防护沟修通、加深、加固，利用顶部的防护沟作集洪沟，两旁的防护沟作泄洪沟。

②中耕松土，晾晒树根。将地表锄松和翻刨，防止土壤板结，改善土壤的理化性状，增加土壤的透气性，促使根系尽快恢复吸收功能和旺盛生长。中耕时要适当增加深度，将土壤混匀、土块捣碎，根据土壤和果树生长的具体情况中耕1～2次。在表层土壤干后进行翻耕，使土壤水分散发，改善土壤通气条件，以利于土壤微生物活动，恢复根系发育，促进新根生长。将根颈和粗根周围的土壤扒开，晾晒树根，可使水分尽快蒸发，经历3个晴好天气后再覆土。烂根较重的果树，应清除已溃烂的树根。树干和树枝用1∶10的石灰水刷白，并用稻草或麦草包扎，以免太阳暴晒，造成树皮开裂。

（2）树体管理：

①扶正植株。被水浸没枝叶的果树，雨停水退时，抢时间清除杂物，利用洪水泼洗被污染的枝叶，减少泥渍。待洪水全部退去后，将被冲倒的果树扶正，培土、护根，必要时可设立支柱，防止摇动和再次歪倒。然后再一次用清水喷洗枝叶上残留的污物，以确保树体正常生理活动的进行。同时要及时剪除水灾引起的病枝、病叶和病果，并将其清除出园进行深埋或焚烧。另外，在修剪时把伤口剪平，减小伤口面积，以利于伤口愈合。

②加强追肥和补充营养。受灾后果树根系从土壤中吸收养分的能力下降，应及时在雨止后结合病虫害防治进行叶面追肥。8月上旬喷施以0.3%尿素溶液为主的叶面肥，以后喷施以0.3%磷酸二氢钾溶液为主的叶面肥。结合叶面喷肥，及时进行土壤追肥（氮肥为主，磷、钾肥为辅），加强营养，促进果树恢复生长。此外，要抓住土壤墒情好的时机，早施以有机肥、土杂肥为主的基肥。水淹较重的果园，在墒情降低后先进行深翻改土，然后施入基肥，在9～10月份进行为宜。

③控制旺长。采取扭梢、摘心、开张角度、拿枝软化等方法调节果树内源激素和营养物质的分配，以达到削弱树势、控制旺长的目的。对萌发的新梢、旺枝及时进行扭梢、摘心，促使枝条、芽体充实。开张角度、拿枝软化亦能缓解新梢的生长势。疏枝主要是疏除直立的旺长枝、过密枝和徒长枝。雨涝灾害较重的果园，不宜采用环剥技术控制树体和新梢旺长。

④合理修剪。为了使果树在根系受到伤害而影响水分吸收的情况下，减少地上部的水分消耗，应对水涝的果树进行适当的修剪。新梢生长过旺，特别是树冠中上部新梢徒长枝较多的植株，为防止郁闭，应及时修剪徒长枝和上部的过密新梢。

（3）果实管理：

①促果措施。人工授粉：人工辅助授粉可显著提高产量、改善果实品质，尤其是在花期遇到阴雨、低温、大风等不良天气而造成严重授粉受精不良时，人工授粉效果更好。全

树约有25%的花开放时开始授粉，授粉要在上午9时至下午4时之间进行。同时，要注意分期授粉，一般于初花期和盛花期授粉两次效果较好。人工授粉可用点授、撒粉和液体喷粉等方式。a. 点授：用旧报纸卷成铅笔状的硬纸棒，一端磨细，呈削好的铅笔样，用来蘸取花粉，也可用毛笔或橡皮头。花粉装在干净的小玻璃瓶中。授粉时将蘸有花粉的纸棒向初开的花心轻轻一点就行。一次蘸粉可点3～5朵花，一般每个花序授1～2朵。b. 撒粉：将花粉混合50倍的滑石粉或地瓜面，装在两层纱布袋中，绑在长竿上，在树冠上方轻轻振动，使花粉均匀落下。c. 液体喷粉：将花粉过筛，去除花药壳等杂物，1 kg水加花粉2 g、糖50 g、尿素3 g、硼沙2 g，配成悬浮液，用超低量喷雾器喷雾。每株结果树的喷布量为150～250 g，一般要求在全树花朵开放60%左右时喷布，并要喷布均匀周到。注意悬浮液要随配随用。

花期放蜂：苹果园花期放蜂，可大大提高授粉工效，生产中主要在花期释放蜜蜂和壁蜂。蜜蜂授粉，一般情况下，每箱蜂可保证0.5～0.7公顷果园授粉。中华蜜蜂较耐低温，授粉工作时间长，比意大利蜜蜂授粉效率高。注意在开花前2～3天将蜂箱放入果园，使蜜蜂熟悉果园环境。目前苹果主产区，如山东胶东地区，已大面积推广壁蜂授粉，凹唇壁蜂和角额壁蜂在苹果上应用较多。壁蜂的授粉能力是普通蜜蜂的70～80倍，每亩果园仅需60～80头即可满足需要。果园放蜂要注意花期及花前不要喷用农药，以免引起蜂中毒，造成不必要的损失。

花期喷布微肥：于苹果花期喷布微肥，增加树体营养，可以明显提高坐果率。苹果生理落果主要是因为树体贮藏的营养不足而致。因此，在加强土壤施肥的基础上，应在早春树上补充适量的速效氮肥，如花期和幼果期各喷一次0.3%尿素，或花期喷两次0.3%硼沙混加0.3%尿素溶液；花后喷50～100 mg/kg的细胞分裂素（6-BA）。

严格疏果，合理负载：采用合理的疏花疏果措施，可以节省大量养分，使苹果树体负载合理，提高果品质量，维持树势，保证丰产稳产，防止大小年结果现象发生。疏花从花序分离到初花期进行，疏果从盛花后1周开始，在谢花后25～30天疏完，疏果的适宜时期有20天左右。疏果过早，由于果实太小，疏果技术很难掌握；疏果过晚，又起不到疏果的效果。对于授粉条件好、坐果率高的苹果园，可采用先疏花后定果的方法，即按照留果标准，选留壮枝花序，把多余的花序全部疏除，坐果后再定果；对于授粉条件差、坐果率较低的果园，可采用一次性疏果定果的方法。生产上应根据苹果品种、树龄、管理水平和品质要求等确定留花留果的标准。留果采用间距法，嘎拉15～20 cm，红将军20～25 cm，红富士25 cm左右。在具体操作中还应考虑树势、枝组、果枝粗壮程度、果台副梢长短等因素，即旺的部位留果密一点，弱的部位稀一点。

②套袋促进果实着色。果实全部实施套袋管理，以促进着色。

果袋选择标准：韧性好，抗风雨，不易破碎，含木浆量高；涂蜡均匀，遮光性好，蜡的熔点高；疏水性好，水滴落在袋面上，水珠滚落，仅少量挂袋；透气性好，透气孔适度；袋底胶合好，扎丝牢固；袋口贴有塑料薄膜，可有效减少梗洼病和果面锈斑。

套袋时期与方法：果实套袋在谢花后1个月左右进行，套袋前应周到细致地喷布杀虫、杀菌剂，并适当补充钙素。时间以晴天上午9：00～11：00和下午2：00～6：00为宜，以避开早晨露水和中午阳光最强的时段，异常高温的中午不宜套袋。套袋时不要套进叶片和枝条，并使幼果处于袋中央，在袋内悬空，以防袋体摩擦果面。对折纸袋3～4层，不要过厚，否则袋口易翘起，扎口不要绑在果柄上，袋口朝下。

摘袋时期与方法：摘袋时期应依据苹果品种、立地条件和气候特点等因素来确定。红色品种新红星和新乔纳金在海洋性气候区和内陆果区，一般于采收前15～20天摘袋；冷凉或温差大的地区，采收前10～15天摘袋较适宜；在防止果色过浓的地区，可在采收前7～10天摘袋。较难着色的红色品种红富士和乔纳金等，在海洋性气候区和内陆果区，采收前30天摘袋；在冷凉地区或温差大的地区，采收前20～25天摘袋为宜。黄绿色品种，在采收时连同纸袋一起摘下，或采收前5～7天摘袋。日照强度大、照射时间长和晴天多的地区或季节，摘袋时间可距采收期近一些，反之则应早些除袋。除袋时，最好选择阴天或多云天气进行。若在晴天摘袋，为使果实由暗光逐步过渡至散射光，应于上午10时至12时去除树冠东部和北部的果袋，下午2～4时去除树冠西部和南部的果袋，这样可减少因光照剧变而引起的日灼。

摘除双层袋时先去掉外层袋，摘除外层袋5～7天后摘除内层袋。摘袋应在阴天或晴天的10时至14时进行，不宜选在早晨和傍晚。若遇连阴雨天气，摘除内层袋的时间应推迟，以免摘袋后果皮表面再形成叶绿素。摘除单层袋时，首先打开袋底放风或将纸袋撕成长条，3～5天后再除袋。

摘袋后的管理措施：果实摘袋后，及时清除树冠内的徒长枝，疏除外围的竞争枝以及骨干枝背上直立的旺梢。同时，摘除果台基部的叶片，适当摘除果实附近新梢基部到中部的叶片，以增加果实的直接光照程度，有效促进果实着色。摘袋后1周左右转果一次，共转2～3次。转果时应注意，切勿用力过猛，以免扭落果实。铺设反光膜应在内袋摘除后1周左右进行，即采收前20天铺完。铺设时，先顺行间方向整平树盘，再在树盘的中外部铺设两幅，膜外缘与树冠外缘对齐，最后用装有土沙、石块或砖块的塑料袋多点压实，防止被风卷起和刮破，每亩铺设反光膜350～400 cm^2。

在果实成熟期受涝的果园要适时采收，水淹时间较长的果园要提前采收，受灾较轻和未受灾的果园要分期采收。晚熟品种尽量不要早采，否则影响品质，也避免集中上市，导致果价下跌。

(4)雨涝容易引发的病虫害防控：雨涝往往伴随高温多湿的气候条件，有利于各类病菌滋生，容易引发苹果斑点落叶病、苹果褐斑病、苹果炭疽病、苹果轮纹病、苹果锈病和苹果黑星病等。同时，雨涝环境下，果树根系吸收矿质元素的能力下降，影响根系对Fe、Ca、Ze等矿质元素的吸收，引起苹果黄叶病、苦痘病的发生。因此，要加强土肥水综合管理，养根壮树，提高树体抗病力。秋末春初剪除枯死枝、病僵果，清除落地果，将病叶深埋，减少病原基数。加强树体管理和整形修剪，优化改良树体结构和果园群体结构，改善果园通风透光条件和生态环境。加强病虫害预测预报，及时进行药剂防治。

八、干旱灾害

1. 干旱的概念

干旱是指长时期降水偏少，造成空气干燥，土壤缺水，使作物体内水分发生亏缺，影响正常发育而减产的一种农业气象灾害。根据干旱发生的原因，通常分为土壤干旱、大气干旱和生理干旱。

土壤干旱：土壤含水量少，植物根系难以从土壤中吸收足够的水分去补偿蒸腾消耗，植物体内的水分收支失去平衡，从而影响生理活动正常进行，以致发生种种危害。

大气干旱：由于大气的蒸发力很强（太阳辐射强，温度高，湿度小，伴有一定的风力），植物蒸腾消耗的水分很多，即使土壤并不干旱，根系吸收的水分不足以补偿蒸腾的支出，致使植物体内的水分状况恶化而造成危害。

生理干旱：由于土壤环境条件不良，根系的生理活动遇到障碍，导致植物体内水分失去平衡而发生危害。例如，早春因暖平流而使气温迅速回升时，根层的土壤温度较低，根系的吸水作用很弱，而地上部的蒸腾较强，植物体会因水分亏缺而受害。土温过高、土壤通气不良、土壤溶液浓度过高以及土壤中某些有毒化学物质含量过大等，都会降低根系吸收能力，植物因缺水而受害。

这三种干旱既有区别又有联系，大气干旱会加剧土壤蒸发和植物蒸腾，使土壤水分减少，所以长时间的大气干旱会导致土壤干旱。另一方面，土壤干旱也会加重近地层的空气干旱。这两种干旱同时发生时危害最大。生理干旱的危害程度与大气干旱和土壤干旱有关，在同样不利的土壤环境条件下，如果土壤干旱，则生理干旱会加重；反之，若土壤水分比较充足，则土壤温度不易升得很高，土壤溶液浓度和有毒物质的相对含量不会很高，生理干旱就会减轻。在同样不利的土壤环境和土壤湿度下，如果大气干旱，蒸腾加剧，生理干旱就会加重；反之，则生理干旱会较轻。

按照干旱发生的季节，可分为春旱、夏旱、秋旱和冬旱。春旱：我国华北、西北和东北部分地区，春季温度回升很快，空气干燥，太阳辐射较强，风力较大，蒸发力很强。而这些地区冬季降水稀少，一旦春季长时间无雨或雨量明显偏少，就容易发生春旱。在华北地区春旱发生的频率很高，有"十年九旱"之说。夏旱：进入夏季后气温高，太阳辐射强，大气蒸发力很强。这时农作物进入旺盛生长时期，耗水量很大，遇到长时间无雨、少雨天气，土壤水分含量迅速减少，从而发生旱害。秋旱：入秋后降水量迅速减少，但作物正处于灌浆阶段，叶面积大，耗水多，长期无雨会发生干旱，影响秋收作物的产量。冬旱：冬季大陆性干冷气团控制我国广大地区，降水量一般比较小。在冬作物种植地区，一旦发生降水比常年显著偏少的情况，也会发生干旱，但冬旱发生的范围和对农作物造成的影响较小。在我国北方地区，冬旱严重时，会引起越冬果树新梢抽干现象，使第二年结果的果枝显著减少。干旱虽然发生在某一季节里，但往往是前一个季节甚至几个季节降水偏少逐步发展的结果，春旱几乎总是与头年秋雨或冬雪偏少联系在一起。由于长期降水偏少，可能发生两个季节甚至三个季节的连续干旱，这种情况一般称为季节连旱，如春夏连旱、春夏秋连旱等。由于连续的时间长，对农业生产的危害比较大。

2. 干旱发生的规律和特点[92]

干旱是一种因水分收与支或供与求不平衡而形成的水分短缺现象，中国地处东亚，季风气候明显，年际之间季风的不稳定性是造成干旱频繁发生的主要原因之一。据不完全统计，从公元前206年到1945年，发生过的较大旱灾有1 056次，平均每2年就发生一次大旱。干旱在中国影响面广，灾情重。如1928～1929年陕西大旱，全境940万人中因灾死亡达250万人。新中国成立后，政府十分重视抗旱工作，修建了大量蓄水灌溉工程。但由于气候、经济发展及人口增长等原因，干旱仍时有发生，并有进一步加重的趋势。根据历年旱灾受灾面积统计，1949～2003年平均每年受旱面积约2 231.6万公顷，约占各种气象灾害面积总和的60%，其中平均成灾面积（减产3成以上）978万公顷，占全国总播种面积的6.7%。因旱灾每年损失粮食100亿 kg，其中1959～1961年三年连旱，农作物受旱面积达10 980万公顷，减产粮食611.5亿 kg。

（1）干旱的年际变化：降水的周期波动，引起干旱发生阶段性变化。1949～2003年，我国干旱逐年之间变化较大，50年来干旱造成的损失有上升趋势。20世纪50年代受旱面积最小，60年代比50年代有了明显增加，70年代比50年代增加约1倍，80年代和90年代也基本保持增长趋势。受旱面积存在三个明显的低值期，即1949～1957年、1963～1970年、1982～1984年，每年受旱面积一般在2 000万公顷以下；还有四个高值期，即1959～1962年、1971～1981年、1986～1989年和1999～2002年，每年受旱面积一般在2 500万公顷以上。几个严重干旱年份都发生在这四个高值阶段，如1960年、1961年、

1978年、2000年和2001年，这几年受旱面积均在3 500万公顷以上。

受全球气候变化的影响，自20世纪80年代以来，我国降水分布不均，呈现南方偏多、北方偏少态势。特别是20世纪90年代后期以来，大致以长江、淮河为界，南、北降水量变化方向相反，北方各流域降水量都在减少。其中，黄河流域降水量减少最明显，减少15%以上。北方干旱缺水，南方洪涝灾害频繁。例如，黄河从20世纪70年代开始频繁断流，最严重的1997年，其下游的利津水文站全年断流时间长达226天，最长断流河段超过700 km。1999～2002年北方又连续4年发生了严重干旱，其中2000年和2001年受灾面积分别超过和接近4 000万公顷。2000年发生了新中国成立以来最为严重的旱灾，全国农作物受灾面积达4 054万公顷，其中成灾2 678万公顷，绝收800万公顷，因旱灾损失粮食近600亿千克，经济作物损失510亿元，其影响超过了1959～1961年三年自然灾害时期。

（2）干旱发生的区域及特点：据1951～2000年统计，我国有5个明显的干旱中心。

①东北干旱区。该区纬度高、气温低、农作物生长期较短，受低气压影响，降水较稳定，干旱发生频率相对低些，多数年份干旱属于一般性干旱。50年中大部分地区干旱15～25次，西部地区15～23次，加上水土流失较严重和灌溉条件差，旱情严重。该区干旱主要发生在4～8月的春、夏季节，一般春季出现干旱的概率为66%，夏季为50%。

②黄淮海干旱区（西北东部和华北）。本区降水较少、变率大，是我国最大的干旱区，干旱发生次数居全国之首。近50年中，大部分地区干旱30～40次，其中华北平原最多，有40～45次，水资源短缺状况仅次于西北干旱区。该区在作物生长期间的3～10月均可能出现干旱，往往是春旱、春夏连旱或夏旱、夏秋连旱，少数年份局部地区还出现春夏秋连旱，但以春旱为主，几乎每年都有不同程度的春旱发生。

③长江流域。该区3～11月均可出现干旱，但主要集中在夏季和秋季。本区属亚热带湿润季风气候，雨量较丰沛，但降水不均，干旱经常发生。50年中有41年出现不同范围、不同程度的干旱，7～9月出现最多，伏旱危害最大。

④华南地区。本区一年四季均可出现干旱，但由于华南地区雨季来得早，夏秋季节常有台风降水，故干旱主要出现在秋末和冬季及初春。多数年份干旱持续3～4个月，最长达7～8个月。50年中有40年出现过干旱，几乎每年都有不同程度、不同范围的干旱出现。

⑤西南地区。本区干旱范围较小，干旱一般从10月或11月开始，到翌年的4月或5月，个别年份局部地区持续到6月份。主要干旱出现在冬春季节，出现概率约为78%。

3. 干旱对果树可能造成的危害和程度分级

（1）干旱对果树可能造成的危害：[93]

①干旱对果树叶片生长的影响。新梢旺长期间土壤干旱后，叶水势下降，叶面积减

小，新梢生长受抑，且干旱时间越长影响越大。在水分胁迫条件下，幼叶变厚，栅栏组织厚度明显增加，而成龄叶在水分胁迫时变薄，栅栏组织的细胞厚度也不同程度地减小。

苹果的叶片生长，尤其是叶长对水分胁迫反应较迟钝，而在水分胁迫解除之后又最早恢复正常生长，因此，一般的水分胁迫不影响苹果叶片的大小。在叶片达到生理成熟之后，苹果叶片的面积不再增大，但水分胁迫不利于叶片厚度的增加，因而会使叶片质地薄，缺乏韧性。同时水分胁迫会显著地减少新叶的发生数量而使总叶面积和叶面积系数减小。另外，轻度水分胁迫促进苹果树上各类叶片成熟，严重的水分胁迫则导致叶片急剧衰老甚至脱落，尤其是短枝叶和长、中枝的基部叶，从而直接影响果品产量和质量。

②干旱胁迫对果树枝干生长的影响。苹果树干不同向量的生长对水分胁迫的反应不同。苹果在萌芽期和果实发育的缓慢生长期水分亏缺均显著地抑制新梢生长。苹果枝干的加粗生长对水分胁迫的反应十分敏感，缺水枝干的加粗受抑制，同时水分胁迫对苹果枝干加粗生长的抑制作用还具有“后效应”，即树体内的水分胁迫完全解除后，其抑制作用仍然要持续相当长的时间。因而，枝干加粗与生长季里所经受的水分胁迫的时间有密切关系。苹果枝干的延长生长对水分胁迫的反应远不及加粗生长敏感。对盆栽的1年生枯苹的试验表明，当水分胁迫导致枝干的加粗生长完全受到限制时，其所有的延长生长仍很显著（此时叶的生长正常）。而且水分胁迫一旦适时解除，其所有枝梢延长生长的速度就可基本恢复，甚至出现“补偿生长”，达到未受胁迫的生长量。但是，承受水分胁迫的时期不同，苹果枝干生长的反应存在很大差别。陈佰鸿等以元帅为试材进行土壤水分胁迫时期与苹果反应的研究，观察到前期（花前水和花后水）水分胁迫时，春梢长度只10 cm左右，生长量很小，且停长时间早（6月中旬），但秋梢生长量大，春、秋梢的长度比为1∶3，而立秋之后承受水分胁迫的树，春梢长度平均为33 cm，生长量大，停长时间适中，春、秋梢的长度比为3∶1。苹果要是在秋季受严重的土壤水分胁迫乃至于发生干旱，不仅枝条生长过早停止，而且根系也停止生长，从而影响营养物质的积累和转化，削弱其越冬性。冬季土壤缺水，常使枝干受冻，如果枝干失水到含水量的50%时，则出现干枯。如果春季风大干燥，苹果树体内水分不足，则发生“抽条”现象，造成生理干旱。

③干旱对果树根系生长的影响。土壤干旱使果树地上部与地下部的生长同时减弱，但干旱可增大根冠比，果树根密度远比粮食作物低，但却因根深而耐旱。土壤干旱时吸收根和延长根中亚精胺（Spd）和腐胺（Put）含量增加。精胺（Spm）在两类根中均没有大的变化。表明延长根多胺代谢对水分胁迫的反应比吸收根更强烈。这种差别与两类根对干旱的忍耐方式或能力不同有关，土壤干旱时延长根活力大于吸收根，以利于尽快找到新水源。水分胁迫下苹果新根的中柱形状发生了明显的变化，轻度水分胁迫时中柱明显变粗，

严重干旱时又变扁，而且凯氏带越来越不明显。水分胁迫时导管比正常供水发达，木质部向心分化速度加快，尤其是长期水分胁迫导管组织变化更明显，其分子直径变大，可能对水分的传导更有利，从而提高抗水分胁迫的能力。

水分较少，根系到处延伸，追逐水源，根冠间竞争碳水化合物，同化物分配到根系较多，树冠则受到水分限制，生长不旺，使得根冠比增大。一般而言，如果土壤水分在冬季得到补充，而且达到一定土壤深度，在生长季却无雨或少雨，果树根系偏于垂直向伸展，如果土壤水分仅来于生长季降雨，而且雨量较少，则根系偏于水平伸展。充分灌溉的果园，果树根系主要生长在土层上部，树体抗风能力差，灌溉会降低根深、根重及根密度。土壤水分较少时，根、冠绝对生长量较正常条件下降低，干旱处理较充足灌水的处理光合产物分配到根系的比例增加。

果树在生长期内，遇高温干旱，会降低光合作用，抑制根系生长，当土壤温度达到28℃，根系停止生长，达到50℃时细根死亡。当土壤含水量低至萎蔫系数以前根系就停止生长活动，若土壤含水量10%～15%时，地上部停止生长，低于7%根系开始干枯。

④干旱对果树开花和坐果的影响。苹果花芽分化期，平均温度高于28℃，并且严重干旱，则果树根系活动受抑制，光合作用下降，同化产物不足，细胞液浓度过高，生长点细胞停止分裂，抑制花芽分化。干旱则可能推迟苹果的开花期，显著降低花的发育质量或使之提早开花。

在苹果花期遇到异常的高温干旱气候，柱头会很快干枯，缩短花期，影响花粉发芽，大部分花粉管变形或中途破裂，难以授粉受精，极严重的影响坐果。晚春至初夏，树体内的水分胁迫能显著增加苹果的落花落果，降低坐果率。

⑤干旱对果树产量和果实品质的影响。果实产量受坐果数量和单果重两个因子制约。降低坐果率、减小采收后期果实体积的土壤水分胁迫，都会导致苹果果实产量的下降。尤其是在幼果形成期和果实迅速生长的后期，前者承受水分胁迫可引起严重落果而减产，后者承受水分胁迫可显著减小果实的单果重而减产。

在花后40天至苹果采收期，高温干旱严重影响果实膨大，并且使果实纵径比横径生长慢，因而果形变小，果桩变矮，花后15天至果实迅速膨大期遇到异常的高温干旱对果形指数影响最大。干旱能提高果实的可溶性固形物含量，在一定限度内，灌溉量越小，果实的可溶性固形物含量越高，但这种影响又同苹果树承受水分胁迫的时期密切相关。苹果果实细胞膨大期和后期承受水分胁迫均可增加采收时果实的可溶性固形物含量。但是，若果实在成熟前遇到高温，则光合作用减弱，花青素难以合成，尤其夜温高，消耗糖分多，影响着色。在8～9月份，日最高温度超过35℃或日平均温度超过30℃的天数持续5天以上，可使已充分着色的果实严重退色。若果实成熟期遇到高温干旱，则果树同化作用变弱，不利于有机物生产，从而使果形变小，果实成熟期不一致，果肉发绵，香味减少，可溶性固形物相应减少，维生素C含量也低，不耐贮藏[94]。

(2)干旱灾害的程度分级：干旱灾害等级划分的依据为连续无雨日数、降水量距平和受旱面积三个主要指标，同时考虑土壤相对湿度、人畜饮水困难程度、河流来水量距平和水库蓄水量距平等因素，经综合分析论证后具体判定。根据《农业旱情旱灾评估标准》中对干旱等级的评定标准，可将干旱等级划分为轻度干旱（Ⅳ级）、中度干旱（Ⅲ级）、严重干旱（Ⅱ级）和特大干旱（Ⅰ级）四个等级。

①轻度干旱（Ⅳ级）。区域内大面积连续25天以上无有效降水；30天降水量比多年平均值减少75%，或者60天降水量比多年平均值减少40%，或者90天降水量比多年平均值减少20%以上；受旱面积占全市或区域耕地面积的15%～30%，旱情对农作物正常生长造成影响时为轻度干旱。

②中度干旱（Ⅲ级）。区域内大面积连续40天以上无有效降水；30天降水量比多年平均值减少85%，或者60天降水量比多年平均值减少60%，或者90天降水量比多年平均值减少30%以上；受旱面积占全市或区域耕地面积的30%～45%，旱情对农作物的生长造成一定影响时为中度干旱。

③严重干旱（Ⅱ级）。区域内大面积连续60天以上无有效降水；60天降水量比多年平均值减少75%，或者90天降水量比多年平均值减少50%以上；受旱面积占全市或区域耕地面积的45%～60%，旱情对农作物的正常生长造成较大影响、局部地区的农村饮水发生困难时为严重干旱。

④特大干旱（Ⅰ级）。区域内大面积连续80天以上无有效降水；60天降水量比多年平均值减少90%，或者90天降水量比多年平均值减少80%以上；受旱面积占全市或区域耕地面积的60%以上，旱情使农作物大面积发生枯死或需补种改种，较大范围农村饮水面临严重困难，经济发展遭受重大影响时，此时为特大干旱。

4.防御干旱的基本措施

(1)建立健全干旱灾害监测预警系统及服务体系：各地农业科技部门、气象部门等应摸清当地干旱灾害发生的规律。同时，为减轻干旱灾害的影响和损失，建立干旱灾害实时监测、预警系统。开展干旱监测、预警和评估业务，应在干旱发生之前进行预测、预警；在干旱发生过程中，不断实时监测干旱的程度、发展态势以及对人民生活的影响，及时向有关部门提供干旱可能发生的区域、时间和危害程度以及防旱减灾的对策，为防灾减灾服务。

(2)兴修水利，节水灌溉：加大水利基础设施投入，因地制宜修建各类水利设施，治理河道，及时拦蓄雨水，完备灌水系统，是防止干旱的根本措施。各地应根据实际情况加大水利建设投资，兴修水利设施，改善农田生态环境，努力做到遇旱能灌、遇涝能排。有条件的地方应积极推行滴灌、喷灌等节水灌溉方法[95]。

①滴灌。滴灌系统包括控制设备（水泵、水表、压力表、过滤器、混肥罐等）、干管、支管、毛管和滴头。具有一定压力的水，从水源经严格过滤后流入干管和支管，把水输送到果树行间，围绕树株的毛管与支管连接，毛管上安有4～6个滴头（滴头流量一般为2～4 L/h）。水通过滴头源源不断地滴入土壤，使果树根系分布层的土壤一直保持最适宜的湿度状态。滴灌是一种用水经济、省工、省力的灌溉方法，特别适用于缺少水源的干旱山区及沙地。应用滴灌比喷灌节水36%～50%，比漫灌节水80%～92%。由于供水均匀、持久，根系周围环境稳定，十分有利于果树生长和发育，一般增产25%以上。滴灌时间应以湿润根系集中分布层为度，滴灌间隔期应依果树生育进程而定。通常，在不出现萎蔫现象时，无须过频灌水。

②喷灌。整个喷灌系统包括水源、进水管、水泵站、输水管道、竖管和喷头等部分。应用时可根据土壤质地、湿润程度、风力大小等调节压力、选用喷头及确定喷灌强度，以便达到既无渗漏和径流损失，又不破坏土壤结构，同时能均匀湿润土壤。喷灌节约用水（用水量为地面灌溉的1/4），保护土壤结构；调节果园小气候，清洁叶面，遇到霜冻时还可减轻冻害；果实成熟期暮喷，可促进着色和增糖；炎夏喷灌可降低叶温、气温和土温，防止高温和日灼伤害。喷灌可以结合喷洒农药和液肥，是一种较理想的灌溉方法。

③微喷。微喷既具有喷灌与滴灌的长处，又克服了二者的弊断，比喷灌更省水，比滴灌抗堵塞，供水较快。应用微喷灌的技术重点是铺设总管1条、干管2条、支管若干条，支管下接毛管，沿等高线布置，间距同果树行距一致，每株树下固定一个双向折射微喷头，用塑料管与毛管连接，喷头喷水量约为62 L/h，喷洒直径为2.9 m。同漫灌比，全年可节水70%。

（3）因时因地制宜，采取有效措施防御干旱：

①果园生草和覆草。果园生草及覆草已是发达国家普遍采用的一项现代化、标准化果园管理技术。果园生草或覆草可保墒抗旱，调节地表温度；增加有机质含量，提高土壤肥力；改善生态环境，提高果品质量；明显减少果园投入。果园种草一般选择抗逆性强，根系浅、产草量较高的草类，如豆科中的三叶草、澳大利亚一年生苜蓿，禾本科中的黑麦草、冬牧70黑麦等。覆草方面，杂草、树叶、作物秸秆和碎柴草均可。春季覆干草，夏季压青草。覆草前结合深翻或深锄浇水，每株施氮肥200～500 g，以满足微生物分解有机物对氮素的需要。土层薄的果园可采用挖沟埋草与盖草相结合的方法。长草要铡短，以便于覆盖和腐烂。果园生草覆草后，地表径流减少，山坡地和沙滩地果园尤为明显，土

壤理化性状改善，团粒结构增加，降水或灌溉水下渗损失少，供给果树根系的水分有效期长。

②果树起垄栽培。果树起垄栽培是克服平原低洼地幼树徒长、成花难、产量低、旱涝严重等现象的优良方式。起垄栽培可增加土层厚度，增加土壤通透性，扩大根系活动范围，有利于果树新根数量增加。同时，起垄栽培还具有保墒作用，故有利于抗旱。

③合理使用抗旱剂。抗旱保水剂具有很强的保水性，可反复吸放水分，其缓释水分绝大部分能被植物根部利用。所吸水可随水势平衡出来，必要时根从保水剂凝胶中抽水。使用土壤抗旱保水剂的果园必须要有一定的水浇条件，保证生长季能灌3～4次水，否则会有副作用。

④穴贮肥水地膜覆盖。穴贮肥水地膜覆盖技术简单易行，投资少，见效大，具有节肥、节水的特点，一般可节肥30%，节水70%～90%，在土层较薄及无水浇条件的山丘地应用效果尤为显著，是干旱果园重要的抗旱、保水技术。

⑤叶面喷肥。高温干旱季节，叶面可连续喷施400～500倍的尿素和磷酸二氢钾、800～1 000倍的氨基酸复合微肥，有利于降温、补充水分和养分，提高叶片功能。另外，对于山坡、丘陵及无灌溉条件的旱地果园，6～8月气温高时连续喷施1～3次5%～6%的草木灰浸出液（草木灰5～6 kg，加清水100 kg，充分搅拌后浸泡14～16 h，过滤除渣），能使树体含钾量增加，增强果树抗旱、抗高温能力[96]。

⑥增施有机肥，改土保墒，养根壮树。果园施用的有机肥主要包括圈肥、堆肥、鸡粪、人粪尿、各种饼肥、草肥和绿肥等。这些肥料中含有大量的有机质，施入土壤后经微生物分解和物理化学变化，形成腐殖质。腐殖质是一种黏性胶体，可把细微的土粒黏结在一起，形成水稳性团粒结构，使黏性土变得疏松易耕，使沙性土变成有结构的土壤。土壤结构改善以后，土壤的透水性和保水性增强，也容易蓄积和保存自然降水。腐殖质还有吸附土壤溶液中多种营养成分的能力，可以把营养元素吸附在表面，避免流失，从而提高保肥、保水能力，为根系生长创造良好的生态环境条件。结合疏花疏果、合理修剪、保护叶片等综合技术措施，达到养根壮树的目的，提高果树的抗逆能力。

5. 干旱预警

（1）预警根据：

①各级气象台站的天气预报与分析。

②各级政府有关部门的相关文件和通知。

③各级政府及其他有关部门的预警与通报。

④本行业、本部门、本单位进行的观测与所了解的实际情况。

（2）预警级别与应急预案：干旱预警采用二级预警系统，分别为橙色预警和红色预警。橙色预警的预警级别较低，红色预警的预警级别较高。预警级别划分的根据是干旱持续的时间和强度，可能造成的灾害程度和破坏程度。

①橙色预警。预计未来一周综合气象干旱指数达到重旱（气象干旱为25～50年一遇），或某一县（区）有40%以上的农作物受旱。

有关部门和单位按照职责做好防御干旱应急工作；有关部门启用应急备用水源，调度辖区内一切可用水源，优先保障城乡居民生活用水和牲畜饮水；压减城镇供水指标，限制大量农业灌溉用水；气象部门适时进行人工增雨作业。农村基层组织、果农协会、果业合作社、苹果生产企业和果农要积极采取抗旱减灾措施，最大限度减少旱灾损失。

②红色预警。预计未来一周综合气象干旱指数达到特旱（气象干旱为50多年一遇），或某一县（区）有60%以上的农作物受旱。

有关部门和单位按照职责做好防御干旱应急和救灾工作；各级政府和有关部门启动远距离调水等应急供水方案，采取提外水、打深井、车载送水等多种手段，确保城乡居民生活用水和牲畜饮水；限时或者限量供应城镇居民生活用水，缩小或阶段性停止农业灌溉供水；严禁非生产性高耗水及服务业用水，暂停排放工业污水；气象部门适时加大人工增雨作业力度。农村基层组织、果农协会、果业合作社、苹果生产企业和果农要积极采取抗旱减灾措施，最大限度减少旱灾损失。

（3）发布干旱预警：在旱灾发生时，各地防汛抗旱指挥部根据统计的旱情信息，确定相应的旱情级别及旱情预警级别，在报当地政府批准后，以正式文字的方式发布相应的干旱预警信息。当气象或水文出现旱情征兆时，按气象或水文部门→市防汛抗旱指挥部→各县（市、区）防汛抗旱指挥部→乡（镇）→村→组→户的顺序，在最短的时间内发出紧急防旱救灾信息。预警信息包括干旱预警级别，干旱发生的时间、地点、程度、成因、受旱范围、影响人口，对工农业生产、农村饮水、城市供水和林牧渔业以及生态环境等方面造成的影响等。

6. 灾后应急工作

（1）干旱灾害发生后，应迅速组织对产区果园树体健康状况的全面检查，及时收集上报灾情，并针对实际受灾情况提出具体应对方案。

（2）全面评估干旱灾害对果树组织、器官所产生的各方面影响、灾害程度、经济损失及社会影响，并积极组织实施应对技术措施，尽可能将灾害损失降至最小。

（3）加强病虫害防治：果树遭受干旱灾害后，树体衰弱，抵抗力差，容易发生病虫害。因此，要注意加强病虫害综合防治，尽量减少因病虫害造成的产量和经济损失。

7. 干旱灾害的救护

（1）土壤管理：

①中耕松土、果园覆盖（膜、草）。中耕松土是将地表锄松，可将土壤毛细管切断，减少水分蒸发，起到蓄水保墒作用。另外，中耕可消除土壤板结，改善土壤的理化性状，增加土壤的透气性，促进根系旺盛生长。

果园覆盖包括薄膜覆盖和覆草，薄膜覆盖时可顺行覆盖或只在树盘下覆盖。树下覆膜能减少水分蒸发，提高根际土壤含水量。果园地面覆盖用杂草、树叶、作物秸秆和碎柴草均可，春季覆干草，夏季压青草。土层薄的果园可采用挖沟埋草与盖草相结合的方法。果园覆草可有效减少地表水分蒸发量，增加地表湿度。

②起垄栽培。果园起垄栽培可增加土层厚度，增加土壤的通透性，扩大根系活动范围，有利于提高果树地下新根的数量和比例。果树起垄栽培是克服平原低洼地区果树栽培中存在的幼树徒长、成花难、产量低、旱涝严重等不良现象的优良方式。在山旱薄地果园，树下起垄具有提高土壤保墒功能、稳定果树根际土壤微域环境、保护根系生长和提高抗旱能力的作用。

③土壤抗旱剂的应用。把沥青乳剂、环氧乙烷和高碳醇制剂、合成脂肪酸残渣制剂等土壤表面保墒增湿剂制成乳状液，喷洒到土壤表面，形成一层覆盖膜，能阻碍土壤水分蒸发，而又不影响降水渗到土壤中，有利于果树迅速有效地利用降水。同时，还可将保水吸水剂和淀粉、聚丙烯酸盐氨基聚合体、羧甲基酸纤维素交联体、变性聚乙烯醇和交联聚丙烯酸盐等高分子化合物颗粒剂，直接撒施到土壤中。这种高分子化合物颗粒剂由于分子结构交联，分子网格所吸的水不能被简单的物理方法挤出，故具有很强的保水性，好似微型水库，可反复吸放水分，其缓释水分绝大部分能被植物根部利用。

保水剂的土壤施入法：采用沟施方法施入，在每株树树冠投影半径的1.3～2.3 m处两侧行间挖长45 cm、宽30 cm、深60 cm的坑，先充分拌土，然后分层在20～60 cm土层中施保水剂，上层用浮土覆盖，施入保水剂后对果园进行一次充分灌溉。土壤中施用保水剂后，土壤的有效含水量提高。使用土壤抗旱保水剂的果园必须要有一定的水浇条件，保证生长季能灌3～4次水，否则会有副作用。

④穴贮肥水。穴贮肥水是山岭薄地果园高效节水抗旱栽培技术，一般可节肥30%，节水70%～90%。在发生干旱灾害的果园推广应用穴贮肥水技术，是抗御和减轻干旱灾害，夺取丰产丰收的一项简易、高效技术。具体技术如下：将作物秸秆或杂草捆成直径15～25 cm、长30～35 cm的草把，放在水中或5%～10%的尿液中浸透。在树冠投影边缘向内50～70 cm处挖深40 cm、直径比草把稍大的贮养穴（坑穴呈圆形，围绕着树根）。依树冠大小确定贮养穴数量，冠径3.5～4.0 m，挖4个穴；冠径6 m，挖6～8个穴。将草把立

于穴中央，周围用混加有机肥的土填埋踩实（每个穴5 kg土杂肥、混加150 g过磷酸钙、50～100 g尿素或复合肥），并适量浇水。然后整理树盘，使贮养穴低于地面1～2 cm，形成盘子状，每个穴浇水3～5 kg即可覆膜。将旧农膜裁开拉平，盖在树盘上，一定要把贮养穴盖在膜下，四周及中间用土压实。每个穴覆盖地膜1.5～2.0 m^2，地膜边缘用土压严，中央正对草把上端扎一小孔，用石块或土堵住，以便将来追肥浇水。一般在花后（5月上中旬）、新梢停止生长期（6月中旬）和采果后三个时期，每穴追施50～100 g尿素或复合肥，将肥料放于草把顶端，随即浇水3.5 kg左右。进入雨季即可将地膜撤除，使穴内贮存雨水。一般贮养穴可维持2～3年，草把每年换一次，发现地膜损坏后应及时更换。再次设置贮养穴时应改换位置，逐渐实现全园改良。

⑤增施有机肥。果园施用的有机肥，如圈肥、堆肥、鸡粪、人粪尿、各种饼肥、草肥和绿肥等，含有大量有机质，施入土壤以后经微生物分解和物理化学变化形成腐殖质。腐殖质可把细微的土粒黏结在一起，形成水稳性团粒结构，使黏性土变得疏松易耕，使沙性土变成有结构的土壤。土壤结构改善以后，土壤的透水性和保水、保肥性增强，从而提高保肥、保水能力，为根系生长创造良好的生态环境条件，提高树体的抗旱能力。

（2）树体管理：

①合理整形修剪[97]。干旱胁迫条件下的苹果树修剪，主要是通过疏枝、疏果，减少枝叶量和结果量，从而减少果树蒸腾失水的有效面积，降低蒸腾失水数量，达到节水、抗旱的效果。修剪措施如下：短截修剪，对主枝外围的延长枝进行中短截，暂时抑制营养生长。疏枝修剪，疏除树冠外围的竞争枝、背上徒长枝、内堂密生枝和弱营养枝。压缩修剪，压缩辅养枝、层间过渡枝，大型结果枝组和冗长枝组。

②喷施蒸腾抑制剂。植物蒸腾抑制剂是指作用于植物叶表面，能够降低植物蒸腾作用，减少水分散失的一类化学物质的总称。目前生产上已经应用的蒸腾抑制剂有黄腐酸（抗旱剂1号）、甲草胺（拉索）乳胶、丁二烯丙烯酸、高岭土和TCP植物蒸腾抑制剂等。此外，果树叶片喷施0.05%～0.1%阿司匹林水溶液，连续喷施2～3次，或在土壤浇灌时加入0.01%阿司匹林水溶液，对于减少因干旱而引起的落花落果有良好作用。

③应用植物营养液。植物营养液是一种多元复合肥料，是在特定介质条件下，经多次物理化学反应及络合过程，激发和保持了各元素的化学活性，最终达到饱和状态，使其进入树体后能迅速被植物吸收并高效利用，从而克服了有些元素易被土壤固定或因相互拮抗而难以被根系吸收的缺点，达到了调节树体生理机能、促进新陈代谢的目的，有利于提高植株对各种逆境的抵抗能力。干旱来临季节，对果树进行叶面喷施或树干注射植物营养液，有助于促进有机和无机营养积聚和贮藏，满足萌芽、开花、坐果和果实发育的需要，也改善了树体的营养结构水平，提高了果树的生理调节机能，吸收增强，运输加快，有利

于有机物质形成和积累，增强抵御干旱的能力。

高温干旱季节，叶面可连续喷施400～500倍的尿素、磷酸二氢钾溶液，800～1 000倍的氨基酸复合微肥双效肥料等高效叶面肥，有利于降温、补充水分和养分，提高叶片功能。另外，对于山坡、丘陵及无灌溉条件的旱地果园，6～8月气温高时连续喷施1～3次5%～6%的草木灰浸出液（草木灰5～6 kg，加清水100 kg，充分搅拌后浸泡14～16 h，过滤除渣），能使树体含钾量增加，增加果树抗旱、抗高温能力。

（3）花果管理：

①提高坐果率，促进果实发育。果园放蜂加人工辅助授粉，可提高坐果率。花期喷布微肥，可以增加花期营养，明显提高坐果率。苹果生理落果主要是因树体储藏的营养不足造成的。因此，在加强土壤施肥的基础上，应在早春树上补充适量的速效氮肥，如花期和幼果期各喷一次0.3%的尿素溶液，或花期喷两次0.3%的硼沙混加0.3%的尿素溶液；花后喷50～100 mg/kg的细胞分裂素（6–BA），均可以有效提高坐果率，促进果实发育。

②严格疏果，合理负荷。干旱胁迫条件下，采用合理的疏花疏果措施，使苹果树体负载合理，可以节省大量水分和养分，提高果品质量，维持树势，保证丰产稳产，防止大小年结果现象的发生。疏果在谢花后10天开始，20天内完成。这样不仅能节省大量营养，促进幼果发育和枝叶生长，提高果品产量和质量，而且有利于花芽分化和形成，达到优质丰产稳产的目的。蔬果时，要严格控制留果量，防止过量结果。根据品种、树势和栽培条件，合理确定留果间距和留果量。大型果品种如元帅系、红富士系等，每隔20～25 cm留1个果台，每个果台只留1个中心果，壮树壮枝每20 cm留1个果，弱树弱枝每25 cm留1个果；小型果品种每个果台可留2个果，其余全部疏掉。疏果时去掉小果、病虫果和畸形果，保留大果、好果。

③果实套袋。果实套袋可减少果面蒸腾失水，对于保证果品质量安全、减少病虫害、提高果品质量有重要作用。套袋能预防病虫害，使果实避免有害灰尘污染和减少农药残留。果实套袋后，阻隔了害虫入侵的机会，可有效防止食心虫危害；套袋后减少了喷药次数，并使农药不与果实直接接触，可以有效降低果实中的农药残留量。套袋可以阻断有害病菌侵染，减少果实病害和烂果损失。另外，也可防鸟类和冰雹危害以及枝叶磨损果面。套袋对红色品种可促进着色，使果面浓红鲜艳，提高全红果的比例，大大提高果品商品价值。套袋还可使果面光洁美观，色泽艳丽，提高外观品质，果实价格高，销路畅，经济效益好。

高温干旱条件下应推迟套袋时间，避开初夏高温套袋，避开中午高温时段套袋；套袋前后浇足水，漏水果园应每10天浇一遍水，以降低地温，改善果实供水状况，有条件的果园12～14时进行喷雾降温；避免套劣质袋和塑膜袋。

(4)干旱容易引发的主要病虫害防控:

①主要病虫害。在苹果生长发育期异常高温干旱，容易引起红蜘蛛、山楂叶螨和二斑叶螨等虫害以及苹果根腐病、干腐病、日灼等根系、枝干、果实病害发生。高温干旱还会影响果树根系的吸收能力，使土壤中可溶性硼、铁等含量降低，从而导致果树缺硼、缺铁等多种生理病害加重发生。

②主要病虫害综合防控措施。加强土肥水综合管理，养根壮树，提高树体抗病虫害的能力，减少果实生理病害的发生。秋末春初剪除枯死枝、病僵果，清除落地果，将病叶清除深埋，减少病虫源基数。加强树体管理和整形修剪，优化改良树体结构和果园群体结构，改善果园通风透光条件和生态环境。加强病虫害预测、预报，及时进行药剂防控。

③果实日灼及其防控。果实日灼是由温度过高而引起的生理病害，与干旱和高温关系密切。夏季温度过高时，由于水分供应不足，影响果树的蒸腾作用，使树体体温难以调节，造成果实表面局部温度过高而遭到灼伤，从而形成日灼。防治苹果日灼的方法：加强肥水管理，合理施肥、灌水，促进树体健壮生长；叶面喷布磷酸二氢钾及其他光合微肥等，提高叶片质量，促进有机物合成、运输和转化，提高套袋果实的抗病性。

九、冻害

1. 冻害的概念

冻害是北方落叶果树的主要灾害之一，即在低于0℃的温度下，作物体内结冰所造成的伤害。果树体内的生物膜对低温最敏感，低温可使生物膜的活性降低，表现为细胞间隙出现冰晶体，引起细胞内失水，从而使对生物膜具有毒性的无机和部分有机化合物浓度增大，聚集在生物膜附近，并发生不可逆转的变化，这是冻害产生的过程。冻害对农业威胁很大，我国北方落叶果树几乎每年都有不同程度的冻害发生，给果树生产带来一定的影响，有时造成减产甚至绝产。苹果受冻害的程度除取决于低温强度外，还与低温持续的时间、当时的天气、品种及受冻前的适应情况等有关。

2. 冻害发生的规律和特点

冻害与降温速度、低温强度和持续时间有关，还与低温出现前后和期间的天气状况、气温日较差等有关。冬天气温急剧变化，温差较大，低温持续的时间过长，会导致树体枝干受冻。寒风可加剧土壤水分蒸发，降低土壤和空气温度，对果树越冬不利。干旱可加剧枝条水分蒸腾，同时由于地温低、水分供应不及时，很容易出现生理干旱。进入春季气温回升，果树的抗寒力也随之降低，这时若遇寒流和干旱，花芽和枝条受冻最为严重。

冻害在中、高纬度地区发生较多，新疆北部、甘肃东北部、陕西北部、山西中北部、河北中北部、山东北部和辽宁大部是冻害发生的主要地区。除地理、气候条件外，果园立地条件不良、栽培管理措施不当、品种选择不合理等，都会加重果树冻害的发生。弱树、幼树抗寒性差，易受冻害；树体生长过旺、秋梢停止生长晚的枝条不充实，且形成的保护组织不发达，也易发生冻害。树体遭受机械损伤、病虫危害严重时，抗寒力差，易造成越冬伤亡。印度、青香蕉、澳洲青苹、富士系、元帅等品种抗寒性较差，易发生冻害。一般耐寒性中等的苹果品种在 –18 ~ –25℃开始发生冻害，最低温度低于 –20℃的天数达到16天时，才发生2级（中等）冻害。

苹果树受冻害主要分为三类：①冬季严寒型。冬季的极端最低温度对苹果树冻害具有重要影响，低温持续时间过长，往往会引起更严重的冻害。另外，如果冬季气温变化剧烈，日较差大，往往会导致树体受冻，（树干基部受冻、树干冻裂及枝条和花芽受冻）。②入冬剧烈降温型。晚秋至入冬季节，苹果树正是由生长过渡到休眠的时期，此时气温骤然大幅度下降，往往会造成较严重的枝干冻伤，不仅使产量降低，而且会造成整株树体死亡。③早春融冻型。苹果树在休眠期抗寒力较强，随着春季的到来，气温上升，回暖融冻，其抗寒力却随之降低。此时如遇天气回寒和干旱，苹果树的花芽和枝条往往会受冻害，也会发生枝干日灼和抽条现象等。

3. 冻害对苹果树可能造成的危害及程度分级

（1）冻害对苹果树可能造成的危害：

①根系冻害。根系冻害不易被发现，但对地上部分的影响非常显著，表现为春季萌芽晚或不整齐。有的受冻害较轻，虽然能发芽抽梢，但生长缓慢，严重时抽出的新梢逐渐凋萎枯干。刨出根系观察，发现外部皮层已变成褐色，皮层与木质部分离，甚至脱落。

②根颈冻害。根颈冻害是由于接近地面的小气候变化剧烈，绝对最低温度较气温低而温差大引起的，特别是在根部积水多、贪青生长的情况下，根颈冻害更易发生。有时冻害在根颈的一面，根颈呈环状变褐枯死。

③枝干冻害。主要表现为干基冻害、主干破裂和枝杈受冻。干基冻害是幼龄苹果树常常发生的一种冻害，主要是主干在地表以上 10 ~ 15 cm 处发生冻害，轻则只有向阳面的皮层和形成层变褐死亡，重则背阴面的皮层也死亡，形成一个死环，包围树干一周，使全株死亡。干基冻害发生的部位，与果园中的生草情况、积雪厚度以及寒冷程度有关。积雪愈厚，受冻的部位愈向上移。因为接近地表的部分温度变化最剧烈，所以冻害最严重。主干破裂常常发生在成龄苹果树上，一般是沿主干纵向开裂，原因是冬季气温日较差太大，主干组织内外涨力不均，使主干的皮层开裂，有时裂口深达木质部。枝杈冻害幼树及成龄

苹果树均可发生，一般是受冻枝杈皮层下陷或开裂，内部变褐，组织坏死。严重时组织基部的皮层和形成层全部冻死，受害枝枯萎，造成树势衰落或枯死。

④枝条冻害。生长较晚、发育不成熟的嫩枝最易遭受冻害而干枯死亡。有些枝条外观看起来无变化，但发芽迟，叶片小或畸形，剖开后看到木质部已变褐。

⑤花芽冻害。花芽冻害多出现在早春，由于花芽解除休眠早，春季气温上升，再出现霜冻时，花芽易遭受冻害。受冻害轻时，发芽迟缓、畸形，或长时间停留在某一发育阶段；春季不膨大，干枯瘦小，易落。有的外表不易看出，但剖视其内部可见芽髓已变褐，严重时可枯死。

(2)冻害程度分级：根据苹果树不同部位受冻害程度以及对当年和今后一段时期内树体产量和质量的影响，将苹果树冻害分为5级。

①0级。根、干、枝、芽均未受冻。

②1级。冻害轻微，树冠下部的个别小枝和小部分花芽冻死(25%以下)；主干、部分主枝、枝条的皮层、韧皮部、木质部、髓部受冻，变成黄褐色，但对当年树体的产量和质量无明显影响，生长结果正常。

③2级。冻害较重，枝条的髓部和木质部受冻变褐；树冠中、下部的小枝部分冻死；部分花芽冻死(25%~45%)，仅长果枝的上部等个别部位的花芽未受冻。对当年树体的产量和质量有一定影响，树体生长基本正常。

④3级。冻害严重，主干、主枝、枝条的皮层和形成层木质部、髓部受冻，全部变成褐色，部分变成黑色；骨干枝冻死或冻残2/3；大部分花芽冻死(45%~75%)；对当年和今后的产量和质量有明显影响。

⑤4级。冻害极为严重，树体基本冻死或冻残；绝大部分花芽冻死(75%以上)；树体当年基本绝产，今后一段时期内产量和质量较难恢复。

4. 冻害预警

(1)预警根据：

①各级气象台站的天气预报与分析。

②各级政府有关部门的相关文件和通知。

③各级政府及其他有关部门的预警与通报。

④本行业、本部门、本单位进行的观测与所了解的实际情况。

(2)预警级别与应急预案：冻害预警采用三级预警系统，分别为蓝色预警、黄色预警和橙色预警。蓝色预警的预警级别较低，橙色预警的预警级别较高。预警级别划分的根据是低温来临的强度、持续时间和可能造成的灾害程度与破坏程度。

①蓝色预警。在深秋或早春季节，苹果树处于由生长向休眠期过度或芽体开始萌动

时，24 h内最低气温将要下降8℃以上，气温低于−15℃并可能持续；在冬季苹果树处于休眠期内，24 h内最低气温将要下降8℃以上，气温低于−20℃，持续天数达16天。

②黄色预警。在深秋或早春季节，苹果树处于由生长向休眠期过度或芽体开始萌动时，24 h内最低气温将要下降12℃以上，气温低于−18℃并可能持续；在冬季苹果树处于休眠期内，24 h内最低气温将要下降12℃以上，气温低于−25℃，持续天数达到16天以上。

③橙色预警。在深秋或早春季节，苹果树处于由生长向休眠期过度或芽体开始萌动时，24 h内最低气温将要下降16℃以上，气温低于−20℃并可能持续；在冬季苹果树处于休眠期内，24 h内最低气温将要下降16℃以上，气温低于−25℃，持续天数达到16天以上。

5. 防御冻害的基本措施[98]

(1)选择适宜的园地：新发展的果园，尽可能选择背风向阳的地方，避免在地形低凹处或阴坡建园。因为这种地方秋季降温早，春季升温慢，冬季夜间停积冷空气，积温较低。

(2)选用抗寒砧木和优良品种：根据本地土壤、气候特点，选用在当地试栽成功且表现较为优良的品种和砧木。

(3)营造果园防护林：果园防护林能提高园内温度2～5℃，很好地防止果树发生冻害。果园防护林宜采用乔灌结合的紧密林带，这样防护效果好。

(4)加强树体管理：增强树势，使枝梢生长充实，提高树体的抗冻能力。对弱树要加强生长前期的肥水供应，增施氮肥，加强中耕松土，充分满足树体对水分、养分的需要，促进生长发育；生长过旺的树，及时采取连续摘心或扭梢、拉枝等措施控制其旺长，促进枝条成熟老化，增加树体营养积累。冬剪回缩、疏除大枝时，可在剪锯口涂抹凡士林等保护剂，以防剪口因气温过低而受冻。

(5)加强肥水管理：果园覆草可增温保湿，抑制杂草生长，增加土壤有机质含量。覆草前深翻土壤，施足基肥，浇水后用杂草覆盖，厚度20 cm左右，上盖少许土，能大大降低苹果树的冻害程度。

早施和深施基肥，以提高肥料的利用率，有利于土壤增温及贮藏营养。在7～8月份，叶面喷施磷、钾肥，生长后期(8～10月份)停止灌水，适当减少植物组织所含水分，少施氮肥，注意增施磷、钾肥和农家肥，提高树体营养贮藏，增强树体的抗寒力，以利于安全越冬。

(6)及时防治病虫害：生长季及时做好病虫害防治工作，尤其是生长后期要注意对大青叶蝉和早期落叶病的防治。对于机械损伤、病虫危害及修剪等造成的伤口，要及时进行封蜡或包扎，以减少树体失水和病虫侵入。保护好枝干和叶片，确保秋季果树叶片完整，以提高光合效能，积累营养物质，促进枝条成熟，顺利通过锻炼，提高越冬性。

(7)灌水和喷水：水热容量大，对气温变化有良好的调节作用，灌水后土壤含水量增高，接近地面的空气就不会骤冷结冻，灌水可增温2～3℃。在封冻前，土壤“夜冻昼化”时，苹果树饱灌冬水，既可做到冬水春用，防止春旱，促进果树生长发育，又能使寒冬期间地温保持相对稳定，从而减轻冻害。花芽萌动前树体均匀喷施1%的生理盐水，提高树体自身的抗冻能力，可预防花期霜冻。

(8)培土与覆盖：1～3年生的幼树，在结冻前于树体根颈部周围培土，厚度20～30 cm，来年早春气温回升后，及时把土扒开；亦可在霜降前于树盘下覆盖1 m^2的地膜，然后在地膜上加盖15～20 cm的草，可明显提高幼树的越冬性。对成龄树，用杂草、树叶、厩肥等于冻害来临前覆盖在树盘内，厚10～15 cm，既可提高地温3～5℃，又可增加土壤养分及保墒。

(9)树干涂白：果实采收后，用涂白剂将果树树干和主枝均匀涂白，使树体温度变化稳定，不会有冻融的情况，既能防冻和日灼，又能杀死隐藏在树干中的病菌、虫卵和成虫。涂白液要干稀适中，以涂刷时不流为宜。涂白液的配制比例是生石灰5 kg、硫磺粉1～5 kg、食盐2～3 kg、植物油1.0～1.5 kg、面粉2～3 kg、水15 kg。配制时先将生石灰、食盐分别用热水化开，搅拌成糊状，然后再加入硫磺粉、植物油和面粉，最后加入水搅匀。于越冬前将主干及大侧枝涂刷一遍，具有较好的防冻作用。

(10)树体包扎：越冬前，用稻草、麦秸等做成草把，将果树主枝和大侧枝缠紧，第2年果树萌芽前将草把取下集中烧毁，不但可使树体安全越冬，也能诱到大量潜入草把越冬的害虫；也可用塑料薄膜将树体主枝和侧枝缠绕，并覆膜于树盘下，以提高地温，减少水分蒸发，提高树体越冬抗寒能力。

(11)药剂防冻：为减少树体水分蒸发，封闭皮孔及伤口，可在入冬前涂抹或喷施防冻剂和保护剂，涂抹时用5～10倍液，喷施时用10～20倍液，能增强抗冻能力。在苹果树开花前2～3天喷施植物抗寒剂，或在果树萌芽前喷施低浓度的乙烯利或萘乙酸、青鲜素水溶剂，抑制花芽萌动，提高抗寒能力。对于正在开花的树，于低温来临前喷0.3%的磷酸二氢钾溶液加0.5%的白沙糖，连喷2～3次，可起到防冻作用。

(12)清除树体积雪：大雪后及时摇落树上的积雪，并将积雪堆于果树根部，以利于土壤蓄水保湿。

(13)熏烟：熏烟是冻害来临前短时期内的应急措施，一般可使气温提高3～4℃，能减少地面辐射热的散发，同时烟粒可吸收空气中的湿气。冬季冷空气容易聚集、地势低洼的果园，该法效果尤好。其做法是：低温寒潮来临前的傍晚，以碎柴禾、碎杂草、锯末、糠壳等为燃料，堆放后上压薄土层；气温下降到果树受冻的临界温度时点燃，以暗火浓烟为宜，并控制浓烟，使烟雾覆盖果园内的空间。一般每亩果树可设4～5个烟堆，每堆用料

15～20 kg，并将其设在上风口。

（14）延迟开花：从2月中下旬至3月中下旬，每隔20天左右喷一次100～150倍的羧甲基纤维素或3 000～4 000倍的聚乙烯醇，可减少树体水分蒸发，增强抗寒力。树冠喷洒萘乙酸钾盐250～500 mg/kg溶液，可抑制萌动。萌动初期喷0.5%的氯化钙溶液，花芽膨大期喷洒200～500 mg/kg的顺丁烯二酸酸肼溶液，均可延迟花期4～6天，减少花芽冻害。

6. 灾后应急工作

冻害发生后，应组织技术力量及时赶赴生产第一线进行调查，摸清本区域内苹果冻害发生的原因和危害程度，提出切实可行的建议和措施；与当地主管部门密切配合，将防冻技术成果提供给当地主管部门，及时宣传到农户，指导当地果农抗灾自救。

7. 冻害的救护

（1）树体管理：

①枝干保护。密切注意气温变化，气温降至－20℃以下时，可能会对枝干造成伤害，应积极采取枝干保护措施。用废旧棉絮、布条、作物秸秆、草等将主干、主枝包裹，用废旧农膜、编织袋绑缚扎紧，有条件的可加喷薄膜型植物蒸腾抑制剂，可有效防止或减轻苹果幼树越冬抽条。枝干受冻后皮层剥离的，应尽快用钉子钉在原处，保持形成层细胞有一定的湿度；皮层已明显冻死的部分可切除，春季用桥接法保持养分运输畅通。

②芽体保护。对于受害芽体，主要采取药剂保护措施，休眠期和萌芽前喷布防冻剂和保护剂，防止芽体冻害进一步加重；开花前和谢花后喷施天达2116、云苔素481等叶面肥，有利于芽体正常发育。苹果树在遭受寒潮侵袭、花器官遭受冻害后，应控制负载量，尽快使树体恢复生长，促进损伤部分愈合。大龄树受害后合理疏花疏果，控制产量；幼龄树通过加强春夏田间管理（包括肥水和夏剪），使其健壮生长。

③保护伤口。对于寒害造成的伤口，要及时检查防治。面积较小时，可刮去死皮，用843康复剂、强力轮纹净或树康愈合剂等涂抹伤口；面积较大时，可将皮层纵向划几刀，然后用843康复剂或强力轮纹净涂抹。一般在锯口、剪口涂抹油漆保护，或涂抹3～5波美度石硫合剂。

④延迟修剪。遭受寒害的果树一般发芽较晚，应推迟到发芽后修剪。根据受冻程度和恢复情况决定剪截部位，同时要轻剪，切忌大拉大砍，否则伤疤太多，加重树势衰弱。

（2）加强土肥水管理：

①灌水。寒害后灌水很重要，至少需要3次，萌芽、开花前及幼果膨大期各一次。此外，每次施肥后要及时灌水。

②施肥。萌芽前施腐殖酸复合肥，每株200～500 g；开花前后各喷一次500倍的云大

120加氨基酸螯合肥或叶面宝和惠满丰等；5月底至6月上中旬，结果树每株追施磷酸二铵0.5～0.8 kg，以提高树体营养水平，加快伤口愈合速度，保证花芽分化正常进行，减少冻害影响。

10月份施基肥，同时施入总施肥量5%的速效氮、磷肥。

③土壤管理。生长季要多次中耕，以锄灭杂草，防止水分蒸发。一般降雨或灌溉后均要及时中耕，并特别重视麦收前后的中耕除草工作，防止草荒。

有条件的果园采用生草和覆盖的土壤管理模式，改良土壤结构，提高土壤肥力，改善果园生态环境。

(3)寒潮容易引发的病害防控：苹果树遭受寒害后常诱发多种枝干病害，如腐烂病、干腐病等，应及时防治。对于腐烂病，要及时检查、刮治病疤，刮后用治腐灵、农抗120或菌毒清涂抹伤口。对于腐烂病疤，春秋两季涂抹防治腐烂病的相关药剂(3%甲基硫菌灵、果康宝、金力士、腐烂立克、施纳宁等)。同时，萌芽后缩剪冻死枝条，严防冻害后苹果腐烂病暴发和流行。个别果园容易发生早期落叶病和锈病，建议结合果实套袋前的病虫害防治，使用如下药剂防治：①杜邦易保1 500倍液加康庄灭幼脲1 200～1 500倍液加艾孚氨基酸钙500～600倍液；②杜邦福星8 000～10 000倍液加蛾螨灵1 500～2 000倍液加济农腐殖酸有机液肥500～800倍液；③世高2 000～3 000倍液加康庄灭幼脲1 500倍液加杨康生态液肥500倍液；④农歌800～1 000倍液加康庄灭幼脲1 500倍液加艾孚氨基酸钙。⑤10%多抗霉素1 000倍液加甲氰菊酯3 000倍液加CA2000钙宝500倍液。

十、建立苹果安全生产防御体系

1. 选择适宜栽培苹果的生态区域，建设优势产区

(1)决定苹果生态适应性的主要因素：根据各生态因子对苹果生长及结果的影响程度，将其分为三类。

①主导和决定性因素。主要是气候因素，包括年平均气温、积温、极端最低气温、6～8月份平均气温、日较差、空气相对湿度、日照时数、日照百分率和光强等。其中6～8月份气温高低、湿度大小、光照和光质对果实品质的形成至关重要，故称为关键时期的关键因子。

②主要影响因素。虽然对产量、品质和树体生长影响较大，但可人工调控，如降水量、土壤质地、土层厚度、肥沃程度、pH及光量等，都可通过土壤改良、施肥、排灌水、栽植密度和方式、整形修剪等措施加以调控。如旱塬果区可通过旱作技术和人工灌溉，取得优质丰产。

③间接作用因素。通过影响直接（决定性）因素而作用的因素，如地理纬度、海拔、坡度、坡向、沟（谷）向和开阔度等，如海拔影响温湿度、紫外光多少、土层和肥沃度等。

（2）苹果的生态适宜性指标：

①大苹果栽培的北限指标。陆秋农[99]认为，苹果经济栽培的北限温度是：冬季绝对最低气温不低于 –32℃，最冷月平均气温不低于 –14℃；辽宁果树区划组研究认为，冬季低温冻害是限制大苹果分布北界的主要因子之一，冬季最低气温低于 –20℃的天数大于或等于24天、1月中旬平均气温低于 –14℃时，将有3级冻害，以此确定为大苹果安全越冬的生态气候指标。周远明等认为，年日最低气温≤ –20℃的天数 <24天的80% 保证率可作为北限的主要指标。

②海拔上限指标。综合各地大苹果海拔上限的农业气候指标，以 $T_{6\sim9}$变幅 >12.0℃，或最热月平均温度 >15℃，≥ 10℃年积温1 500℃为宜。如渤海湾近海区在1 500 m 以下，山西雁北在1 200 m 以下，甘肃河西走廊北侧在1 500 m 以下，新疆天山南坡在1 200 m 以下。

③苹果适宜栽培高度指标。据李世奎和朱佳满等研究，适宜的苹果栽培高度为：辽宁省500 m 以下；河北省800 m 以下；山西、陕西省1 200 m 以下；四川省凉山州1 700 ~ 2 200 m，川西北2 000 ~ 2 900 m；新疆伊犁谷地800 ~ 1 200 m。

④降水指标。苹果每年生长期的降水量以450 ~ 500 mm 为宜，世界苹果主产区年降水量多在500 ~ 800 mm，日本和英国较多。年降水量少于400 mm 的产区，应有一定的灌溉条件。

（2）苹果生态区划的方法及指标：数十年来，国内外对苹果的适宜生态条件、指标和品种区划做了大量研究，其中主要有三种衡量方法。

①温量指数法。日本川喜田二郎等提出苹果栽培地温量指数指标，计算方法是：1年中超过5℃的各月平均气温减去5℃的总和。计算认为，温带果树经济栽培的北限是60℃左右。国光和红玉苹果温量指数在80℃左右最适合，红富士苹果在温量指数为80℃的地方不能充分成熟，而在高于或等于85℃的地方最好，中国著名富士产区多在85 ~ 118℃（表5–15）。

表5–15　中国红富士产区的温量指数（℃）（汪景彦　2002年）

富士产区	年均温（℃）	4 ~ 10月平均气温（℃）	温量指数（℃）
甘肃西峰	8.3	15.3	72
陕西铜川	9.2	16.2	78
陕西洛川	9.2	16.3	79

（续表）

富士产区	年均温（℃）	4～10月平均气温（℃）	温量指数（℃）
甘肃兰州	9.1	16.7	82
宁夏银川	8.5	17.0	84
甘肃天水	10.7	15.3	86
山西晋城	10.9	17.5	88
辽宁熊岳	9.0	17.9	90
辽宁大连	10.2	17.8	90
陕西白水	11.4	18.7	96
山东青岛	12.2	18.9	97
山东烟台	12.4	19.6	102
陕西宝鸡	12.9	19.6	102
河北保定	12.3	20.7	110
山东临沂	13.2	20.7	110
山西运城	13.6	21.3	114
河南洛阳	14.6	21.6	118

②百分制评分法。中国农业科学院果树研究所等单位，以气候因素总分值作为区划的主要依据，方法如下：年均气温占35%，满分值为8.5～12.5℃；年降水量占25%，满分值为501～800 mm；夏季平均最低气温占20%，满分值为低于18.0℃；6～8月平均相对湿度占20%，满分值为61%～70%。总评分达80～100分者定为适宜区（最适宜区在内），45～75分为次适宜区。适宜区的生态条件是：年均气温8.5～12.5℃，年降水量450～850 mm（灌区除外），夏季平均相对湿度60%～85%，夏季平均最低气温13～22℃。该区分四个栽培区。

黄土高原及西北部分灌区冷凉半干旱区（即黄土高原区）：包括太行山以西至六盘山以东的黄土高原大部分地区，山西忻县以南部分，陕西榆林南端，延安大部分，渭北高原，秦岭北麓，甘肃西峰镇和平凉以南，天水大部分；还包括宁夏永宁以南的引黄灌区，兰州附近，青海湟水和黄河灌区部分及新疆伊犁谷地。其气候特点是：夏季（6～8月）平均最低气温较低（13～18℃），空气较干燥（相对湿度61%～70%），气温日较差大，海拔较高，紫外光强，多数品种如元帅系、富士系、金冠系、国光、乔纳金、嘎拉等表现早实丰产、优质，投入成本低，经济效益好。

华北平原区：包括保定、天津以南、邢台以北的冀中南、冀东、鲁西北、鲁中南泰沂山区、济宁一部分地区。其气候特点是：夏季平均最低气温较高（20～22℃），潮湿，气温日较差小。

渤海湾区：包括胶东半岛、辽东半岛、辽西葫芦岛、朝阳南端、燕山地区和张怀丘陵区。气候特点是：夏季较潮湿，平均最低气温较高（18～20℃），秋季较冷凉干燥，温差较大，红富士、国光等品种表现较好。

川西和滇东北区：包括四川小金、茂汶、昭觉、盐源、美姑及云南昭通地区。气候特点是：海拔多在1 900～2 600 m，年均温适宜、夏季夜温较低，冬季无冻害。中晚熟苹果品种提前结果2～3年，成熟期比北方果区早40～60天，可提早上市和提供出口。

③二级综合指标法。根据张光伦提出的分区法，种植区可划分为生态最适区和适宜区。

生态最适区

黄土高原区，包括东起太行山、西至青藏高原的边缘山地，南至秦岭北麓和渭河以北，北至宁夏平原以南的黄土高原大部分地区。如渭北高原、陇东陇中高原、山西高原部分、银川以南灌区、青海湟水和黄河灌区部分以及甘肃河西走廊灌区和新疆伊犁谷地。气候特点是：海拔多在800～2 000 m，气候温暖，日照良好，紫外光较多。主产区年均温8.5～11.0℃，≥10℃积温2 800～3 400℃，平均最低气温多在−25℃以内，部分地区在−25～−40℃，6～8（9）月平均气温变幅为20～23℃，6～9月平均日照时数多在150～300 h，4～9月雨量为140～500 mm。苹果表现优质高产。元帅系苹果果形高桩，萼端五棱突出，浓红艳丽，松脆多汁，酸甜适口，较耐藏，无公害。红富士、金冠、乔纳金、嘎拉等品种均具较高的品质特征。

川滇横断山区，主产区包括四川小金、茂县、金川、丹巴、巴塘、乡城、盐源、喜德和昭觉等，还有云南的丽江和昭通。代表区气候特点是：年均温10.5～12.5℃，≥10℃积温3 200～3 600℃，最低气温在−12℃以内，6～8（9）月平均气温变幅为17.5～21.0℃，气温日较差9.5～14.4℃，6～9月平均相对湿度59%～75%，6～9月日照时数平均150～200 h，4～9月降雨量为400～700 mm，海拔1 500～2 900 m（优质区2 000～2 600 m）。该区元帅系和金冠系等品种品质优，外观好，比渤海湾区早结果2年左右，早熟10～20天，有地区优势。

生态适宜区

渤海湾区，包括辽南、辽西、燕山部分和山东半岛部分。气候特点是：年均温8.5～12.5℃，≥10℃积温3 400～4 200℃，最低气温多在−25℃以内，6～8（9）月平均气温变幅为19.3～26.0℃，6～9月相对湿度67%～85%，6～9月平均日照时数230～290 h，

4～9月降雨量为500～650 mm。该区富士、国光表现较好，金冠系表现果锈较重，元帅系果实呈矮扁形，萼端五棱不够突出。部分地区有冻害和抽条现象发生。春旱较频繁，值得注意。

华北平原区，包括冀东、冀中南大部、鲁西北和鲁中南。代表区气候特点是：年均温12.5～13.5℃，≥10℃积温4 300～4 600℃，最低气温多在−23℃以内，6～8(9)月平均气温变幅为25～27℃，6～8(9)月平均相对湿度60%～83%，6～9月日照时数平均220～290 h，4～9月降雨量为500～750 mm。此区部分地区春旱严重，还有盐化黄潮土区域，值得注意。元帅系等中晚熟品种着色、品质和耐藏性较差。

(3)苹果优势产区的划分及分析：

①划分依据。生态环境条件符合《苹果学》[48]（束怀瑞等著，1999）中划定最适宜区的指标要求。产业基础雄厚，是果农的主要经济来源。政府重视，群众发展果业的积极性高，栽培面积和产量占全国的30%以上。鲜果及其加工品在国内外市场上竞争力强，出口潜力大。

②优势产区的划分。根据上述依据，分析中国四大苹果产区（渤海湾、西北黄土高原、黄河故道和西南冷凉高地）的现有条件，只有渤海湾和西北黄土高原区最符合优势产区的要求。两区苹果栽培面积分别占全国的44%和34%，产量分别占全国的49%和31%，二者出口量占全国的90%以上。因此，应把渤海湾产区和西北黄土高原产区作为苹果发展的优势产区重点建设，充分发挥区域优势，形成苹果生产基地。

渤海湾苹果优势区位于胶东半岛、泰沂山区、辽南及辽西部分地区、燕山、太行山浅山丘陵区，包括山东、辽宁、河北三省的53个县；黄土高原苹果优势区位于陕西渭北和陕北南部地区、山西晋南和晋中、河南三门峡地区和甘肃陇东及陇南地区，包括陕西、甘肃、山西、河南四省的69个县。

渤海湾优势区：热量充足，降水适度，光照较好，南部气温较高，利于栽培中早熟品种；沿海地区9～10月少雨，光照足，夜温低，有利于晚熟品种增糖和着色，是最大的红富士生产区；交通方便，出口条件优越；科技推广和技术开发力量雄厚，果农技术水平较高，推广、培训网络较健全。但是，目前该区生产组织化及标准化程度低，优质果率低。品种结构不尽合理，南部内陆地区和北部地区红富士栽培面积过大，中熟和中早熟品种较少，鲜食和加工品种比例不够协调。产后处理相对滞后，贮藏能力、市场调节能力偏低，冷链运输尚未建立，加工技术滞后，产品亟待多样化。龙头企业较少，大市场与小生产的矛盾依然突出。同时，缺乏果品卫生安全质量检测及管理法规。

西北黄土高原优势区：自然条件优越，发展潜力巨大，是中国最大的优质苹果产区。自然条件得天独厚，工业污染也轻，苹果着色艳丽，质脆味浓，耐贮藏。该区科研院所多、科技力量雄厚，能为果业发展提供有力的科技支持。苹果产业已成为果区经济的支柱产业，产值占农业总产值的一半以上。政府高度重视，果农发展苹果产业的积极性高。但果农素质亟待提高，果园综合管理水平较低，尚未形成大批量生产。经济发展相对落后，苹果产业投入少，果园基础设施薄弱，多为旱地果园。采后商品化处理以及贮藏保鲜和加工能力较差，龙头企业较少，产业化发展缓慢。缺乏完善的果品信息网络，果品流通信息不畅。

2. 科学规划，合理建园

(1) 选择园址的要求：苹果应在国家规划的优势区内集中发展，形成基地。

大部分苹果品种要求冷凉干燥气候，1～2月平均气温 -10～10℃，年均温9～11℃，6～8月平均气温15～22℃。西北黄土高原区栽培新红星，渤海湾和西北黄土高原区均可栽培红富士。果园要远离污染源，因为工厂排放的二氧化硫、氮化物、氯气等20余种有害气体，能使果树叶片、枝条和果实受害。果园灌溉用河水、井水和水库水，不能用工业废水和城市污水。

果园相对集中连片，以便于统一设计、规范和协同管理。苹果适合在丘陵、坡地栽培，应选25° 坡以下的地块栽植。谷地、洼地的下部易积聚冷空气，引起霜害或抽条，故不宜在此处建园。尽量选择土壤肥沃的地段，土质不良的地方要事先改良。要求土层深厚，土质疏松，通透性好，土壤孔隙度在10% 以上，土壤 pH 在7.0～7.5，地下水位在1 m 以下，土壤有机质含量达到1% 以上。

(2) 果园规划与设计：

①土地规划与道路设计。遵循节约土地、合理用地的原则，根据建园面积，先进行精确测量，画出平面图，用0.1% 比例尺和0.5～200 m 等高距，测出等高线，然后安排好作业路、作业区、防护林、排灌系统、水保工程、仓库、机械库、贮藏库、饲养场、加工厂和办公室的建筑地点等。一般规模化果园是：果树占地90%，防护林占5%，其他占5%。

为便于果树栽植与管理，需将欲栽园块划分成若干作业小区。小区内地势、土壤状况尽可能一致，以使园相整齐。在地势平坦区，以4～8公顷为一个小区；在丘陵山区，可1.3～3.3公顷为一个小区；如果园块太小，也可不必分区。小区的形状可划成长方形或正方形，其长边尽量与主风方向垂直；山地丘陵及缓坡地可用带状、平行四边形或三角形，其长边随地势、沿等高线方向弯曲延伸，以便整修梯田，保持水土。

划分小区的同时，规划好道路，以连接各作业区。道路一般由主路、支路和小路组成，主路居中，贯穿全园，便于运输。在山地丘陵果园，道路呈螺旋形或“之”字形绕山而上，上升坡度不超过7°。主路面宽5～8 m，支路面宽4～5 m。小路设在小区内，路面宽1～2 m

或2～4 m。山地窄梯田边埂可作小路用，不必再修作业道。平地果园道路常与排灌渠道和林网相结合，以便节省用地。

②排灌系统的规划与设计。灌水系统包括灌水渠、干渠和支渠。灌水渠应设在果园高处，山地果园应设在沿等高线走向的上坡。滩地和平地干渠可设在干路的一边，支渠可设在小区道路一侧。干渠渠底比降为1∶1 000左右，支渠3∶1 000左右。平地果园每5～7公顷配一眼井；洼地果园要修水池或旱井蓄水；山地果园要修梯田蓄水；临河果园要修引水渠，以便把河水引进果园。

排水系统包括排水干沟、支沟和排水沟，一般排水干沟深80～100 cm，宽2～3 m；排水支沟较排水干沟浅且窄；排水沟深50～100 cm，上宽80～150 cm，底宽30～50 cm。各级排水沟相连，以利顺畅排水出园。

最好安装节省用水的滴灌系统，每亩果园每次滴灌仅需15 m^3水。经过增压（或利用水位差）、过滤的水通过管道、滴头缓慢滴入果树根际土壤，满足果树需要，不受地形、地貌的影响，可使苹果增产20%～30%。

另一种节水灌溉的方法为管道灌溉，即在地下一定深度处铺设管道，在地面上按一定距离安装龙头。灌水时，接上水管即可灌溉。可比漫灌省水70%，同时兼有喷药功能，接上药管即可喷药，工作效率高。

③水土保持系统的规划与设计。北方春天风大，时有沙尘暴侵袭，严重影响苹果开花、授粉和受精，还会风蚀肥沃表土，使肥力下降。所以，果园四周要营造防风固沙林，背风面防护范围为林带高度的20～25倍，迎风面则为林带高度的5倍。通过林带后，风速降低19%～56%。防风固沙林的主林带由4～8行树组成，在区间路旁栽1～2行乔木，与主林带平行或垂直，称为副林带。

在坡地果园上部和四周（沟边、路旁、地堰等处）分别栽树，乔、灌分行间植并适度密植。主林带间距200～300 m，副林带间距300～800 m。果树与林带要有一定距离，南面距林带20～30 m，北面距林带10～15 m。林带内乔木树种行距2.0～2.5 m，株距1.0～1.5 m；灌木树种行距1～2 m，株距1 m。在林带与道路交叉处应空出10～20 m出口，以便通行和观察车辆出入，避免发生交通事故。果树防护林建设应在建园前2～3年完成，最迟也应在果树定植当年建成。乔木树种可选杨树、桦树、白蜡、水杉、香椿、苦楝等，灌木可用紫穗槐、玫瑰、枸杞和毛樱桃。

山地修建水平梯田是保土、保肥和保水的有效方法。田面宽度要根据园地坡度和土层情况而定，在黄土高原地区，梯田外坡高2 m左右为宜，最高不要超过4 m。田面宽以8～30 m为宜，最窄不要小于3.5 m。水平梯田的田面要求水平，稍微外高内低。田埂要有一定坡度，砌石筑坡坡比1∶0.1～1∶0.2，堆土筑坡坡比1∶0.3～1∶0.6，太陡容易崩塌毁坏。

3. 果园防御自然灾害的工程建设

(1)抗旱设施:

①人工降雨设备。根据不同性质的云，采用不同的催化剂，借助火箭、炮弹、飞机、气球等运载工具，将干冰、碘化银、碘化铅、硫化铜、甲醛等人工晶核撒到云中，促使过冷却的水冻结或使水汽凝华成冰晶，造成冰水共存，形成降雨。

实践证明，人工催化深厚的层状云系，可以增加降水量10%～20%；催化浓积云，可增加降水1～2倍。在我国，人工降雨从1958年开始，现已有20个省(区)开展人工降雨作业。在抗旱方面起了一定作用。

②截蓄雨水设施。农业集水系统适合在年降水量50～300 mm的干旱和半干旱地区使用，可因地制宜修水库、筑塘坝、建蓄水池、挖蓄水窖、打旱井等，梯田里边修竹节沟。

③穴贮肥水设施。在树冠投影向内50～70 cm处，挖4～8个穴(直径20～30 cm，深40 cm)，穴内插入一个直径15～20 cm的草把，草把事先在尿液中浸透。回填土时，草把周围的土中混少量过磷酸钙(100 g/穴)，在草把上覆少量土，随即浇水3.5～5.0 kg。上覆一块50 cm^2的地膜，中心穿孔，孔的位置正对草把上端中央，孔上压石块。从萌芽至5月中旬，每10天浇一次水，每穴3.5～4.5 kg，5月下旬至雨季，每7天浇一次水。这种方法可节水90%。

(2)雹灾防御设施：在雹灾频发的地区，近年开始架设防雹网，防雹效果较好，每亩投入1 000元左右。另外，还可安装人工消雹设施。

(3)鸟害防御设施：近年来鸟害日增，设立防鸟设施势在必行，常用的方法有：安装防鸟网，每亩投资600元左右，其网眼比防雹网大，由尼龙网制成。有的果园装有驱鸟器，当有鸟飞来时，其发出的嘶叫声可吓跑鸟群。把水银玻璃镜做成三角形锥体，上面系一根长线，挂在树上或高杆上，玻璃镜随风转动，将阳光反射到四面八方，鸟会被驱散。还可悬挂彩色气球，日本把气球绘成像人的面孔，挂在果园中，以使鸟惊恐而飞走。另外，还可在行间用白线来回拉，挂在树梢上，形成多道白线网道，令鸟不敢飞入[100]。

(4)霜灾防御设施：渤海湾和西北黄土高原苹果优势区常有晚霜危害，必须有防霜设施。有条件的果园可在果园上部安装喷灌或喷雾设施，在霜冻来临前对果树进行喷灌或喷雾，可有效防止霜冻。在霜冻来临时，用功率强大的吹风机或电扇搅动空气，也可减轻霜冻危害。有霜冻时直升机在果园上空来回飞翔，防霜效果更好。也可在果园放置加热器，每亩放10～15台，每台加热器每小时燃烧1 L柴油，可使果园气温提高4℃，可预防一般霜冻。

在果园内设置烟堆，每亩7～10个，霜冻来临前点燃。烟堆的配方是：硝酸铵20%～30%，锯末50%～60%，废柴油10%，细煤粉10%，或作物秸秆、杂草、落叶等。熏烟法只能在最低气温不低于－2℃时使用，因为此法只能提高果园气温1℃左右。

（5）建防风林：防风林的建造方法参考防御寒潮灾害的基本措施。为防止大风侵袭，在沿海或风大的地区要设防风障，做法是在迎风面，隔一定距离埋一立柱，然后挂上尼龙网帐，防风效果好。

一般矮砧苹果树抗风力差，最好从建园开始即立支柱或搭篱架。具体做法是：在采用纺锤形整枝条件下，只在植株旁埋设1个支柱，高度应为设计树高。随树冠升高，在不同高度将中央领导干绑缚到支柱上。采用扇形或扁平树形整枝时，需设篱架。首先隔一定距离设立支柱（水泥柱、石柱、钢管均可），支柱高2.5～3.0 m。然后从地面起，每50 cm拉一道横铁丝，随树冠上升，逐年加拉铁丝，直至树冠设计高度。将各骨干枝水平绑缚到铁丝上。也有用V形架和Y形架的，树冠整齐一致，园相整齐。防风效果好。

附　录

附录一　苹果现代矮砧集约栽培技术指南

一、品种与砧木

（一）主推品种及区域布局

目前，红富士仍是山东省苹果生产的主导品种，珊夏、嘎拉、红将军等早、中熟品种为辅助品种。晚熟品种重点推广烟富3号、烟富10号、烟富6号、2001富士、首富、龙富等富士优系，因地制宜推广烟嘎3号、皇家嘎拉、太平洋嘎拉、金都红嘎拉、红将军、新红星、首红、王林、金帅、红露等中熟品种，以及珊夏、美国8号等中早熟品种。

胶东地区重点推广以红富士优系为主的晚熟品种，适当发展中、早熟品种；鲁中南地区稳定红富士面积，适当扩大中、早熟品种面积；鲁南、鲁西南等地区适度扩大早、中熟品种栽培规模。

（二）主推砧木及区域布局

根据山东生态、资源、技术等条件，重点推广T_{337}等M_9优系矮化砧，M_{26}、M_7、MM_{106}、SH系等半矮化砧。无水浇条件及冬季极端低温在$-18℃$以下的地方不适宜应用矮化砧木。

T_{337}等M_9优系自根砧在肥水条件较好的区域推广应用，M_7、MM_{106}作为自根砧在中等土壤肥水条件的区域推广利用，M_{26}以及SH_{38}、SH_{40}、SH_6等作为中间砧在土壤肥水条件偏低的区域发展。

以上矮化砧木与富士系、嘎拉系、元帅系等主栽品种嫁接亲和性良好。新红星等短枝型品种不宜选用T_{337}等M_9系矮化砧木作自根砧。

二、苗木质量要求

(一)矮化自根砧苗木

总体要求为：砧木、品种纯正，嫁接部位愈合良好；砧木长度25~30 cm；苗木健壮直立，根系完整；无机械损伤和检疫对象。

1. 一级苗木

砧木中部直径2.0 cm以上，嫁接口上部10 cm处直径大于1.5 cm；高度180 cm以上，中干70 cm以上部位均匀着生角度开张、粗度适宜、长度大于30 cm的侧枝8条以上；根部有25 cm以上的骨干根10条以上。

2. 二级苗木

砧木中部直径达到1.5 cm，嫁接口上部10 cm处直径达到1.2 cm；高度150 cm以上，中干70 cm以上部位均匀着生长度大于25 cm的侧枝5条以上；根部有长20 cm左右的骨干根8条以上。

(二)矮化中间砧苗木

总体要求为：砧木、品种纯正，嫁接部位愈合良好；基砧(海棠等)地面以上长度为10~15 cm，中间砧段长20~30 cm；苗木健壮直立；根系完整，无明显主根(幼苗期须进行断根处理)；无机械损伤和检疫对象。

1. 一级苗

中间砧段中部直径大于1.5 cm，高度150 cm以上；根部20 cm以上的侧根不少于8条。

2. 二级苗

中间砧段中部直径1.2 cm左右，高度130 cm以上；根部20 cm以上的侧根不少于6条。

三、果园建立

(一)园地选择

园地周边无污染源，灌溉用水、土壤及大气环境等条件均达到无公害果品生产的基本要求。

丘陵坡地，要求活土层达到40 cm，有机质含量0.8%以上。平原地区，要求地下水位在1.5 m以下。

（二）规划设计

主要针对大中型果园，一般果树占地面积在90%左右，作业道路、排灌系统占地面积3%～4%，防风林占3%～5%，办公室、机房、仓库和分级包装场等占地约1.5%左右。

根据中小型机械的田间操作要求，设计种植小区，一般平地80～120亩、丘陵地30～60亩为一个种植小区。

种植小区的道路可与排灌沟渠统筹规划设计，合理安排布局；防风林须建在果园的迎风面，要求与主风向垂直，乔木和灌木搭配合理，树墙高度4.0 m以上。不宜选择柏科植物作防风林。

（三）授粉树配置

授粉品种与主栽品种按1∶（5～6）的比例配置。提倡选用海棠类专用授粉树，按1∶15的比例均匀配置。

（四）栽植密度

根据砧木矮化性状和机械化作业要求，确定适宜的株行距。T_{337}等M_9优系自根砧苗木株行距为（0.8～1.2）m×（3.2～3.5）m，M_7、MM_{106}自根砧苗木及M_{26}、SH系等中间砧苗木为（2.0～2.5）m×（4.0～4.5）m。

（五）栽前准备

1. 土壤分析与改良

在定植前一年进行土壤分析，依据结果对土壤pH和有机质含量进行调整。适宜的pH为6.0～6.5，适宜的有机质含量在1.5%以上。

2. 耕翻起垄

每亩撒施优质土杂肥4 000 kg以上，并进行全园耕翻耙平，沿行向起垄，垄宽100～120 cm、高30 cm左右。

3. 苗木处理

栽植前对苗木的砧木、品种进行审核、登记和标识后，放入清水浸泡根系24～48 h，并对根系进行消毒处理。

（六）栽植技术

春季土壤解冻后至萌芽前栽植。在垄畦中间挖穴定植，栽植深度与苗木圃内深度一致或略深3 cm左右。栽后踏实、灌水，并覆膜保墒。

（七）支架设置

苗木栽植后要设立支架，支架材料有水泥柱、竹竿、铁丝等。顺行向每隔10～15 m设立一根高4 m左右的钢筋混凝土立柱，上面拉3～5道铁丝，间距60～80 cm。每株树设立1根高4 m左右的竹竿或木杆，并固定在铁丝上，再将幼树主干绑缚其上。

（八）栽后管理

苗木栽植后要确保浇灌3次水，即栽后立即灌水，之后每隔7～10天灌水一次，连灌2次，以后视天气情况浇水促长。

6～8月进行2～4次追肥，前期每次每株施尿素或磷酸二铵50 g，后期适当增加磷、钾肥。9月以后要适当控肥控水，促进枝条充实。及时进行整形修剪和病虫害防治。

四、树体培养

（一）主要树形及结构参数

1. 高纺锤形

适用于株距1.2 m以内的果园。干高0.8～1.0 m，树高3.2～3.5 m，中干上着生25～40个侧枝。侧枝基部粗度不超过着生部位中干粗度的1/3，长度60～90 cm，角度大于110°。

2. 自由纺锤形

适用于株距2.0～2.5 m的果园。干高0.6～0.8 m，树高3.5～4.0 m，中干上着生20～35个侧枝，其中下部4～5个为永久性侧枝。侧枝基部粗度小于着生部位中干粗度的1/3，长度100～120 cm，角度90°～110°。侧枝上着生结果枝组，结果枝组的角度大于侧枝的角度。

（二）整形修剪

1. 矮化自根砧树整形修剪

（1）定植当年：带侧枝苗中干延长枝不短截，对粗度超过着生部位中干粗度1/3的侧枝，全部采用马耳斜极重短截，其余侧枝角度开张至110°以上。6月中旬至7月上中旬，控制竞争新梢生长，保持中干优势。7月下旬至8月中旬，对当年新梢角度开张至110°以上。

（2）定植第2年：春季修剪时，主干距地面80 cm以下的侧枝全部疏除；距地面80 cm以上的侧枝，枝轴基部粗度超过着生部位1/3的，根据着生部位的枝条密度进行马耳斜极重短截或疏除，其余侧枝角度开张至110°以上。对于当年形成的新梢，处理方式与第一年相同。

（3）定植第3年后：基部直径超过2 cm的侧枝，根据着生部位的枝条密度进行马耳斜极重短截或疏除，但单株疏除量一般每年不超过2个。对于当年形成的新梢，处理方式与第一年相同。侧枝长度控制在60～90 cm。

2. 矮化中间砧树整形修剪

矮化中间砧果园选用自由纺锤形或高纺锤形。

（1）定植当年：栽植后，疏除全部侧枝，保留所有饱满芽定干。萌芽前进行刻芽，即从苗木定干处下部第5个芽开始，每隔3个芽刻1个，刻至距地面80 cm处。生长期间及时控制竞争新梢生长，其他新梢开张角度。

（2）定植第2年：发芽前一个月，对中干延长枝短截至饱满芽处，并进行相应的刻芽。对中干上的侧枝，长度在20 cm以下的，根据其密度疏除或甩放，20 cm以上的全部马耳斜极重短截。5月中下旬至6月中旬，对基部粗度超过中干1/3的新梢再次进行短截；7月下旬至8月中旬，对侧生新梢拉枝开角至90°～110°；对侧生新梢背上发生的二次梢及时摘心或拿梢，控制生长。

（3）定植第3年：发芽前一个月，围绕促花进行修剪，疏除基部粗度超过着生处中干1/3的侧枝，其余侧枝角度开张至90°～110°，同时对枝条进行刻芽，并应用必要的化学、农艺措施促花。

（4）定植第4年后：春季修剪时，不再对主干延长枝进行短截，冬季修剪的主要任务是疏除密挤枝。同样情况下，疏下留上、疏大留小；树龄在10年以上的疏老留新。修剪的重点放在夏季，主要采用摘心、拉枝、疏剪的方法调整树体结构和长势，促进花芽分化。

五、沃土壮树

（一）果园生草

果园生草主要有人工生草和自然生草两种方式，也可两种方式结合进行。

1. 人工生草

在果园行间人工种植黑麦草或早熟禾、高羊茅、白三叶、紫花苜蓿、长毛野豌豆、毛叶苕子等优良草种。一般9月下旬至10月上旬撒播或条播，播种量1.5~3.0 kg/亩，播后喷水2~3次。

2. 自然生草

果园行间不进行中耕除草，任由马唐、稗、光头稗、狗尾草等当地优良的野生杂草自然生长，及时拔除豚草、苋菜、藜、苘麻、葎草等恶性杂草。

3. 刈割管理

当草长至40 cm左右时，机械或人工留茬15 cm左右刈割。一般每年刈割3~4次。割下的草覆盖于树冠下。

人工生草的果园，第1年需要给草补施1~2次速效化肥，每次每亩施入尿素10~15 kg，施肥后浇水，也可趁雨撒施。

（二）高效施肥

1. 基肥

（1）肥料种类：以有机肥为主，混入适量化肥。有机肥包括充分腐熟的人粪尿、厩肥、堆肥和沤肥等农家肥，以及商品有机肥；化肥为氮、磷、钾单质或复合肥以及硅钙镁肥等。

（2）施肥时期：基肥最佳施用时期是9月中旬~10月下旬，晚熟品种可在采收后尽早施入。

（3）施肥数量：

①成龄果园。若施农家肥，按斤果斤肥确定施肥量；若施入商品有机肥，一般每亩500~800 kg。化肥用量按每100 kg产量补充纯氮0.4~0.6 kg（折合尿素1.0~1.5 kg）、纯磷0.15~0.25 kg（折合15%含量过磷酸钙1.0~1.5 kg）、纯钾0.1~0.2 kg（折合硫酸钾0.2~0.4 kg）确定，可根据土壤肥力和树势适当增减。土壤pH低于5.5的果园，每亩施入硅钙镁肥100~200 kg。

②幼龄果园。每亩施入优质农家肥1 000 kg左右或商品有机肥100~200 kg。化肥用量，1年生树按每亩纯氮5 kg（折合尿素约12 kg）、纯磷5 kg（折合15%含量过磷酸钙33 kg）、纯钾5 kg（折合硫酸钾10 kg）确定，2年生加倍，3年生后根据产量确定。

（4）施肥方法：沿行向在树冠投影内缘挖施肥沟，将有机肥、化肥与土壤混匀后施入，施肥后及时浇水。

2. 追肥

追肥以速效化肥为主。在树冠下挖5～10 cm深的条状沟，将化肥均匀施入并覆土和浇水；也可在降雨前或灌溉前地表撒施。

(1)成龄果园：追肥主要时期为果实套袋前和果实膨大期，一般每100 kg产量追施纯氮0.25～0.40 kg(折合尿素0.6～1 kg)、纯磷0.04～0.06 kg(折合15%含量过磷酸钙0.25～0.4 kg)、纯钾0.5～0.9 kg(折合硫酸钾1.0～1.8 kg)。套袋前和果实膨大期的追肥量各占一半，果实膨大期采用少量多次的追肥原则。

(2)幼龄果园：追肥时期为萌芽前后和花芽分化期(6月中旬)。1年生树每亩施入纯氮5 kg(折合尿素12 kg、纯磷5 kg(折合15%含量过磷酸钙33 kg)、纯钾5 kg(折合硫酸钾10 kg)。2年生树施肥量加倍，3年生后根据产量确定。萌芽前后和花芽分化期的追肥量各占一半。

3. 根外追肥

根外追肥可参照附表1进行。与农药混用时要注意认真查看说明。

附表1　苹果根外追肥参考表

时期	种类、浓度	作用	备注
萌芽前	2%～3%尿素	促进萌芽，提高坐果率	上年秋季早期落叶树更加重要
	1%～2%硫酸锌	矫正小叶病	主要用于易缺锌的果园
萌芽后	0.3%的尿素	促进叶片转色，提高坐果率	可连续喷2～3次
	0.3%～0.5%的硫酸锌	矫正小叶病	出现小叶病时应用
花期	0.3%～0.4%硼沙	提高坐果率	连续喷2次
新梢旺长期	0.1%～0.2%柠檬酸铁	矫正缺铁黄叶病	连续2～3次
5～6月	0.3%～0.4%硼沙	防治缩果病	
5～7月	0.2%～0.5%硝酸钙	防治苦痘病，改善品质	在果实套袋前连续喷3次左右
果实发育后期	0.4%～0.5%磷酸二氢钾	增加果实含糖量，促进着色	可连续喷3～4次
采收后至落叶前	0.5%～2%尿素	延缓叶片衰老，提高贮藏营养	可连续喷3～4次，浓度前低后高，下同
	0.3%～0.5%的硫酸锌	矫正小叶病	主要用于易缺锌的果园
	0.5%～2%硼沙	矫正缺硼症	主要用于易缺硼的果园

(三)水分调控

1. 灌水时期

一般气候条件下，分别在苹果萌芽期、幼果期(花后20天左右)、果实膨大期(7月中旬至8月下旬）、采收前及土壤封冻前进行灌水。采收前灌水要适量，封冻前灌水要透彻。

2. 灌溉方法

（1）小沟交替灌溉：在树冠投影处内外两侧，沿行向各开一条深、宽各20 cm左右的小沟进行灌水。

（2）滴灌：顺行向铺设一条或两条滴管，为防止滴头堵塞，也可将滴管固定在支柱或主干上，距地面20～30 cm。一般选用直径10～15 mm、滴头间距40～100 cm的炭黑高压聚乙烯或聚氯乙烯灌管和流量稳定、不易堵塞的滴头，流量通常控制在2 L/h左右。

3. 排水

保持果园内排水沟渠通畅，确保汛期及时排除园内积水。

（四）水肥一体化

在果园滴灌系统上添加施肥装置即可实现水肥一体化。按照“数量减半、少量多次、养分平衡”原则注入肥料，一般为土壤施肥量的50%左右；肥料配比要考虑可溶性肥料之间的相溶性（参考附表2）；固体肥料要求纯度高，无杂质，在灌溉水中能充分溶解。

附表2　部分可溶性肥料之间的相溶性

	尿素	硝酸铵	硫酸铵	硝酸钙	硝酸钾	氯化钾	硫酸钾	磷酸铵	硫铁锌铜锰	氯化铁锌铜锰	硫酸镁
尿素											
硝酸铵											
硫酸铵											
硝酸钙			■								
硝酸钾											
氯化钾											
硫酸钾			▨	■		▨					
磷酸铵				■							
硫酸铁锌铜锰				■			▨	■			
氯化铁锌铜锰				▨				▨			
硫酸镁				■			▨	■			

■ 表示不相溶　　▨ 表示降低溶解度　　□ 表示相溶

六、花果管理

（一）促进坐果

1. 花期喷硼

盛花初期喷0.2%～0.3%的硼沙溶液。

2. 壁蜂授粉

初花前3～5天开始放蜂，每亩释放壁蜂200～300头。放蜂期间严禁使用任何化学药剂。

（二）调控产量

1. 花前复剪

在花芽萌动后至盛花前进行，一般壮树花枝和叶枝比为1∶3，弱树花枝和叶枝比为1∶4。

2. 疏花

铃铛花至盛花期进行，每个花序只保留中心花坐果，边花全部疏除。

3. 疏（定）果

花后两周开始疏（定）果，30天内完成。一般按间距法留果，留果间距：大型果品种20～25 cm，中型果品种15～20 cm，小型果品种15 cm左右。

（三）提升质量

1. 果实套袋

（1）果袋选择：黄色和绿色品种选用单层纸袋，红色品种选用内袋为红色的双层纸袋。

（2）套袋：谢花后30天左右开始，2周内完成。套袋前3天全园周密喷一遍杀虫杀菌剂。

（3）摘袋：采前20～25天摘袋。

2. 铺反光膜

摘袋后3～5天铺设反光膜。

3. 摘叶转果

摘袋后3～5天开始，分2～3次适当摘除果实周围的遮光叶片。摘袋4～5天后进行第一次转果，9～10天后进行第二次转果。不易固定的果可用透明胶带粘贴在枝条上。

4. 适期采收

根据果实成熟度、用途和市场需求等因素确定采收适期。成熟期不一致的品种，应分期采收。

七、病虫害防控

（一）休眠、萌动期

重点防治苹果腐烂病、枝干轮纹病和红蜘蛛，主要措施为清洁果园、刮树皮、树干涂白和树体喷布石硫合剂等药剂。

（二）花期前后

花前重点防治金纹细蛾、叶螨、蚜虫等害虫，花期选用中生菌素、多氧霉素等生物药剂防治苹果霉心病。为了不影响壁蜂、蜜蜂授粉，花期不宜喷施化学农药。

（三）幼果期

谢花后第1、3周，重点防治叶螨、蚜虫、金纹细蛾、棉褐带卷蛾、桃蛀果蛾以及锈病、白粉病等。套袋前3天全园周密喷布一遍杀虫杀菌剂保护幼果，套袋后重点防治斑点落叶病、轮纹病、炭疽病。

（四）果实膨大期

重点防治轮纹病、斑点落叶病、褐斑病、金纹细蛾、二斑叶螨、食心虫等病虫害。喷药间隔期一般为10～15天，遇雨缩短至7～9天。

（五）采果期前后

重点防治果实轮纹病和炭疽病、大青叶蝉、金纹细蛾、叶螨等病虫害。采收前20天停止用药。

防治药剂可参照农业农村部“无公害苹果病虫害防治技术规程”。

八、防灾减灾

果树遭受的自然灾害主要有冻害、晚霜危害、冰雹灾害、鸟害等。

（一）越冬冻害

越冬冻害指果树越冬（11月至3月）期间，因温度骤降或超常低温而遭受的伤害。主要防控措施，一是8月底以后，减少水分和速效氮肥供应，控制树体旺长，促进枝梢充实；二是落叶前叶面喷施5%尿素，促进养分回流和落叶；三是灌足封冻水，对枝干涂白。

（二）霜冻灾害

霜冻灾害主要指苹果萌芽至幼果期间遭遇的晚霜危害。主要防控措施，一是萌芽后至开花前果园灌水或喷水，延迟萌芽和花期，规避晚霜危害；二是根据天气预报，及时采取果园熏烟、喷水、鼓风等措施，减轻晚霜危害。

花期遭受晚霜危害的果园，及时喷布植物激素和营养液等，进行人工授粉，同时要加强肥水管理和病虫害综合防治，复壮树势。

（三）冰雹灾害

频发冰雹灾害的果园宜架设防雹网。受灾果园要及时喷布杀菌剂，剪除重伤枝梢，并进行叶面喷肥。

（四）鸟害防控

在果园上部设置防鸟网。

附录二　不同砧木压条及嫁接繁殖性能评价

为筛选适宜推广应用、易繁殖的矮化砧木，项目组陆续从国内外各科研单位搜集引进M_9、M_9T_{337}、M_{26}、M_7、MM_{106}、CG_{80}、CG_{23}、SH_6、SH_{40}、CG_{41}、中砧一号、Mark、青砧一号、辽砧二号、GM_{256}等矮化、半矮化营养系砧木资源15份，在烟台市农业科学院建立压条繁育圃1公顷，进行压条繁殖与筛选评价。

1. 砧木资源的组培和扦插试验研究

从育苗地中选出叶片大、枝干粗壮、光滑、无分枝、无病虫害的砧木苗200株，2012年秋季落叶后，剪取地上枝条放于冷库中0～4℃沙藏，2013年5月10日进行单株扦插处理。2014年4月16日再用同样方法选取实生苗300株，采集硬枝进行重复扦插试验。2013年扦插时间在5月10日，于7月中旬调查扦插成活植株，2014年4月16日进行扦插，

6月末调查扦插成活率。(附表3)

附表3　不同砧木的扦插和组织培养成活率调查

砧木资源	硬枝扦插		绿枝扦插		组织培养	
	扦插数	成活	扦插数	成活	接苗数	成活
M_9	500	—	500	—	100	36
M_{26}	500	—	500	3	100	52
MM_{106}	500	2	500	4	100	31
青砧1号	500	—	500	3	100	39
辽砧2号	500	—	500	3	100	41
中砧1号	500	—	500	4	100	45
Mark	500	—	500	2	100	59
八棱海棠	500	8	500	23	100	58

利用硬枝扦插、绿枝扦插和组织培养三种方式测定了不同类型砧木的繁殖能力。结果表明，与八棱海棠相比，试验的7种营养系砧木中，利用硬枝扦插方式仅MM_{106}扦插成活了2株；绿枝扦插试验，仅有M_9没有扦插成活，其他类型的砧木均能扦插成活，但扦插成活率较低，在0.4%～0.8%之间；外植体组培试验，各砧木的外植体成活率较高，普遍在30%以上。

2. 砧木压条繁殖试验

2013年3月中旬，对引进的砧木进行压条繁殖试验。分别在新地及2012年的育苗地进行，每种砧木选取叶片光滑、无病虫害、无分枝的健壮苗木。压条地行距80 cm，株距40 cm，砧木分株高度在10 cm左右时进行第一次培土，培土厚度为5 cm左右，以压埋主枝为目的。分株每长高8～10 cm进行一次培土，培土厚度为3～5 cm，全年培土5次左右，埋土时要把新梢下部的叶片摘掉。秋季落叶后，对压条植株进行起圃，调查不同矮化砧木类型的压条生根能力。

调查结果表明，在新地中压条繁殖时，不同类型的砧木繁殖系数相差不大，均在3～4之间。但是在重茬地压条时，不同砧木类型之间相差较大，其中青砧1号和MM_{106}的压条繁殖系数较大，在2左右，M_9的压条繁殖能力最差，仅为1.63。(附表4，附图1–附图8)

附表4 不同砧木的压条繁殖能力

砧木资源	新地压条繁殖系数		重茬地压条繁殖系数	
	压条数	繁殖株数	压条数	繁殖株数
M_9	1.0	2.8	1.0	1.3
M_{26}	1.0	2.7	1.0	1.2
MM_{106}	1.0	3.7	1.0	1.7
青砧1号	1.0	3.4	1.0	2.4
辽砧2号	1.0	3.8	1.0	1.6
中砧1号	1.0	3.2	1.0	1.1
Mark	1.0	3.2	1.0	1.2
八棱海棠	1.0	3.6	1.0	2.4

附图1 M_9（左）及 M_9T_{337}（右）砧木压条生根情况

附图2 M_{26}砧木压条生根情况

附图3　M_7（左）及 MM_{106}（右）砧木压条生根情况

附图4　CG_{80}（左）和 CG_{23}（右）砧木压条生根情况

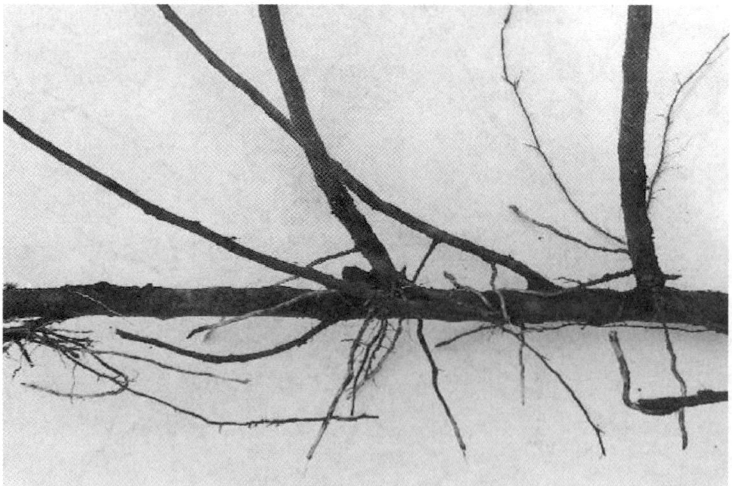

附图5　CG_{10}砧木压条生根情况

附图6　辽砧2号砧木压条生根情况

附图7　B96-1砧木压条生根情况

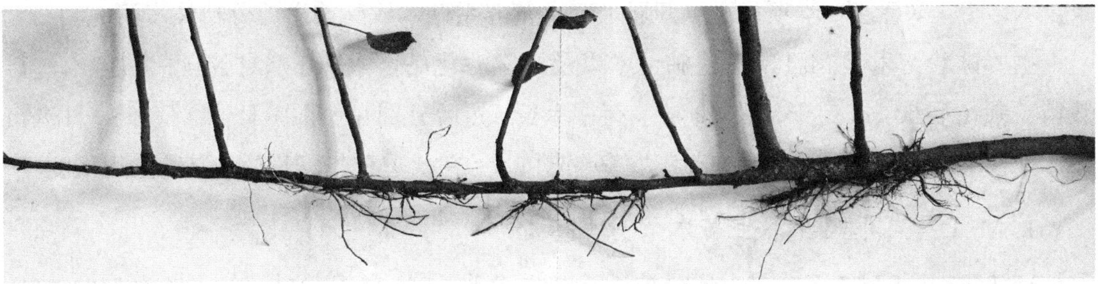

附图8　Mark砧木压条生根情况

矮化砧木压条筛选总结：GM_{256}、CX_3、SH_6、SH_{40}等砧木压条繁殖不易生根；M_9、M_9T_{337}、M_7、CG_{23}砧木压条生根性能良好，繁殖系数较高，是良好的苹果营养系砧木。

3. 不同营养系砧木的嫁接亲和性试验

项目组分别于2013年和2014年对压条繁殖能力强的砧木资源与烟台地区主要推广的苹果品种进行嫁接试验，调查其嫁接成活率和亲和性，引进的不同类型的砧木与烟富3号、烟富6号、红将军、嘎拉、华美5个品种的嫁接亲和性均较高。（附表5）

附表5　不同砧木与5个苹果品种嫁接亲和性调查

	烟富3号	烟富6号	红将军	嘎拉	华美
M_9	72.8%	75.2%	68.6%	81.2%	79.5%
M_9T_{337}	81.5%	80.9%	73.5%	75.8%	78.9%
MM_{106}	79.8%	76.8%	76.3%	73.6%	78.7%
青砧1号	86.1%	87%	78.5%	81.4%	80.7%
辽砧2号	83.4%	76%	81.2%	86%	78.6%
Mark	75.3%	78.3%	74.9%	80.1%	81.1%
八棱海棠	85.2%	81.5%	83.7%	80.9%	84.1%

附录三 不同砧木苗木促分枝试验

苗木具有较为理想的分枝高度、分枝数目、分枝长度和分枝角度，为较早地形成生产所需的树形提供了更多有利的条件。分枝良好的苗木栽植早期易产生结果枝，形成早期产量，同时为整体树形的形成奠定基础。大量实验结果表明，分枝较理想的苗木较无分枝单干苗木在栽植后的几年里能产生显著的较高产量和经济效益。促分枝技术对于优质苹果苗木培育至关重要，本项目重点开展了苹果营养系砧木成品苗木促分枝技术研究。

主要试验苗木是M_9T_{337}自根砧苗木以及海棠乔化砧苗木，分别对各自根砧苗木进行栽植。栽植后60 cm定干，保留第1个芽往上长，然后分别在6月16日、23日和30日进行涂抹抽枝宝促生分枝试验，调查芽萌发率、成枝量，在秋季枝条停长后，测量枝条长度。

1. M_9T_{337}自根砧3年生苗木促分枝试验

M_9T337自根砧3年生苗木促分枝试验结果表明，6月16日涂抹，芽萌发率为91.7%，枝条平均长度10.2 cm；6月23日涂抹，芽萌发率96.1%，枝条平均长度15.5 cm；6月30日涂抹，芽萌发率96.0%，枝条平均长度18.6 cm。（附表6）

附表6　M_9T_{337}自根砧3年生苗木分枝情况

涂抹时间	涂抹芽数量（个）	枝条数量（个）	抽枝长度（cm）					
6月16号	4	4	4.2	5.6	3.8	1.5		
	4	4	42	31	16.4	20.3		
	6	6	10.8	22.3	3.4	2.6	7.5	1.8
	4	4	7.8	5.1	7.2	3.6		
	4	4	17.2	1.0	0.5			
	5	5	7.1	34.6	3.5	1.8	0.6	
	5	5	4.8	3.5	7.1	8.2	5.8	
	4	1	5.2					

（续表）

涂抹时间	涂抹芽数量（个）	枝条数量（个）	抽枝长度（cm）					
6月23号	4	4	32.8	6.3	4.5	23.8		
	4	4	43.3	27.8	6.6	6.2		
	4	4	11.7	10.4	2.4	5.3		
	4	3	7.6	1.6	25.5			
	4	4	2.2	5.8	2.5	26.2		
	6	6	49.9	28.7	32.3	17.6	4.4	3.2
6月30号	4	4	39.4	13.8	9.2	8.6		
	4	4	11.7	15.6	2.4	1.8		
	4	4	24.3	39.5	14.5	28		
	4	4	45.2	19.6	11.8	6.6		
	4	4	31.5	43.2	18.4	5.3		
	5	4	13.9	10.2	4.6	4.2		

2. M_9T_{337}自根砧2年生苗木促分枝试验

M_9T_{337}自根砧2年生苗木促分枝试验结果表明，6月16日涂抹，芽萌发率为75.3%，枝条平均长度4.5 cm；6月23日涂抹，芽萌发率71.0%，枝条平均长度12.8 cm；6月30日涂抹，芽萌发率53.1%，枝条平均长度10.7 cm。（附表7）

附表7　M_9T_{337}自根砧2年生苗木分枝情况

涂抹时间	涂抹芽数量（个）	枝条数量（个）	抽枝长度（cm）				
6月16号	5	3	7.5	3.5	0.5		
	5	4	8.0	2.5	0.5	0.5	
	5	3	4.5	2.5	0.5		
	4	3	8.2	7.0	3.0		
	7	5	19	2.5	8.5	8	0.5
	6	4	5.5	7.0	1.2	0.9	
	4	4	3.5	3.0	1.2	0.8	
	5	4	20.5	7.0	1.5	1.2	

（续表）

涂抹时间	涂抹芽数量（个）	枝条数量（个）	抽枝长度（cm）				
6月16号	8	5	4.0	4.5	2.5	2.0	1.4
	5	5	4.0	14.0	0.5		
	5	3	0.5	0.5	0.5		
	5	4	2.0	2.5	8.0	9.5	
	4	3	8.0	3.7	5.5		
	4	2	3.2	2.5			
	5	5	7.5	0.5	0.5	0.5	
	4	4	12.0	11.0	5.5	3.2	
6月23号	4	4	9.8	10.5	5.6	4.2	
	4	1	9.4				
	4	2	36.2	8			
	4	4	14.5	6.5	14	8.9	
	4	4	11	5.6	7.0	0.8	
	4	3	47.5	23.5	9.6		
	3	2	15.0	13.8			
	4	2	10.0	11.2			
6月30号	2	0					
	2	1					
	4	3	12.0	11.5	6.2		
	4	3	15.0	9.6	9.0		
	4	2	17.5	8.4			
	4	3	12.3	16	3.6		
	4	1	6.4				
	4	3	17.2	10.2	10.2		
	4	1	5.5				

3. 涂抹抽枝宝促生分枝试验总结

不同砧木类型自根砧苗木涂抹抽枝宝试验结果表明，3年生M_9T_{337}自根砧苗木，

6月30日涂抹，平均长度18.6 cm；2年生 M_9T337 自根砧苗木，6月23日涂抹抽枝宝，可抽生2.8个分枝，平均长度12.8 cm。（附表8）

附表8　不同砧木类型自根砧苗木涂抹抽枝宝分枝情况

	6月16日		6月23日		6月30日	
	二次枝数量（个）	平均长度（cm）	二次枝数量（个）	平均长度（cm）	二次枝数量（个）	平均长度（cm）
M_9T_{337} 3年生苗	4.1	10.2	4.2	15.5	4.0	18.6
M_9T_{337} 2年生苗	3.8	4.5	2.8	12.8	2.1	10.7

4. 摘心处理对不同砧木苗木二次枝的影响

项目组于6月16日对八棱海棠实生2年生苗木和 M_9T_{337} 自根砧3年生苗木抽生的主枝进行摘心，优系砧木苗木平均抽生2个二次枝，平均长度55.6 cm；M_9T_{337} 3年生苗平均抽生1.6个二次枝，平均长度28.0 cm。（附表9）

附表9　摘心处理后不同砧木苗木二次枝数量及长势

	二次枝数量（个）	平均长度（cm）	二次枝数量（个）	平均长度（cm）	二次枝数量（个）	平均长度（cm）
海棠实生砧苗	4.2	34.3	3.4	30.0	4.0	20.1
M_9T_{337} 3年生苗	4.1	10.2	4.2	15.5	4.0	18.6

5. 综合处理措施对自根砧苗木分枝效果的影响

根据本项目研究结果，移栽矮化自根砧成品苗，在定植当年长势较弱，定干后保留顶芽，长出的枝条上不易抽生出二次枝，抽生的二次枝多为1～2个，且分枝短，多为无效二次枝；海棠优系自根砧苗移栽当年，定干后保留顶芽单轴生长，二次枝也不理想。

作圃苗或容器苗，在保持根系稳定的情况下，配合涂抹抽枝宝及摘心处理能培养出适宜的二次枝。试验结果表明，海棠实生砧能抽生10～16个二次枝，平均12.7个，平均长度50.9 cm；而在没有涂抹抽枝宝和摘心的自然处理条件下，抽生二次枝的数量少9～14个，平均为11个，抽生的二次枝较长，平均为53.0 cm。M_9T_{337} 自根砧苗木，配合涂抹抽枝宝及摘心处理情况下，平均能抽生9.0个二次枝，平均长度21.7 cm；在没有涂抹抽枝宝和摘心的自然处理条件下，平均抽生8.5个二次枝，平均长度为19.2 cm。（附表10–附表13，附图9、附图10）

附表10 海棠实生砧（涂抹抽枝宝＋摘心）二次枝数量及长势情况

枝数	1	2	3	4	5	6	7	8	9	10	11	12	13	14	15	16
13	97.0	94.0	90.0	89.0	81.0	76.0	75.0	67.0	63.0	47.0	46.0	44.0	6.0			
11	75.0	63.0	59.0	55.0	42.0	40.5	25.0	18.0	6.0	3.0	1.5					
12	52.5	49.0	42.0	38.5	38.0	36.0	28.0	25.0	22.0	17.7	6.3	5.5				
13	104.5	104.0	97.0	91.5	83.0	80.0	77.0	70.0	68.5	65.0	49.0	20.5	17.0			
12	72.0	70.5	68.0	67.0	64.0	64.0	63.0	59.0	47.0	22.0	4.0	0.5				
11	96.0	90.0	89.0	83.5	83.0	60.0	59.0	53.0	52.0	4.2	2.3					
16	78.5	78.0	71.0	68.0	61.0	60.5	60.0	57.0	54.5	45.0	41.0	24.5	24.0	22.5	6.4	2.0
10	70.5	68.0	61.0	57.0	55.0	46.5	40.5	34.0	17.0	2.0						
15	80.5	80.0	70.0	68.0	67.0	67.0	58.0	54.0	53.0	51.5	38.7	35.0	24.5	15.0	10.0	
14	103.0	98.5	98.0	86.5	82.0	49.0	38.5	35.5	33.5	26.0	6.0	4.5	4.0	0.5		

附表11　海棠实生砧自然情况下二次枝数量及长势情况

枝数	1	2	3	4	5	6	7	8	9	10	11	12	13	14
10	89.0	88.5	73.0	68.5	66.0	58.0	53.0	46.5	36.5	34.5				
11	72.0	68.0	55.0	54.0	51.0	49.0	42.5	36.0	3.5	3.0	2.2			
11	93.5	91.0	84.5	75.5	73.0	72.5	69.5	40.0	37.0	13.0	3.3			
14	103.0	79.0	78.0	69.5	68.0	65.5	58.0	57.5	57.5	51.5	42.5	13.5	7.7	1.5
9	70.5	69.0	64.5	63.5	63.5	58.5	32.5	23.6	15.8					

附图9　八棱海棠实生砧苗木二次枝培养情况

附表12　M_9T_{337}自根砧（涂抹抽枝宝＋摘心）二次枝数量及长势情况

枝数	1	2	3	4	5	6	7	8	9	10	11	12
8	68.0	56.0	36.5	34.0	14.5	12.5	4.5	3.0				
9	45.0	36.0	24.0	11.0	2.5	1.5	1.0	0.5	0.5			
12	67.0	53.0	37.5	14.5	8.5	8.5	8.0	6.0	5.5	4.5	0.5	0.5
7	53.0	52.5	45.5	36.0	27.0	2.0	1.2					

附表13　M_9T_{337}自根砧自然情况下二次枝数量及长势情况

枝数	1	2	3	4	5	6	7	8	9
9	53.5	42.0	24.0	12.5	12.0	1.3	1.2	1.0	0.5
8	52.0	43.0	34.0	27.0	15.5	4.0	2.5	0.5	

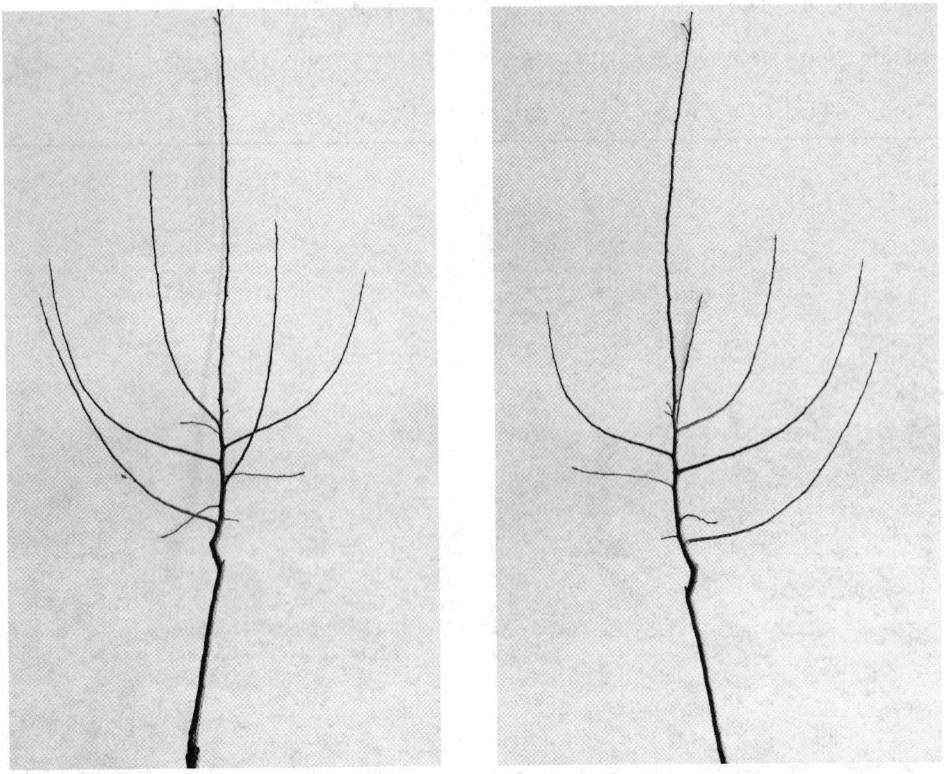

附图10　M_9T_{337}自根砧3年生苗木二次枝植株

6.研究结论

不同砧木类型苗木的二次枝培养试验结果表明，海棠实生砧成品苗木抽生的二次枝数量最多，枝条程度也较为适宜，以6月16日涂抹抽枝宝效果最佳；3年生M_9T_{337}自根砧苗木，6月30日涂抹，可抽生4个二次枝，平均长度18.6 cm；2年生M_9T_{337}自根砧苗木，6月23日涂抹抽枝宝，可抽生2.8个分枝，平均长度12.8 cm。对八棱海棠实生砧2年生苗木和M_9T_{337}自根砧3年生苗木抽生的主枝进行摘心，优系砧木苗木平均抽2个二次枝，平均长度55.6 cm；M_9T_{337} 3年生苗平均抽1.6个二次枝，平均长度28.0 cm。作圃苗或容器苗，在保持根系稳定的情况下，配合涂抹抽枝宝及摘心处理能培养出适宜的二次枝。海棠实生砧能抽生10～16个二次枝，平均12.7个，平均长度50.9 cm。M_9T_{337}自根砧苗木，配合涂抹抽枝宝及摘心处理情况下，平均能抽生9.0个二次枝，平均长度21.7 cm。

附录四　矮生无融合生殖砧木种质创新

根据苹果无融合生殖矮化砧木有性杂交技术体系确定的原则，选择山东省特有的优良砧木资源平邑甜茶为母本，选择矮化性状明显、遗传能力强，具有标记性状的B_9、M_9、ZA76和舞美为父本，利用平邑甜茶的兼性无融合生殖特点，通过有性杂交将矮化性状引入无融合生殖砧木资源，从中选择综合性状好的砧木优系直接应用于生产性能鉴定，选择具有特异性状的株系作为育种中间材料；利用M_9与舞美杂交，将M_9的矮化性状与舞美的幼叶红色、柱型生长两个标记性状结合在一起，作为下一阶段育种工作的父本材料，提高育种效率。

矮生无融合生殖种质的评价利用，抗性无融合生殖砧木种质创新将初选出的无融合生殖砧木品系嫁接富士、嘎拉、乔纳金等主栽品种，评价其矮化效果和生产性能。

在选出矮生无融合生殖砧木株系的基础上，将抗性基因引入育种材料，选育抗旱性强、水分利用效率高的苹果无融合生殖矮化砧木品系。从前期工作中选出的矮生、童期短、无融合生殖率适宜等特异性状优良的株系作母本，与抗性资源宁8、罗6、罗2、SH_{40}杂交，利用无融合生殖材料可以将外源性状遗传给后代，而且性状不发生分离的特点，将抗性、矮生、无融合生殖性状整合在一起，选育矮生、节水、符合生产要求的无融合生殖砧木品系。

杂交后代优系PCO2000无融合生殖率大于98%，实生繁殖的苗木整齐一致。99PMA117、99PMA109和99PMA108三个品系，均表现出矮生和节间短等特性，其中99PMA117和99PMA109的无融合生殖率分别为94.44%和78.50%，99PMA117和99PMA109的实生后代表现矮生，生长整齐一致。

在种质创新获得矮生无融合生殖种质资源的同时，还获得了部分具有特殊性状的种质资源，可以用作育种的中间材料。

利用平邑甜茶矮生突变体A_1与短童期资源ZH_{10}和ZH_2（从西府海棠中实生选出，童期2年）杂交，得到04A1ZH-1和04A1ZH-2两个品系，具有植株矮生、童期短（2年）的特性，用作杂交母本，可以显著缩短育种年限。

连续4年的调查结果表明，平邑甜茶及其杂种后代的无融合生殖率受气候等因素的影响，不同年份表现略有不同。除PCO2000外，几个杂交单系的无融合生殖率基本上都低于平邑甜茶。不同父本对杂种后代的无融合生殖能力影响不同。杂种后代的无融合生殖率在75.9%~98.1%之间，表明平邑甜茶的无融合生殖能力是显性遗传，可以通过杂交遗传给杂种后代。PCO2000无融合生殖率高，3年的结果都高于母本平邑甜茶的无融合生殖能力，实生繁殖可以得到矮生、粗壮和整齐一致的苗木，使PCO2000有希望成为优良的无融合生殖矮化砧木。（附表14）

附表14　杂种单系的无融合生殖率

年份	无融合生殖坐果能力（%）							
	PYTC	99PMA108	99PMA109	99PMA117	99PCO211	99PCO212	99PCO306	PCO2000
2004	92.9 ± 5.5	92.1 ± 6.5	83.3 ± 5.9	93.1 ± 6.1	90.6 ± 5.1	81.2 ± 6.6	83.2 ± 5.5	98.1 ± 5.0
2005	93.6 ± 3.9	90.5 ± 5.1	82.1 ± 7.2	91.1 ± 3.9	89.5 ± 5.2	83.3 ± 6.9	85.6 ± 5.0	97.0 ± 2.2
2006	90.5 ± 5.2	88.1 ± 6.2	80.9 ± 6.9	91.3 ± 5.6	90.2 ± 5.0	81.9 ± 5.9	87.5 ± 3.2	97.8 ± 3.1
2007	94.4 ± 5.9	89.2 ± 5.2	80.7 ± 6.1	89.37 ± 2.2	81.8 ± 5.6	74.9 ± 3.2	87.3 ± 2.8	92.5 ± 5.1

注：表内数值为平均值 ± 标准差，下同。

附表15的结果表明，除99PCO212外，99PMA108等砧木品系1年生实生苗的株高、节间长度都明显小于平邑甜茶，粗度差异不明显。说明父本矮化基因的引入不仅影响杂交砧木品系母树的高度，而且这种影响可以通过无融合生殖机制遗传给实生后代，为通过杂交选育无融合生殖实生矮化砧木奠定了遗传基础。（附表15）

附表15　苹果砧木一年生实生苗生长状况（2006年）

砧木	株高 (cm)	干径 (cm)	节间长度 (cm)	尖削度	分枝数
PYTC	51.80 ± 16.31	0.66 ± 0.15	1.70 ± 0.24	0.93 ± 0.10	1
99PMA108	27.88 ± 19.07	0.50 ± 0.16	1.11 ± 0.35	1.24 ± 0.35	1
99PMA109	41.54 ± 21.05	0.66 ± 0.15	1.17 ± 0.25	1.15 ± 0.26	2.5
99PMA117	27.65 ± 13.40	0.60 ± 0.18	0.99 ± 0.16	1.26 ± 0.60	2
99PCO211	35.84 ± 23.01	0.53 ± 0.18	1.63 ± 0.31	0.95 ± 0.22	
99PCO212	48.73 ± 23.13	0.57 ± 0.19	1.70 ± 0.39	0.80 ± 0.19	3
99PB306	36.14 ± 8.19	0.53 ± 0.15	1.13 ± 0.18	0.98 ± 0.20	
99PB307	39.92 ± 16.04	0.57 ± 0.19	1.50 ± 0.21	0.95 ± 0.11	
PCO2000	30.95 ± 12.36	0.67 ± 0.16	1.23 ± 0.27	1.09 ± 0.26	1

青砧一号与嘎拉、烟富3号、烟富6号、乔纳金等主栽品种嫁接亲和性好，嫁接成活率在95%以上（附表16）。

附表16 青砧一号夏季芽接育苗表现(2007年)

砧穗组合	嫁接成活率(%)	嫁接当年苗木高度(cm)	嫁接当年苗木粗度(cm)
嘎拉/QZ_1	98.2 ± 5.5	161.9 ± 37.9	0.92 ± 0.24
烟富6/QZ_1	97.5 ± 2.2	154.5 ± 22.0	0.82 ± 0.16
烟富3/QZ_1	98.0 ± 3.2	158.9 ± 31.6	0.84 ± 0.19
嘎拉/平邑甜茶	96.9 ± 2.5	182.0 ± 25.7	1.08 ± 0.22
烟富6/平邑甜茶	98.1 ± 6.0	130.1 ± 23.6	0.74 ± 0.16
烟富3/平邑甜茶	97.8 ± 3.5	150.6 ± 29.0	0.79 ± 0.15

1996年，用射线诱变层积处理后的平邑甜茶种子4 kg，辐射强度分别为3 000 R、5 000 R和7 000 R，重量各1 kg，对照1 kg。由附表17知，辐射强度对种子的发芽率、成苗率、1年生苗木平均高度和苗木长势影响较大，而对苗木与品种的嫁接亲和性影响不大。随着辐射强度的加大，发芽率、成苗率明显变小；苗木平均高度降低，树势变弱。根据1996年诱变处理种子的发芽率、成苗率以及苗木性状变化等情况，1997年诱变种子2 kg，辐射强度5 000 R。1996年获得辐射处理植株35 718株，1997年获得22 106株。辐射诱变当年淘汰其中的劣变株，选择其中具有矮生性状的突变体(如节间短和叶片浓绿等)单株，进行高接保存，促进早果。翌年春发芽前，对所有苗木进行平茬，促进基部隐芽萌发，以利于发现更多的变异植株。累计获得矮生突变体7个(附表18)。

附表17 γ射线辐射对平邑甜茶种子萌发和苗木生长的影响(1996)

剂量(R)	种子发芽率(%)	成苗率(%)	一年生苗高(cm)	苗木长势	嫁接成活率(%)
7 000	15.6	20.5	15.2	弱	95.1
5 000	51.2	60.2	30.5	稍弱	96.2
3 000	89.0	75.2	50.6	正常	95.8
0	91.5	80.8	52.1	正常	95.6

附表18 平邑甜茶矮生突变体的植物学特征(1年生)

品系	诱变年份	辐射剂量(R)	株型	一年生枝颜色	节间	叶形	叶色	叶面状态
A_1	1996	5 000	矮生	黄绿	短	长椭圆	暗绿	皱
A_1d	1996	5 000	矮生	黄绿	短	长椭圆	暗绿	皱

（续表）

品系	诱变年份	辐射剂量(R)	株型	一年生枝颜色	节间	叶形	叶色	叶面状态
B_1	1996	7 000	矮生	黄褐	短	长椭圆	暗绿	皱
B_2	1996	7 000	矮生	黄褐	短	长椭圆	暗绿	皱
C_1	1997	5 000	半矮生	褐	长	卵圆	绿	平展
C_2	1997	5 000	矮生	黄褐	短	长椭圆	暗绿	皱
C_3	1997	5 000	半矮生	褐	稍短	椭圆	绿	平展

2000年，部分矮化单系开始开花结果，春季评价其无融合生殖率，秋季选择无融合生殖率高的单系采收种子，评价种子的饱满度、千粒重、层积时间和发芽率等指标。第二年春天播种，观察其苗木整齐度、成苗率高低和抗逆性强弱等，夏季选择富士、嘎拉和乔纳金等品种进行嫁接亲和性试验，同时为砧木比较试验准备苗木。

无融合生殖能力是选育无融合生殖矮化砧木的关键指标，辐射诱变得到的矮生株系是否保持野生型的无融合生殖能力，是能否达到育种目标的关键。矮生株系通过高接等技术手段促进结果后，对其进行了连续4年的无融合生殖能力鉴定。结果表明，不同年份同一材料的无融合生殖率表现不一致，与野生型平邑甜茶相比，几个突变体的无融合生殖率都明显降低，降低的幅度为10%～20%。其中，A_1与平邑甜茶最接近，C_1下降最明显，B_1、C_2介于二者之间。突变体虽然保留了无融合生殖的能力，但是无融合生殖能力降低，说明辐射对无融合生殖机制有一定影响。由于本研究的工作目标是选育矮化突变体，因此鉴定的这几个突变体均为矮生突变体，其余突变体由于不具备矮生特征或综合性状不好，没有保留植株，其中可能有无融合生殖能力没有变化或变化更大，甚至失去无融合生殖能力的突变体。（附表19）

附表19　平邑甜茶辐射诱变突变体的无融合生殖坐果力

年份	WT	A_1	B_1	C_1	C_2
2004	92.9 ± 5.5	88.9 ± 6.3	81.2 ± 6.9	70.2 ± 7.3	86.6 ± 5.9
2005	93.6 ± 3.9	95.0 ± 6.8	80.5 ± 6.4	72.3 ± 6.5	83.6 ± 6.1
2006	90.5 ± 5.2	91.2 ± 5.3	83.5 ± 6.6	72.0 ± 7.0	85.3 ± 5.8
2007	94.4 ± 5.8	82.9 ± 6.6	87.0 ± 3.1	73.2 ± 5.6	92.5 ± 2.9

几个辐射无融合生殖砧木品系嫁接嘎拉、富士等主栽品种的亲和性性好，嫁接成活率在90% 以上。（附表20）

附表20 无融合生殖砧木品系夏季嫁接育苗表现(2007)

品种	砧木	成活率(%)	高度(cm)	粗度(cm)
嘎拉	A_1d	95.2 ± 3.9	159.6 ± 27.8	0.99 ± 0.27
烟富3号		93.3 ± 3.2	153.6 ± 44.4	1.03 ± 0.23
烟富6号		96.0 ± 5.2	143.5 ± 28.9	0.89 ± 0.20
嘎拉	B_1	92.8 ± 5.5	161.2 ± 26.6	1.00 ± 0.22
烟富3号		91.9 ± 2.6	157.4 ± 28.3	0.92 ± 0.20
烟富6号		96.1 ± 3.5	134.3 ± 26.7	0.77 ± 0.19
嘎拉	C_2	96.3 ± 1.6	158.7 ± 30.4	0.92 ± 0.29
烟富3号		97.2 ± 2.2	148.6 ± 24.9	0.81 ± 0.15
烟富6号		90.1 ± 8.2	129.7 ± 29.2	0.77 ± 0.20
嘎拉	C_3	97.2 ± 5.2	159.1 ± 37.6	1.03 ± 0.30
烟富3号		93.8 ± 4.6	142.1 ± 27.9	0.87 ± 0.18
烟富6号		95.5 ± 6.1	148.8 ± 31.7	0.83 ± 0.21
嘎拉	平邑甜茶	96.9 ± 2.5	182.0 ± 25.7	1.08 ± 0.22
烟富3号		97.8 ± 3.5	150.6 ± 29.0	0.79 ± 0.15
烟富6号		98.1 ± 6.0	130.1 ± 23.6	0.74 ± 0.16

2004年定植砧木比较园。选择A_1、A_1d、B_1、B_2和C_3等具有无融生殖能力的矮生砧木品系为基砧，直接嫁接烟富3号、烟富6号、嘎拉和乔纳金等品种，以M_{26}中间砧/平邑甜茶基砧为矮化对照，M_7中间砧/平邑甜茶基砧为半矮化对照，平邑甜茶基砧为乔化对照。

附表21的结果表明，4个无融合生殖砧木品系对接穗品种嘎拉的1年生枝生长产生了不同程度的影响。连续3年的结果表明，与M_{26}、Mark中间砧相比，平邑甜茶及4个砧木新品系都增加了枝条的分枝角度，而且随着树龄的增长，每种砧木的开张角度都呈逐年增加的趋势。总体而言，嘎拉嫁接在4个砧木新品系基砧上，1年生枝长度、粗度、节间长度等指标小于平邑甜茶基砧，大于M_{26}中间砧，与Mark中间砧相当或略大。(附表21)

附表21　不同砧木品系对"嘎拉"一年生枝生长的影响(2006–2008)

砧木	年份	分枝角度(度)	一年生枝长度(cm)	粗度(cm)	节间长度(cm)
平邑甜茶	2006	60.47 ± 7.64	132.69 ± 11.13	1.41 ± 0.19	2.61 ± 0.22
	2007	70.63 ± 2.87	131.60 ± 2.66	1.10 ± 0.05	2.60 ± 0.06
	2008	83.19 ± 3.90	102.33 ± 10.91	0.95 ± 0.01	2.63 ± 0.14
C_3	2006	66.00 ± 18.11	107.85 ± 28.03	1.17 ± 0.31	2.53 ± 0.52
	2007	67.00 ± 6.36	122.11 ± 10.19	1.03 ± 0.08	2.51 ± 0.13
	2008	82.75 ± 4.99	82.02 ± 10.13	0.82 ± 0.06	2.45 ± 0.09
B_2	2006	57.37 ± 12.13	112.67 ± 10.65	1.27 ± 0.14	2.28 ± 0.25
	2007	61.76 ± 5.67	120.11 ± 1.86	1.06 ± 0.04	2.60 ± 0.14
	2008	81.96 ± 2.95	83.06 ± 9.73	0.85 ± 0.03	2.55 ± 0.05
B_1	2006	50.23 ± 8.98	96.47 ± 9.43	1.17 ± 0.14	2.25 ± 0.12
	2007	57.83 ± 8.61	117.86 ± 7.91	1.06 ± 0.06	2.51 ± 0.17
	2008	87.05 ± 3.93	81.97 ± 7.64	0.80 ± 0.06	2.51 ± 0.03
A_1	2006	61.97 ± 10.68	111.83 ± 11.97	1.30 ± 0.15	2.35 ± 0.30
	2007	66.84 ± 2.38	115.92 ± 6.14	1.06 ± 0.03	2.48 ± 0.09
	2008	87.48 ± 3.99	88.44 ± 6.22	0.85 ± 0.08	2.61 ± 0.01
Mark/PYTC	2006	45.28 ± 8.65	111.47 ± 24.76	1.17 ± 0.27	2.32 ± 0.12
	2007	58.57 ± 6.07	99.62 ± 16.70	0.91 ± 0.14	2.33 ± 0.11
	2008	74.57 ± 1.95	77.60 ± 10.40	0.81 ± 0.08	2.46 ± 0.11
M_{26}/PYTC	2006	53.61 ± 12.13	86.28 ± 13.08	0.86 ± 0.11	2.23 ± 0.18
	2007	59.78 ± 4.15	65.62 ± 12.72	0.74 ± 0.16	2.32 ± 0.21
	2008	73.61 ± 0.39	24.66 ± 7.37	0.49 ± 0.11	2.25 ± 0.06

4个无融合生殖砧木品系对接穗嘎拉的枝条生长产生了影响，增加了枝条的分枝角度，这有利于缓和树势，及早成花，促进营养生长向生殖生长转化；而且，1年生枝条生长量及节间长度的减少都有利于形成较小的树冠，达到控制生长的目的。嘎拉/A_1嫁接组合定植后第4年，自然生长不加任何拉枝措施的分枝调度为87.48°，接近于平长，非常有利于缓和树势，减少了拉枝、刻芽等工作量。

砧木新品系对接穗嘎拉枝条数量及枝条构成的影响：由表22知，与平邑甜茶相比，

4个砧木新品系都显著减少了枝条总量、>50 cm的营养枝和30～50 cm长枝的比例，增加了30 cm以下中长枝及短枝的数量，这些都有利于减少树体营养消耗，减少冬季修剪和夏季修剪的工作量。说明4个砧木品系有一定控制枝条生长的能力，与Mark相当，不及M_{26}的控制效果。（附表22）

附表22　不同砧木品系对一年生枝枝条数量、枝类构成的影响（2007-2008）

砧木	年份	枝条数量	>50 cm（%）	30～50 cm（%）	30～15 cm（%）	15～5 cm（%）
PYTC	2007	99.3 ± 12.3	48.7 ± 2.9	7.3 ± 3.5	10.4 ± 4.3	7.6 ± 1.0
	2008	263.3 ± 18.8	37.9 ± 11.5	8.9 ± 2.9	18.9 ± 2.2	34.3 ± 11.2
C_3	2007	100.0 ± 11.4	46.0 ± 9.0	8.7 ± 2.0	12.5 ± 6.8	5.8 ± 2.1
	2008	145.7 ± 17.6	30.6 ± 6.9	16.4 ± 5.3	26.5 ± 2.5	26.4 ± 6.9
B_2	2007	100.3 ± 6.5	44.4 ± 3.9	6.2 ± 1.7	6.0 ± 1.2	8.4 ± 3.1
	2008	147.0 ± 30.0	35.3 ± 6.6	14.1 ± 1.4	21.8 ± 2.2	28.8 ± 3.3
B_1	2007	83.7 ± 9.0	53.4 ± 3.5	3.4 ± 2.7	5.9 ± 4.0	7.6 ± 2.1
	2008	141.7 ± 11.0	31.1 ± 8.3	18.1 ± 4.6	26.9 ± 4.7	23.9 ± 7.4
A_1	2007	92.7 ± 4.6	54.3 ± 1.1	6.1 ± 1.4	7.6 ± 2.1	7.8 ± 2.0
	2008	148.7 ± 14.8	32.2 ± 8.3	17.1 ± 2.0	28.0 ± 3.7	22.7 ± 7.5
Mark/PYTC	2007	58.7 ± 2.5	67.6 ± 0.4	1.7 ± 1.6	4.7 ± 5.5	6.3 ± 3.5
	2008	131.3 ± 23.9	33.7 ± 0.9	19.6 ± 1.1	20.5 ± 1.4	26.3 ± 1.3
M_{26}/PYTC	2007	47.4 ± 5.1	29.7 ± 15.5	10.4 ± 7.0	15.4 ± 8.5	15.6 ± 4.2
	2008	39.8 ± 7.5	0.5 ± 1.1	2.9 ± 2.1	54.9 ± 8.4	41.6 ± 9.5

砧木新品系对接穗嘎拉树体生长及成花的影响：嫁接在4种砧木新品系上的嘎拉，树体大小介于平邑甜茶基砧与M_{26}、Mark中间砧之间，略小于平邑甜茶基砧，略大于Mark中间砧。单位树干截面积花序数表明，A_1、B_1的成花能力高于平邑甜茶和Mark，低于M_{26}。（附表23）

附表23　不同砧木品系对树体生长与成花的影响（2006-07）

砧木	年份	株高（m）	树干横断面（cm^2）	冠径（cm）	单位截面积花序
平邑甜茶PYTC	2006	2.49 ± 0.16	5.39 ± 0.90	139.0 ± 33.8/149.3 ± 29.7	
	2007	3.63 ± 0.15	15.60 ± 0.80	190.0 ± 0/195.0 ± 5.0	4.04 ± 0.20
	2008	4.61 ± 0.30	36.01 ± 0.18	337.1 ± 30.3/308.6 ± 54.7	8.82 ± 0.31

（续表）

砧木	年份	株高（m）	树干横断面（cm^2）	冠径（cm）	单位截面积花序
C_3	2006	2.28 ± 0.48	4.99 ± 1.01	107.8 ± 38.7/120.0 ± 37.5	
	2007	3.45 ± 0.13	17.78 ± 1.67	195.0 ± 13.2/193.3 ± 32.1	5.59 ± 0.23
	2008	4.18 ± 0.25	33.48 ± 0.23	282.5 ± 24.5/230.8 ± 23.6	8.10 ± 0.33
B_2	2006	2.21 ± 0.10	6.42 ± 0.48	101.3 ± 19.5/122.2 ± 35.6	
	2007	3.45 ± 0.18	22.61 ± 5.14	180.0 ± 22.9/151.7 ± 2.9	5.12 ± 0.18
	2008	4.31 ± 0.19	37.83 ± 0.49	285.0 ± 31.7/259.5 ± 26.0	9.83 ± 0.35
B_1	2006	2.18 ± 0.12	5.02 ± 0.60	113.9 ± 39.2/105.0 ± 30.9	
	2007	3.28 ± 0.08	21.30 ± 5.10	176.7 ± 2.9/165 ± 13.2	4.70 ± 0.19
	2008	4.17 ± 0.21	30.64 ± 0.17	165.0 ± 29.7/251.2 ± 28.5	11.00 ± 0.22
A_1	2006	2.08 ± 0.16	6.33 ± 0.78	114.3 ± 34.8/126.8 ± 38.0	
	2007	3.27 ± 0.06	16.64 ± 0.83	190.0 ± 5.0/166.7 ± 5.8	7.25 ± 0.25
	2008	4.13 ± 0.31	30.5 ± 0.074	283.5 ± 14.5/254.5 ± 23.9	10.83 ± 0.12
Mark/PYTC	2006	2.24 ± 0.25	6.74 ± 0.24	84.8 ± 18.3/85.8 ± 15.7	
	2007	2.98 ± 0.23	20.62 ± 3.09	146.7 ± 12.6/143.3 ± 20.2	1.67 ± 0.10
	2008	3.66 ± 0.15	25.22 ± 0.19	215.0 ± 14.1/204.0 ± 29.7	6.80 ± 0.26
M_{26}/PYTC	2006	1.88 ± 0.22	6.51 ± 0.92	71.3 ± 20.1/86.0 ± 30.6	
	2007	2.31 ± 0.13	13.35 ± 3.23	124.0 ± 30.3/115.0 ± 26.9	7.68 ± 0.31
	2008	2.41 ± 0.20	20.82 ± 0.14	124.0 ± 36.5/142.0 ± 24.9	22.40 ± 0.45

小结：连续4年的试验结果表明，无融合生殖砧木新品系 A_1、B_1、B_2、C_3 有一定的控制接穗品种嘎拉树体生长、促进成花的能力。通过增大分枝角度、减少枝条生长、改变枝类构成，影响了树冠大小、成花数量等指标。

我国的两个苹果优势产区之一环渤海湾产区春季干旱少雨，而且大多数苹果都栽培在没有灌溉条件、土壤瘠薄的丘陵坡地。由于根系浅、适应性差等原因，M 系等无性系砧木在这一地区一直没有发展起来，果农认为矮化中间砧树体太小，长不起来，容易长成“小老树”，所以矮化苹果在这一地区发展缓慢。A_1、B_1、B_2、C_3 几种无融合生殖砧木新品系，有一定的控制生长和促进成花能力，而且根系深，适应性强，繁殖容易，整齐度高，是这一地区有希望的苹果砧木新类型。

参考文献

[1] 刘凤之，王昆，曹玉芬，等．我国苹果种质资源研究现状与展望［J］．果树学报，2006，23（06）：865-870.

[2] 任庆棉．我国苹果矮化砧木选育工作进展与发展前景［J］．北方园艺，1993（01）：18-21.

[3] 杨进．中国苹果砧木资源［M］．济南：山东科学技术出版社，1990.

[4] 韩振海，王忆，张新忠，等．苹果砧木新品种中砧1号［J］．农业生物技术学报，2013，21（07）：879-882.

[5] 杨廷桢，高敬东，王骞，等．早果、矮化、抗逆苹果砧木Y系的选育研究［J］．中国农学通报，2016，32（22）：68-75.

[6] 李粤渤，张冰冰，宋宏伟，等．苹果抗寒矮化砧木新品种“ZM-2000”的选育［J］．中国果树，2016（03）：55-56.

[7] 林凤起．苹果矮化砧GM—256经济性状的研究［J］．北方园艺，1993（02）：5-8.

[8] 张冰冰，李粤渤，宋洪伟，等．苹果抗寒矮化砧木新品种GM_{310}的选育［J］．中国果树，2011（06）：4-5，81.

[9] 李恩生，荣志祥，李喜森，等．苹果矮化砧木优系77—33、77—34选育初报［J］．北方果树，1990（03）：24-25，27

[10] 刘志，李喜森，伊凯，等．苹果矮化砧木“辽砧2号”选育［J］．果树学报，2004（05）：501-502，505.

[11] 王骞，杨廷桢，高敬东，等．山西省苹果砧木种质资源研究利用进展［J］．果树资源学报，2021，2（06）：1-5.

[12] 沙广利，郝玉金，宫象晖，等．苹果无融合生殖砧木“青砧1号”［J］．园艺学报，2013，40（07）：1407-1408.

[13] 樊秀芳，刘旭峰，张建堂，等．SX系列矮化砧对苹果生长结果的影响［J］．果树学报，2004（05）：399-401.

[14] 闫淑芝，孟素琴，董绍珍，等．苹果抗病矮化砧木U_8的选育［J］．中国果树，

1999（02）：11–12.

［15］李国萍，凌一章，宋梅，等．苹果 KM 矮化砧的选育［J］．中国果树，2004（04）：5–7.

［16］李丙智，张林森，韩明玉，等．世界苹果矮化砧木应用现状［J］．果农之友，2007（07）：4–6.

［17］吴梅君，刘会云，姜林，等．苹果 CG 系矮化砧木比较试验［J］．中国果树，2000（04）：5–8.

［18］周润生．CG 系和 P 系苹果矮化砧木在波兰的表现［J］．落叶果树，2011，43（01）：59–61

［19］姜林．苹果新矮化砧木：马克（Mark）［J］．北京农业，2000（08）：16.

［20］杜志辉．日本新育成的苹果矮化砧木［J］．中国果树，1998（03）：56–57.

［21］杨廷桢，田建保，高敬东，等．新型苹果矮化砧木：SH_1 的选育［J］．果树学报，2012，29（02）：308–309.

［22］杨锋，刘志，伊凯，等．苹果无融合生殖半矮化砧木“辽砧 106”的选育［J］．果树学报，2017，34（03）：379–382.

［23］赵德英，程存刚，宣景宏，等．辽宁省苹果矮化砧木利用现状及发展建议［J］．北方果树，2013（04）：54–55.

［24］孟庆炎，王晓红，塔娜，等．苹果属矮生抗寒种质：扎矮山荆子［J］．中国果树，1997（03）：13–14.

［25］沙广利．无融合生殖苹果砧木新类型：青砧 1、2 号［J］．烟台果树，2015（04）：21–22

［26］姜林，张翠玲，邵永春，等．苹果半矮化砧木新品种“青矮 3 号”［J］．园艺学报，2012，39（06）：1201–1202.

［27］邱文明，何秀娟，徐育海．矮化型湖北海棠种质资源评价与鉴定［J］．中国南方果树，2014，43（04）：104–106.

［28］杨梦悦．农杆菌介导三价融合基因（Rirol）转化八棱海棠的研究［D］．南京农业大学，2006.

［29］王三红，杨梦悦，顾敏，等．农杆菌介导三价融合基因 Rirol 转化八棱海棠的研究［J］．果树学报，2007（06）：731–736.

［30］丛郁，渠慎春，乔玉山，等．超声波直接转导外源基因转化八棱海棠的技术研究［J］．南京农业大学学报，2007（03）：42–46.

［31］姜志昂，孙建设，彭建营，等．苹果砧木 SH_{40} MdNCED1 基因克隆与表达分析［J］.

植物遗传资源学报，2014，15（01）：153–159.

［32］李永红．农杆菌介导 MdNHX1 基因转化苹果砧木 M_{26} 的研究［D］．西北农林科技大学，2010.

［33］周爱琴，祝军，曲云军，等．应用 RAPD 技术鉴定苹果砧木［J］．莱阳农学院学报，2000（03）：166–169.

［34］祝军，周爱琴，李光晨，等．苹果 M 系矮化砧木 AFLP 指纹图谱的构建与分析［J］．农业生物技术学报，2000（01）：59–62.

［35］王涛，祝军，李光晨，等．苹果砧木亲缘关系 AFLP 分析［J］．中国农业科学，2001（03）：256–259.

［36］蒲娜娜，杜国强，李明媛，等．7 种 SH 系苹果砧木的 AFLP 分析［J］．中国农学通报，2007（06）：141–144.

［37］张开春，毕晓颖，李荣旗，等．苹果属（Malus）显性矮化主基因 Dw 的 RAPD 分子标记［J］．农业生物技术学报，1999（02）：183–185.

［38］唐建民．用 RAPD 和 SSR 分子标记鉴定小金海棠 F_1 代杂种实生苗研究［D］．西南大学，2006.

［39］孙叶红，张媛，李中勇，等．苹果砧木耐盐性基因 SRAP 标记的鉴定及序列分析［J］．华北农学报，2015，30（02）：59–63.

［40］马荣群，李佳，沙广利，等．SSR 标记鉴定无融合生殖苹果砧木杂种实生苗［J］．中国果树，2013（02）：11–13.

［41］王中英，解思敏，杨佩芳，等．苹果矮砧解剖构造研究［J］．果树科学，1988（01）：6–10.

［42］邵开基，牛自勉，张忠仁，等．萃果砧木矮化程度与 ABA 含量关系的研究［J］．园艺学报，1987（01）：7–11.

［43］牛自勉，王贤萍，赵梁军，等．内源激素在苹果短枝型品种预选上的应用研究［J］．中国农学通报，1995（05）：14–18.

［44］曹敏格，杨海玲，张文，等．苹果砧木矮化性评价指标的研究［J］．中国农业大学学报，2008（05）：11–18.

［45］薛晓敏，路超，王金政，等．山东省不同地区 M26 矮化中间砧对苹果树生长发育、果实产量与品质的影响［J］．山东农业科学，2012，44（06）：53–57.

［46］路超，王金政，薛晓敏，等．山东省苹果主要矮化砧木栽培现状、区划方案及发展对策［J］．农业科学研究，2012，33（03）：55–57+66.

［47］范伟国，杨洪强．人工基质培养条件下营养亏缺对湖北海棠实生幼苗根构型的影响

［J］. 中国农业科学，2007（01）：161–166.

［48］束怀瑞 . 苹果学［M］. 北京：中国农业出版社，1990.

［49］邓丰产，马锋旺 . 苹果矮化自根砧嫁接苗繁育技术研究［J］. 园艺学报，2012，39（07）：1353–1358.

［50］晏娜，孙建设，邵建柱，等 . 22 个苹果品种和砧木试管苗对热处理脱毒效应的研究［J］. 河北农业大学学报，2009，32（05）：40–44.

［51］陈冉冉，周涛 . 苹果矮化砧木系 SH_6 茎尖外植体无菌体系建立与组培扩繁探究［J］. 中国植保导刊，2019，39（11）：62–63，90

［52］陈冉冉，周涛 . 变温热处理与茎尖培养相结合在苹果砧木组培苗脱毒中的应用［J］. 中国植保导刊，2019，39（09）：57–60，75.

［53］孙朱元吉 . 苹果茎痘病毒梨分离物和苹果茎沟病毒基于单克隆抗体的血清学检测技术［D］. 浙江大学，2017.

［54］王亚南，曹克强，赵绪生，等 . 四种苹果病毒快速检测技术研究 . 河北农业大学学报，2013–12–25.

［55］薛晓敏，李仕凯，王洪强，等 . 山东省苹果标准园建园及管理技术［J］. 落叶果树，2014，46（03）：39–44.

［56］王金政，薛晓敏，王来平 . 苹果矮砧集约栽培的高光效树形及整形修剪技术［J］. 落叶果树，2014，46（01）：35–37.

［57］陈学森，高东升，辛力，等 . 给果园小草一点阳光，苹果更灿烂：苹果果实品质提升的途径与关键技术［J］. 落叶果树，2012（03）：1–4，65

［58］聂佩显，王金政，王来平，等 . 苹果花前复剪疏花技术规范［J］. 落叶果树，2015，47（05）：64–65.

［59］姜风涛，秦浩然，娄德龙 . 山东省果树蜜蜂授粉管理与效益分析［J］. 中国蜂业，2017，68（07）：40–41.

［60］王贵平，薛晓敏，路超，等 . 渤海湾地区苹果壁蜂授粉技术［J］. 北方园艺，2013（13）：62.

［61］聂佩显，路超，薛晓敏，等 . 苹果器械授粉生产效应试验［J］. 山东农业科学，2013，45（08）：75–76.

［62］王贵平，聂佩显，翟浩，等 . 5 个苹果专用授粉品种对主栽品种授粉效应研究［J］. 中国果树，2016（01）：1–5+18.

［63］聂佩显，王金政，路超，等 . 不同时期疏花疏果对红富士苹果花序坐果率和果实品质的影响［J］. 山东农业科学，2013，45（12）：27–29.

[64] 王金政，薛晓敏，王贵平，等. 苹果现代矮砧集约栽培花果管理综合配套技术[J]. 中国果树，2019(01)：8-10+15.

[65] 薛晓敏，王金政，王贵平，等. 苹果化学疏花疏果剂应用技术规范(试行)[J]. 落叶果树，2016，48(06)：57-58.

[66] 王贵平，薛晓敏，王金政. 我国苹果套袋技术应用研究进展及发展趋势[J]. 河北农业科学，2021，25(04)：44-48.

[67] 王贵平，翟浩，韩雪平，等. 不同时间套袋对富士苹果果实品质和病害的影响[J]. 落叶果树，2018，50(06)：8-10.

[68] 王贵平，薛晓敏，王金政. 不同摘袋时期对富士苹果果实品质的影响研究[J]. 落叶果树，2016，48(06)：6-8.

[69] 王金政，薛晓敏，王志刚，等. 苹果郁闭园结构优化及提质增效关键技术研发与应用[J]. 中国科技成果，2020，11：23-25.

[70] 聂佩显，路超，薛晓敏，等. 成龄果园秋剪对提高果实品质的影响[J]. 山东农业科学，2012，44(07)：34-36.

[71] 王金政，韩明玉，李丙智. 苹果产业防灾减灾与安全生产综合技术[M]. 山东科学技术出版社，2010.

[72] 郑大玮. 农业灾害学[M]. 北京：中国农业出版社，2000.

[73] 郗荣庭. 果树栽培学总论[M]. 北京：中国农业出版社，1995.

[74] 蒋全熊. "宁红"短枝型苹果新品种培育特性研究[J]. 中国果树，1996(04)：51.

[75] 魏立新，任菊芹，杜明叶，等. 苹果花期防冻减灾的方法[J]. 西北园艺，2004，2：15-16.

[76] 周远明，李世奎. 辽宁省1980—1981年苹果冻害调查分析[J]. 辽宁农业科学，1982(05)：37-40.

[77] 王进超. 低温对果树的危害及预防[J]. 陕西农业科学，2008，2：129-131.

[78] 周远明，李世奎. 我国大苹果经济栽培北界的探讨[J]. 中国果树，1985(01)：6-10.

[79] 朱佳满. 果树寒害与防御[M]. 北京：金盾出版社，1995.

[80] 马胜萍. 冰雹灾害对农业的危害及其预防措施[J]. 甘肃农业，2004，9：53-54.

[81] 杨晖，王宇萍. 冰雹袭击后的果园管理[J]. 北方果树，1999(6)：37-38.

[82] 安金海，雷延明，王建锋，等. 苹果园防雹网架设技术试验简报[J]. 西北园艺，2004(6)：12-13.

[83] 郑大玮. 农业减灾实用技术手册 [M]. 杭州：浙江科学技术出版社，2005.
[84] 韩明玉，张林森，李丙智. 苹果雪灾冻害过后春季管理防治是关键 [J]. 果农之友，2008（3）：12.
[85] 书达. 风对果园有哪些危害 [J]. 烟台果树，1985（2）：32.
[86] 区振棠. 果树的风害预防及管理 [J]. 上海农业科技，1988（4）：7-8.
[87] 冯定原. 农业气象灾害及其防御 [M]. 北京：中国农业出版社，1984.
[88] 冷春香，陈菊英. 近50年中国汛期暴雨旱涝的分布特征及其成因 [J]. 自然灾害学报，2005，14（2）：1-9.
[89] 曾建军，时明芝. 植物涝害生理研究进展 [J]. 聊城大学学报，2004，17（3）：54-56.
[90] 王建岭，王运香. 果树涝害发生的原因及灾后管理 [J]. 安徽农业，2004（7）：5.
[91] 冯道俊. 植物水涝胁迫研究进展 [J]. 中国水运，2006，6（10）：252-254.
[92] 李世奎，侯光良. 欧阳海，等. 中国农业气候资源和农业气候区划 [M]. 北京：科学出版社，1988.
[93] 孙智广，王伟杰，吕仁忠，等. 高温干旱对苹果树的伤害及其保护 [J]. 烟台果树，1998（2）：40-41.
[94] 孙洪强，庞占荣，蒋春光. 水分胁迫对果树形态和生理生化指标的影响 [J]. 北方果树，2008（1）：1-3.
[95] 程福厚，张纪英，霍朝忠. 果树对水分胁迫的反应及节水栽培途径 [J]. 邯郸农业高等专科学校学报，2000，17（2）：24-28.
[96] 陈淑茗，陈登文，侯超. 果树营养液对苹果外部形态、生理及其品质的影响 [J]. 西北植物学报，2001，21（6）：1182-1187.
[97] 张殿富，于世友. 试谈干旱条件下苹果树的修剪 [J]. 北方果树，1990（1）：44-46.
[98] 高卫东. 越冬苹果树造成冻害的原因、症状及对策 [J]. 中国果菜，2007（1）：41.
[99] 陆秋农. 我国苹果的分布区划与生态因子 [J]. 中国农业科学，1980（1）：46-51.
[100] 薛晓敏，王金政，宋青芳，等. 苹果鸟害及防控研究 [J]. 北方园艺，2010（9）：228-229.